Bert Hölldobler
Edward O. Wilson

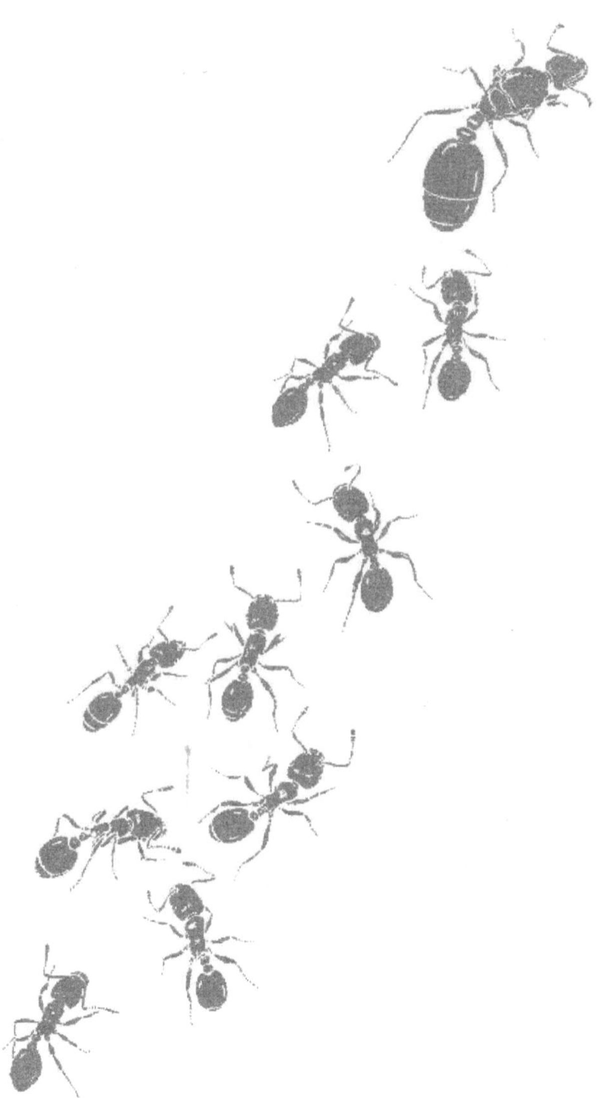

Ameisen

Die Entdeckung einer faszinierenden Welt

*Aus dem Amerikanischen
von Susanne Böll*

Springer Basel AG

Die Originalausgabe erschien 1994 unter dem Titel „Journey to the Ants, A Story of Scientific Exploration" bei Harvard University Press, Cambridge, Massachusetts, USA.

© Bert Hölldobler und Edward O. Wilson 1994

Die Deutsche Bibliothek – CIP-Einheitsaufnahme
Hölldobler, Bert:
Ameisen – die Entdeckung einer faszinierenden Welt / Bert
Hölldobler ; Edward O. Wilson. Aus dem Amerikan. von
Susanne Böll.
   Einheitssacht.: Journey to the ants <dt.>
   ISBN 978-3-0348-6373-5   ISBN 978-3-0348-6372-8 (eBook)
   DOI 10.1007/978-3-0348-6372-8

NE: Wilson Edward O.:

© 1995 Springer Basel AG
Ursprünglich erschienen bei Birkhäuser Verlag, Basel 1995
Softcover reprint of the hardcover 1st edition 1995

Gedruckt auf säurefreiem Papier, hergestellt aus chlorfrei gebleichtem Zellstoff. ∞
Umschlaggestaltung: Matlik und Schelenz, Essenheim

ISBN 978-3-0348-6373-5

9 8 7 6 5 4 3 2 1

*Für
Friederike Hölldobler
und
Renee Wilson*

Inhaltsverzeichnis

Die Monographie *The Ants* („Die Ameisen"), die wir 1990 veröffentlichten, hatte bei den Kritikern großen Erfolg und fand eine erstaunlich breite öffentliche Beachtung. Es handelt sich aber um ein rein wissenschaftliches Buch, das sich in erster Linie an Biologen richtet und als Enzyklopädie und Handbuch der Myrmekologie, d.h. der wissenschaftlichen Erforschung der Ameisen, dienen soll. Da sein Hauptziel die erschöpfende Behandlung dieses Fachgebietes ist, sprengt das Buch den normalen Rahmen: Es umfaßt mit allen Tabellen, Abbildungen und dem zweispaltigen Text 732 Seiten, mißt in gebundener Form 26 × 31 cm und wiegt 3,4 Kilogramm. Kurzum, *The Ants* ist kein Buch, das man sich mal eben kauft und von vorne bis hinten durchliest, noch macht es den Versuch, das Aufregende der Forschungsarbeit an diesen erstaunlichen Insekten zu vermitteln.

Ameisen – Die Entdeckung einer faszinierenden Welt faßt das Interessanteste der Ameisenforschung auf überschaubarer Länge zusammen, ist in einem weniger wissenschaftlichen Jargon geschrieben und behandelt verständlicherweise vorrangig solche Themen und Ameisenarten, an denen wir selbst gearbeitet haben. Wo sich Spezialausdrücke nicht vermeiden lassen, erklären wir sie an entsprechender Stelle.

Unser Ansatz ist anfangs themenbezogen und geht dann immer mehr zur Naturgeschichte der Ameisen über. Zu Beginn erklären wir, warum die Ameisen so erstaunlich erfolgreich sind. Nach unserer Meinung liegt das an der wirkungsvoll eingesetzten und überwältigenden Stärke, die durch die Kooperation der Koloniemitglieder zustande kommt. Eine derart effektive Zusammenarbeit ist nur über eine hochentwickelte, chemische Verständigung möglich: Ein Substanzgemisch, das von verschiedenen Körperteilen stammt, wird von den Nestgenossinnen über den Geschmacks- und Geruchssinn wahrgenommen und löst bei ihnen, je nachdem um welche Substanzen es sich handelt und unter welchen Umständen sie abgegeben wurden, eine Vielzahl verschiedener Verhaltensweisen wie z.B. Alarmierung oder Anlockung, Brutpflege- oder Fütterungsverhalten aus. Mit einem Wort, Ameisen sind, wie der Mensch, so erfolgreich, weil sie sich so gut mitteilen können.

Im Leben der Ameisen zählt in erster Linie der Erfolg ihrer Kolonie. Die Arbeiterinnen zeigen ihr gegenüber eine nahezu grenzenlose Loyalität. Vielleicht gibt es deshalb so häufig organisierte Auseinandersetzungen zwischen Kolonien einer Ameisenart, viel häufiger, als es bei uns Menschen zu Kriegen kommt. Um ihre Feinde zu besiegen, werden von den Ameisen, je nach Art, Propagandamittel, Täuschungsmanöver, routinemäßige Überwachung und Massenüberfälle, entweder einzeln oder in Kombination, eingesetzt. Besonders bizarre Beispiele stellen einige Ameisen dar, die bei Auseinandersetzungen Steine auf ihre Gegner fallen lassen, während andere Sklavenraubzüge durchführen, um ihre Arbeits- und Kampfstärke zu vergrößern. Aber auch innerhalb der kriegerischen Staaten, sogar bei solchen, die sich in einer verzweifelten Verteidigungslage befinden, herrscht nicht immer reine Harmonie. Egoistisches Verhalten ist an der Tagesordnung, vor allem bei Auseinandersetzungen um Fortpflanzungsrechte. Es kommt vor, daß fortpflanzungsfähige Arbeiterinnen mit der Königin in Konkurrenz treten und ihre eigenen Eier in die gemeinschaftlichen Brutkammern einschmuggeln. Sie kämpfen in Abwesenheit der Königin, ja manchmal sogar in ihrer Anwesenheit, um eine dominante Stellung. Der Erhalt der Ameisenkolonie, so haben Insektenforscher herausgefunden, wird dadurch gewährleistet, daß ein evolutionäres Gleichgewicht zwischen der Überlebensfähigkeit durch die Loyalität zur Kolonie einerseits und dem Kampf um die Kontrolle innerhalb der Kolonie andererseits besteht. Die soziale Ordnung der Koloniemitglieder ist entsprechend komplex und so straff organisiert, daß man durchaus von einem gewaltigen, gut funktionierenden Organismus, nämlich von dem berühmten Insekten-„Superorganismus" sprechen darf.

Die Ameisen entwickelten sich, wie wir zeigen werden, vor ungefähr hundert Millionen Jahren mitten unter den Dinosauriern und breiteten sich schnell über die ganze Erde aus. Wie die meisten der besonders vorherrschenden Lebensformen (die Menschheit bildet da eine auffallende Ausnahme) haben sich die Ameisen zu einer Fülle von Arten weiterentwickelt. Die Gesamtzahl der heute lebenden Ameisenarten liegt wahrscheinlich bei mehreren Zehntausend. Während ihrer Ausbreitung haben sie eine beeindruckende Vielfalt adaptiver Formen entwickelt. Diese evolutionäre Errungenschaft ist Gegenstand der zweiten Hälfte unseres Buches. Hier vermitteln wir einen Eindruck vom

Ausmaß der Artenvielfalt unter den Ameisen, angefangen bei den Sozialparasiten über die Treiberameisen, nomadischen Hirten und getarnten Jäger bis hin zu den Baumeistern klimatisierter Hochhäuser.

Wir haben im Laufe unseres Arbeitslebens gemeinsam mehr als 80 Jahre der Erforschung der Ameisen gewidmet, und so können wir einiges, sowohl in Form persönlicher Anekdoten als auch aus der Naturgeschichte der Ameisen, erzählen. Vieles haben wir auch den Untersuchungen von Hunderten anderer Insektenforscher zu verdanken. Wir wollen den Leser an der Spannung und dem Vergnügen teilhaben lassen, die wir, wie die anderen Wissenschaftler, erlebt haben. Wir hoffen, unsere Darstellung wird den Leser überzeugen, daß diese Insekten in vieler Hinsicht für die menschliche Existenz von Bedeutung sind.

Bert Hölldobler
Edward O. Wilson
3. Januar 1994

Unsere Leidenschaft sind die Ameisen, und unsere wissenschaftliche Disziplin ist die Myrmekologie. Wie alle Myrmekologen – weltweit gibt es nicht mehr als 500 von uns – betrachten wir die Erdoberfläche gerne als ein Netzwerk von Ameisenkolonien. In unseren Köpfen haben wir eine Weltkarte dieser unermüdlichen kleinen Insekten. Wo immer wir uns aufhalten, begegnen wir ihnen und fühlen uns ganz zu Hause, weil wir ihre Eigenschaften kennen und ihre Sprache und soziale Organisation besser verstehen als irgend jemand das Verhalten unserer Mitmenschen.

Wir bewundern das unabhängige Leben dieser Insekten. Ameisen überleben inmitten vom Menschen ständig neu verursachter Umweltschäden, und es scheint sie nicht zu kümmern, ob es Menschen um sie herum gibt oder nicht, solange ihnen nur ein kleines Plätzchen relativ ungestörter Natur bleibt, wo sie ihr Nest bauen, nach Futter suchen und sich fortpflanzen können. Zu unseren Forschungsstätten der vergangenen Jahre gehören Parkanlagen in Aden und San José, die Stufen eines Mayatempels von Uxmal und ein Rinnstein in den Straßen von San Juan. Hier haben wir diese kleinen Kreaturen, die Gegenstand unserer lebenslangen Neugier und unseres ästhetischen Vergnügens sind, auf unseren Händen und Knien beobachtet, ohne daß sie uns dabei bemerkten.

Die Vielzahl der Ameisen ist wahrlich sagenhaft. Eine Arbeiterin ist nicht einmal ein Millionstel so groß wie ein Mensch, und dennoch sind die Ameisen neben dem Menschen die vorherrschendsten Landorganismen überhaupt. Wenn Sie sich irgendwo an einen Baum lehnen, so wird das erste Lebewesen, das auf Ihnen herumkrabbelt, höchstwahrscheinlich eine Ameise sein. Schlendern Sie mal in einem Wohngebiet einen Gehweg entlang und zählen Sie, Ihre Augen auf den Boden gerichtet, die verschiedenen Tierarten, die Sie sehen. Die Ameisen werden gewinnen, ohne einen Finger – oder, um genauer zu sein, ohne eines ihrer Tarsalglieder zu krümmen. Der britische Entomologe C.B. Williams hat einmal berechnet, daß sich die Anzahl der lebenden Insekten auf eine Trillion (10^{18}) beläuft. Wenn man, vorsichtig geschätzt, annimmt, daß davon ein Prozent Ameisen sind, dann beträgt ihre Gesamtpopulation zehntausend Billionen. Eine einzelne Arbeiterin wiegt im Schnitt nur 1

bis 5 Milligramm, je nachdem, zu welcher Art sie gehört. Wenn man jedoch alle Ameisen weltweit zusammennimmt, wiegen sie etwa ebensoviel wie alle Menschen. Da aber diese Biomasse aus so winzigen Tieren besteht, ist die gesamte terrestrische Umwelt von ihnen durchsetzt.

Nur wenn man sein Blickfeld auf den Millimeter über der Erdoberfläche konzentriert, wird einem klar, welchen enormen Einfluß die Ameisen auf die restliche Pflanzen- und Tierwelt haben. Sie beeinflussen das Leben und bestimmen die Evolution von zahllosen anderen Pflanzen und Tieren. Ameisenarbeiterinnen sind die Hauptfeinde der Insekten und Spinnen. Für Lebewesen ihrer Größenordnung sind sie die Friedhofsarbeiter, indem sie über 90 Prozent der toten Tiere als Futter in ihre Nester eintragen. Zudem sind sie für die Verbreitung einer großen Anzahl von Pflanzenarten verantwortlich, weil sie einige der zu Futterzwecken gesammelte Samen in der Nähe der Nester oder in den Nestern selbst ablegen, ohne sie zu fressen. Sie bewegen mehr Erde als die Regenwürmer und bringen dabei enorme Nährstoffmengen, die lebenswichtig für die Landökosysteme sind, in Umlauf.

Ameisen besetzen aufgrund ihrer vielfältigen anatomischen und verhaltensbiologischen Spezialisierungen die unterschiedlichsten ökologischen Nischen. In den Wäldern Zentral- und Südamerikas züchten stachelige, rote Blattschneiderameisen Pilze auf frischen Blatt- und Blütenstückchen, die sie in ihre unterirdischen Kammern eingetragen haben. Winzige *Acanthognathus* stellen Springschwänzen mit ihren langen Schnappfallenkiefern nach. Völlig blinde, schlauchförmige *Prionopelta* winden sich durch die Ritzen vermodernder Baumstämme, um Silberfischchen zu fangen. Treiberameisen rücken in Scharen in fächerförmigen Formationen vorwärts und räumen dabei fast mit jeglicher Form tierischen Lebens auf. Und so geht es weiter – in nahezu endlosen Variationen, je nach Art, jagen sie nach Beute, sammeln tote Tiere, Nektar oder Pflanzenmaterial. Sie nutzen sämtliche Lebensräume zu Lande, die Insekten zugänglich sind. Auf der einen Seite gibt es Arten, die an ein Leben in tiefer Erde angepaßt sind und fast nie an die Oberfläche kommen, andererseits leben hoch über ihnen großäugige Ameisen in den Baumkronen. Einige dieser Arten bewohnen zarte Nester aus Blättern, die mit Seide verwoben sind.

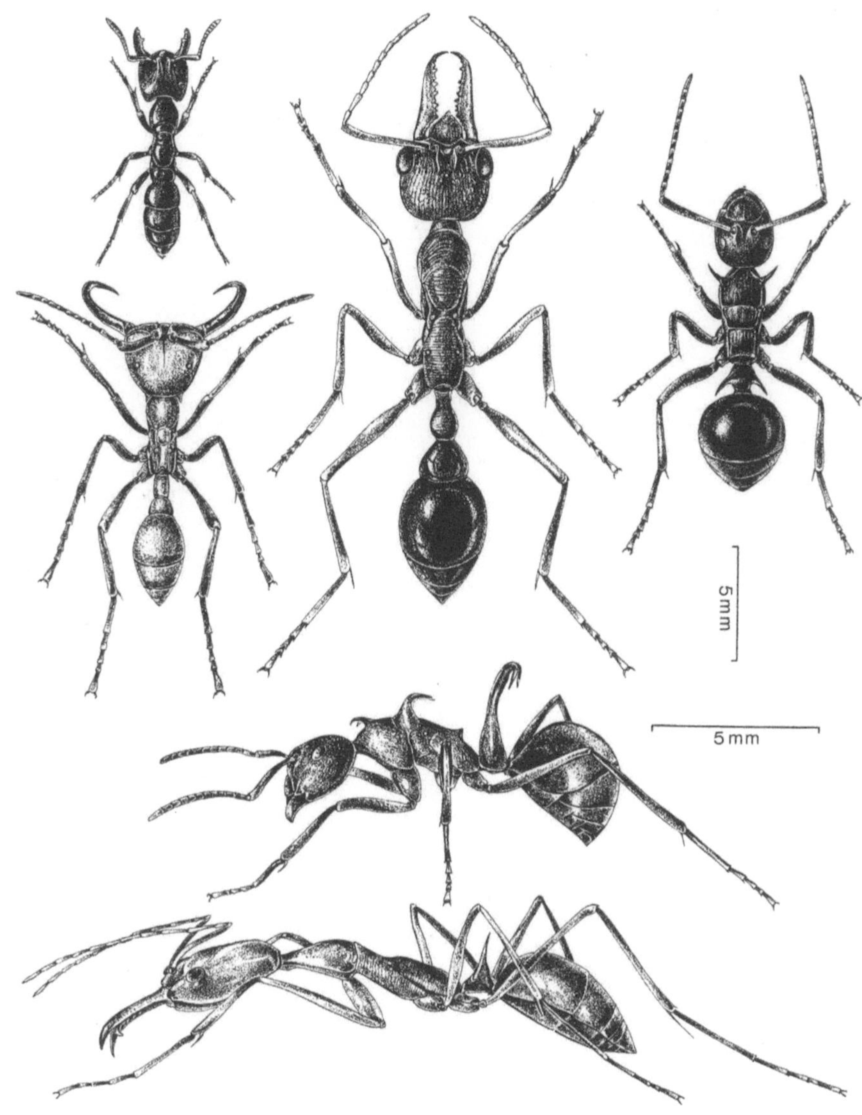

Die erstaunliche Formenvielfalt der Ameisen, die weltweit mit etwa 9 500 bekannten Arten vertreten ist, wird hier am Beispiel einiger Ameisenarbeiterinnen dargestellt. Oben in der Mitte ist eine Bulldoggenameise der Gattung *Myrmecia*; zu ihrer Linken befinden sich eine stark gepanzerte *Amblyopone* und eine Treiberameise der Gattung *Eciton* mit sichelförmigen Kiefern. Zur Rechten der Bulldoggenameise eine *Polyrhachis*-Arbeiterin mit mehreren dornenähnlichen Fortsätzen an ihrem Körper, und darunter eine andere *Polyrhachis*-Art und eine *Odontomachus*-Arbeiterin mit langgezogenen Kiefern. (Zeichnungen von Turid Forsyth.)

Verschiedene Ameisen aus Südamerika. Zur Linken ist eine *Dolichoderus*-Arbeiterin mit langge-
strecktem Hals, zur Rechten eine
Daceton-Arbeiterin mit „Dornen"
und Schnappfallenkiefern abgebildet. Oben in der Mitte befindet
sich eine *Pseudomyrmex*-Arbeite-
rin, darunter *Zacryptocerus*, eine
platte Schildkrötenameise. (Zeichnungen von Turid Forsyth.)

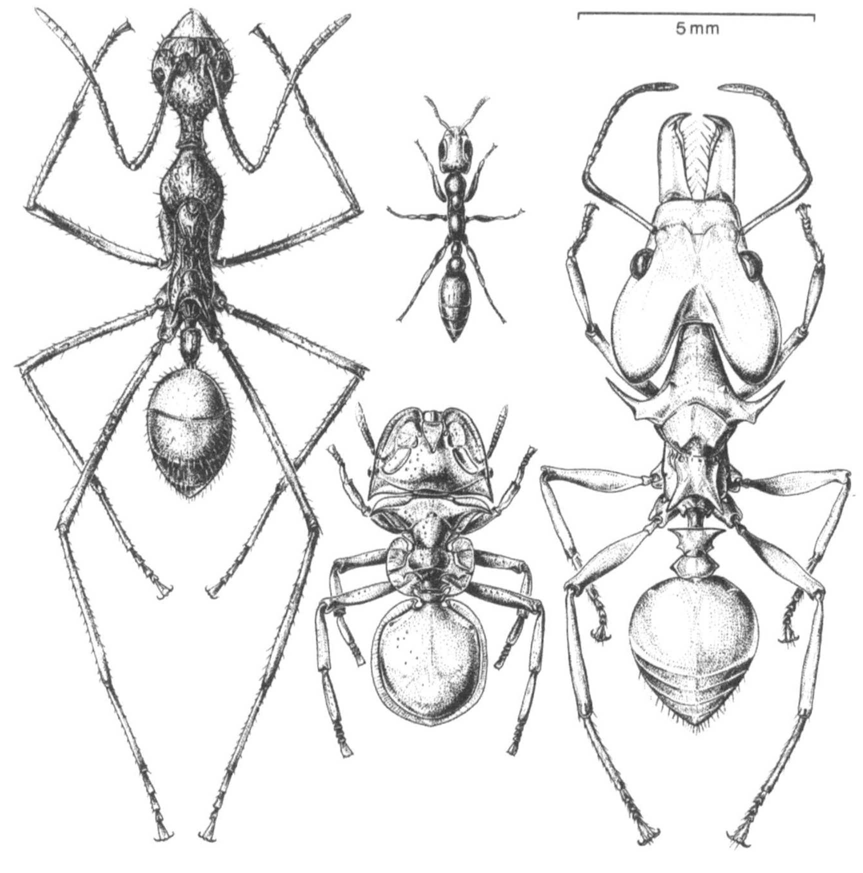

Rechte Seite:
Nahaufnahmen der Köpfe verschiedener Ameisen zeigen ihre enorme Vielfältigkeit. Oben links beginnend sind im Uhrzeigersinn folgende Arten abgebildet:
Orectognathus versicolor aus Australien, *Camponotus gigas* aus Borneo, eine der größten Ameisen der Welt, eine *Zacryptocerus*-Art aus Südamerika und *Gigantiops destruc-
tor* aus Südamerika. (Rasterelektronenmikroskopische Aufnahmen von Ed Seling.)

Die Vorherrschaft der Ameisen

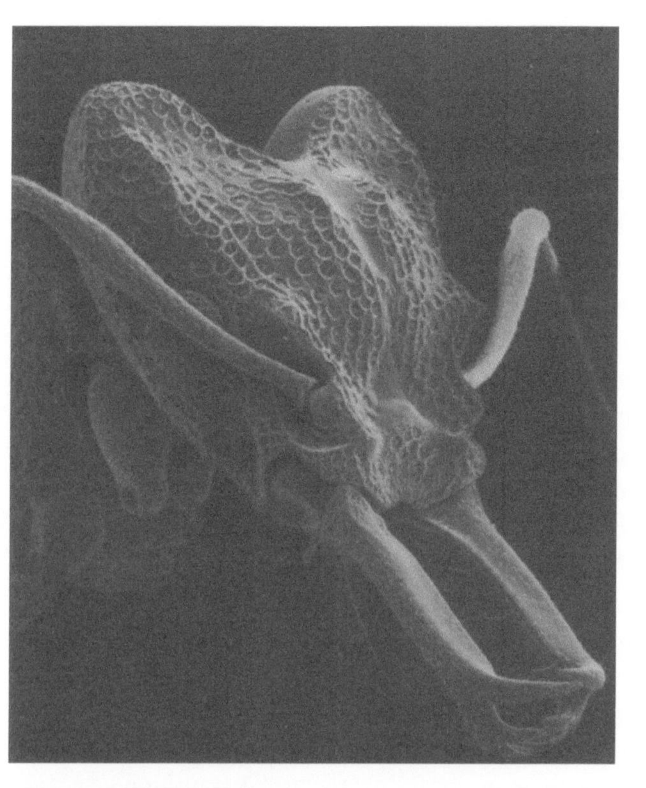
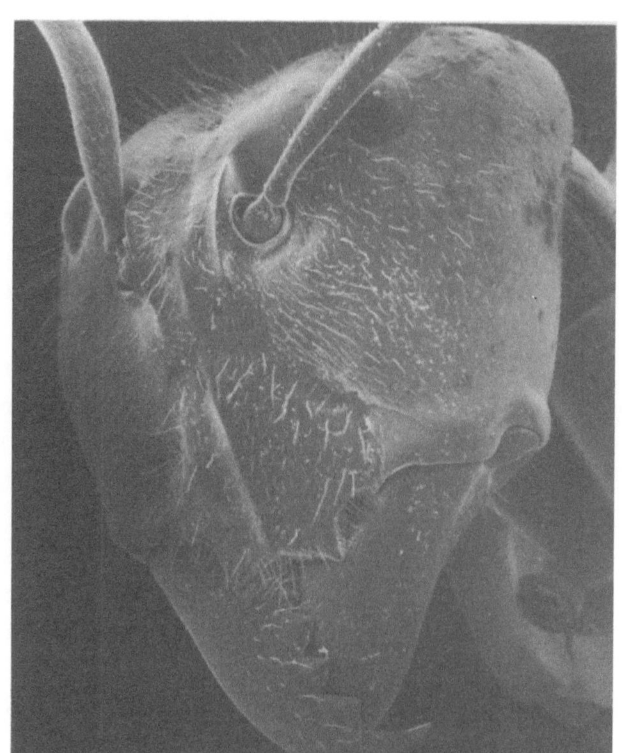
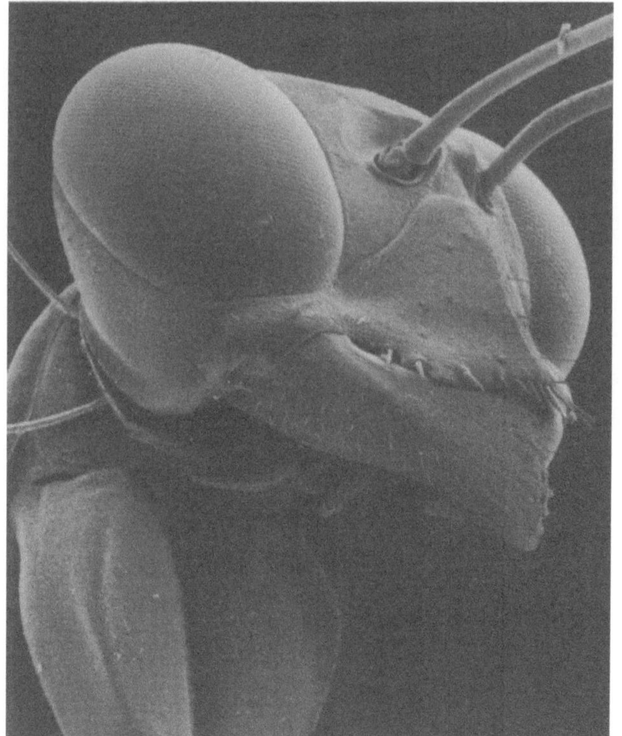

Die Vorherrschaft der Ameisen ist uns bei unseren Besuchen in Finnland besonders deutlich geworden. In den kühlen Wäldern, die sich nordwärts bis jenseits des arktischen Kreises ausdehnen, stellten wir fest, daß diese Insekten auch dort noch die Erdoberfläche dominieren. Es war Mitte Mai an der Südküste, die Blätter der meisten Laubbäume waren noch nicht ganz ausgetrieben, der Himmel war bedeckt, leichter Regen fiel, und die Temperatur stieg nicht über 12°C (unbehaglich, zumindest für unzureichend bekleidete Naturforscher), und trotzdem waren überall Ameisen unterwegs. Auf den Waldwegen, moosbedeckten Steinen und in den Grasbüscheln des Sumpfgeländes wimmelte es nur so von Ameisen. Wir fanden auf wenigen Quadratkilometern 17 Arten, das ist ein Drittel der bekannten Ameisenfauna Finnlands.

Auf der Bodenoberfläche waren überwiegend rotschwarze, hügelbauende Waldameisen (*Formica*), etwa so groß wie Hausfliegen, zu sehen. Die kegelförmigen Nester einiger Arten, die mit frischer Erde und Teilen von Blättern und Zweigen bedeckt waren und jeweils Hunderttausende von Arbeiterinnen beherbergten, waren ein Meter hoch oder noch höher; dies entspricht aus der Sicht einer Ameise einem 40 Stockwerke hohen Hochhaus. Auf der Oberfläche des Ameisenhügels wimmelte es überall von Ameisen. Sie marschierten in Kolonnen, die jeweils Dutzende von Metern lang waren, zwischen benachbarten Ameisenhügeln hin und her, die zu derselben Kolonie gehörten. Ihre wohlgeordneten Legionen erinnerten an eine Autoschlange auf einer Schnellstraße, wie man sie von einem niedrig fliegenden Flugzeug aus sieht. Andere Kolonnen strömten an nahegelegenen Kiefernstämmen empor, an denen die Ameisen Blattläuse hielten und deren zuckerhaltigen Exkremente einsammelten. Ein kleiner Trupp Futtersucherinnen schwärmte in dem dazwischengelegenen Gelände auf Beutesuche aus. Einige konnte man dabei beobachten, wie sie mit Raupen und anderen Insekten zurückkamen. Wieder andere attackierten die Kolonien kleinerer Ameisen – wenn sie gesiegt hatten, trugen sie die toten Körper der Verteidigerinnen als Futter nach Hause.

Die Ameisen sind in den Wäldern Finnlands die wichtigsten Räuber, Aasfresser und Bodenumsetzer. Als wir zusammen mit finnischen Entomologen unter Steinen, in der obersten Humusschicht und in vermo-

Im brasilianischen Regenwald des Amazonasgebietes ist die Trockenmasse sämtlicher Ameisen ungefähr viermal so hoch wie die aller Landwirbeltiere (Säugetiere, Vögel, Reptilien und Amphibien) zusammengenommen. Dieser Unterschied wird hier durch den relativen Größenunterschied zwischen einer Ameise (*Gnamptogenys*) und einem Jaguar dargestellt. (Zeichnung von Katherine Brown-Wing.)

dernden Holzstücken, die auf dem Waldboden verstreut lagen, nach Ameisen suchten, fanden wir kaum einen Flecken ohne Ameisen, der größer als ein paar Quadratmeter war. Exakte Erhebungen stehen noch aus, aber es sieht so aus, als ob die Ameisen über 10 Prozent der tierischen Biomasse in dieser Region ausmachen.

In tropischen Lebensräumen findet man eine genauso große oder sogar noch größere Menge lebender Ameisen. Die deutschen Ökologen L. Beck, E. J. Fittkau und H. Klinge haben in einem Regenwald in der Nähe von Manaus, der Hauptstadt Zentralamazoniens in Brasilien, festgestellt, daß die Ameisen und Termiten dort zusammen ungefähr ein Drittel der gesamten tierischen Biomasse ausmachen: Wenn man alle Tierarten, egal ob klein oder groß, von den Jaguaren und Affen bis zu den Würmern und Milben, wiegen würde, läge der Anteil der Ameisen und Termiten bei fast einem Drittel des Gesamtgewichtes. Zusammen mit den beiden anderen, weitverbreiteten, koloniebildenden Formen der stachellosen Bienen und polybiinen Wespen machen sie beachtliche

80 Prozent der gesamten Biomasse der Insekten aus. In Südamerika dominieren die Ameisen vollständig die Baumkronen der Regenwälder. So stellen sie in der obersten Kronenschicht in Peru ganze 70 Prozent der dortigen Insekten.

In tropischen Gegenden ist die Vielfalt der Ameisen wesentlich größer als in Finnland und anderen Ländern der gemäßigten Zone. Wir fanden zusammen mit anderen Wissenschaftlern über 300 Arten auf einem 8 ha großen Untersuchungsgebiet im peruanischen Regenwald. Nicht weit davon entfernt bestimmten wir 43 Arten auf einem einzigen *Baum*, das sind fast so viele, wie es in ganz Finnland oder auf den Britischen Inseln gibt.

Obwohl bisher nur wenige solcher Schätzungen unternommen wurden, die Häufigkeit und Artenvielfalt von Ameisen zu erfassen, sind wir überzeugt, daß Ameisen und andere soziale Insekten fast überall auf der Welt in ähnlicher Weise die terrestrischen Lebensräume dominieren. Insgesamt scheinen diese Kreaturen mindestens die Hälfte der Biomasse aller Insekten auszumachen. Stellen Sie sich einmal folgendes Mißverhältnis vor: Von einer Gesamtzahl von 750 000 Insektenarten, die bis heute von Biologen beschrieben wurden, sind nur 13 500 hochsoziale Arten bekannt (davon sind 9 500 Ameisen). D.h. nur 2 Prozent aller Arten, nämlich diejenigen, die in gutorganisierten Kolonien leben, stellen mehr als die Hälfte der gesamten Insektenbiomasse.

Wir glauben, daß dieses Phänomen vor allem auf harten Existenzkampf zurückzuführen ist, der auf direktem Konkurrenzausschluß beruht. Die hochsozialen Insekten, insbesondere die Ameisen und Termiten, spielen die Hauptrolle in der terrestrischen Umwelt. Sie haben die Silberfischchen, Grab- und Wegwespen, Schaben, Blattläuse, Wanzen und die meisten anderen Insekten, die solitär leben, von den besten und sichersten Nestplätzen verdrängt. Die solitär lebenden Formen findet man meist an entlegeneren und unbeständigeren Rastplätzen, wie beispielsweise auf äußeren Zweigen, besonders nassen, trockenen oder stark zerfallenen Holzstücken, auf Blattoberflächen und auf freigespülter Erde von Flußbänken. In der Regel sind diese Insekten entweder sehr klein, sehr schnell, gut getarnt oder stark gepanzert. Selbst wenn wir riskieren, alles zu sehr zu vereinfachen, glauben wir doch ein allgemeines

Prinzip zu erkennen, nämlich daß die Ameisen und Termiten im ökologischen Zentrum und die solitären Insekten an der Peripherie leben.

Wie aber haben es Ameisen und andere soziale Insekten geschafft, die Landlebensräume zu beherrschen? Nach unserer Meinung hat das unmittelbar etwas mit ihrer sozialen Natur zu tun. Wenn alle Arbeiterinnen auf Zusammenarbeit programmiert sind, gewinnen sie durch ihre Anzahl enorm an Stärke. Dies gilt natürlich nicht nur für die Insekten. Soziales Zusammenleben war eine der insgesamt erfolgreichsten Strategien in der ganzen Evolutionsgeschichte. Man bedenke, daß die Korallenriffe, die den Boden der flachen tropischen Meere zum größten Teil bedecken, aus koloniebildenden Organismen bestehen, um ganz genau zu sein, aus Teppichen von Korallentieren, die entfernte Verwandte der solitär lebenden und weit weniger häufig vorkommenden Quallen sind. Nicht zuletzt sind die Menschen, die die vorherrschendsten Säugetiere der Erdgeschichte sind, auch mit Abstand die sozialsten.

Die höchstentwickelten sozialen Insekten, d.h. solche, die die größten und kompliziertesten Gesellschaften bilden, haben diesen Schritt durch die Kombination dreier biologischer Merkmale erreicht: Die erwachsenen Tiere kümmern sich um die Brut, zwei oder mehrere Generationen leben zusammen in einem Nest, und die Mitglieder einer Kolonie lassen sich in eine fortpflanzungsaktive „Königinnen"-Kaste und eine sterile Arbeiterinnenkaste unterteilen. Diese Elitegruppe, die die Entomologen als eusozial, d.h. „wirklich" sozial, bezeichnen, setzt sich hauptsächlich aus den folgenden, vier allgemein bekannten Gruppen zusammen:

Sämtliche *Ameisen*, die in der formalen, taxonomischen Klassifikation die Familie der Formicidae in der Ordnung der Hymenoptera darstellen. Sie enthält ungefähr 9500 bekannte Arten und mindestens die doppelte Anzahl bisher unbeschriebener Arten, die zumeist auf die Tropen beschränkt sind.

Einige der *Bienen* sind eusozial. Es gibt mindestens 10 evolutionäre Entwicklungslinien innerhalb der Halictidae (Furchenbienen) und Apidae (Honigbienen, Hummeln und stachellose Bienen), die unabhängig voneinander den Grad der Eusozialität erreicht haben. Sie umfassen ungefähr 1000 bekannte Arten. Aber eine viel größere Anzahl von

Bienenarten, darunter auch die überwiegende Mehrheit der Furchenbienen, lebt solitär.

Auch einige der *Wespen* sind eusozial. Ungefähr 800 Arten in der Familie der Vespidae (Echte Wespen) und eine Handvoll in der Familie der Sphecidae (Grabwespen) haben diese evolutionäre Stufe erreicht. Aber wie bei den Bienen stellen sie nur eine Minderheit dar. Zehntausende anderer Wespenarten, die auf viele taxonomische Familien verteilt sind, leben solitär.

Alle *Termiten*, die die eigene Ordnung der Isoptera darstellen, sind eusozial. Sie stammen von schabenähnlichen Vorfahren ab, die vor mehr als 150 Millionen Jahren gelebt haben. Diese interessanten Insekten haben sich während des frühen Mesozoikums in ihrem oberflächlichen Erscheinungsbild und in ihrem Sozialverhalten konvergent zu den Ameisen hinentwickelt; ansonsten haben sie nichts mit ihnen gemein. Es sind ungefähr 2000 Termitenarten bekannt.

Nach unserer Ansicht ist es die hochentwickelte, aufopferungsbereite, soziale Lebensweise, die den Ameisen den Konkurrenzvorteil erbracht hat, der zu ihrem Aufstieg zu einer weltweit dominierenden Gruppe geführt hat. Es scheint, daß Sozialismus unter ganz bestimmten Umständen doch funktioniert. Karl Marx hatte es nur mit der falschen Art zu tun.

Der Vorteil der sozialen Lebensweise zeigt sich am deutlichsten bei ihrer Arbeitseffizienz. Stellen Sie sich folgendes Szenario vor: hundert solitäre Wespenweibchen werden einer Ameisenkolonie gegenübergestellt, die ebenfalls aus hundert Arbeiterinnen besteht. Diese beiden Gruppen nisten Seite an Seite. Jeden Tag gräbt eine der Wespen ein Nest und fängt eine Raupe, eine Heuschrecke, eine Fliege oder irgendeine andere Beute, die für ihre Brut als Proviant dient. Als nächstes legt sie ein Ei auf die Beute und verschließt das Nest. Aus dem Ei schlüpft eine madenähnliche Larve, die sich von dem eingetragenen Insekt ernährt und später als eine neue, erwachsene Wespe schlüpft. Wenn die Mutterwespe auch nur in einer der aufeinanderfolgenden Aufgaben bis zum Verschließen des Nestes versagt oder wenn sie versucht, die Aufgaben in einer falschen Reihenfolge durchzuführen, dann scheitert das ganze Unternehmen.

Die Ameisenkolonie nebenan bewältigt all diese Schwierigkeiten ganz automatisch, weil sie als *soziale Einheit* funktioniert. Eine Arbeiterin baut eine Brutkammer, um das Gemeinschaftsnest zu vergrößern. Später werden die Larven dorthin gebracht und gefüttert, um so weitere Koloniemitglieder heranzuziehen. Wenn die Ameise in einer ihrer aufeinanderfolgenden Aufgaben versagt, werden alle notwendigen Arbeiten mit großer Wahrscheinlichkeit trotzdem zu Ende geführt, so daß die Kolonie weiter wächst. Eine Schwester der Arbeiterin wird einfach an ihre Stelle treten und die Ausgrabung fortführen. Sie kann sich auf andere Schwestern verlassen, die die Larven in die Kammer transportieren, und auf wieder andere, die sie mit Futter versorgen. Viele der Ameisen sind sogenannte „Patrouillen". Rastlos laufen diese Tiere in ständiger Bereitschaft durch die Gänge und Kammern, wenden sich jedem unvorhergesehenen Ereignis zu und wechseln, je nach Bedarf, von einer Aufgabe zur anderen. Sie beenden aufeinanderfolgende Aufgaben verläßlicher und erledigen sie schneller, als es solitäre Arbeiterinnen könnten. Sie sind wie eine Gruppe von Fabrikarbeitern, die, je nach momentanem Bedarf und passender Gelegenheit, zwischen den Fließbändern hin- und herwechseln und so die Effizienz der gesamten Produktion erhöhen.

Die Stärke des Soziallebens wird bei territorialen Auseinandersetzungen und bei der Konkurrenz um Futter am deutlichsten. Ameisenarbeiterinnen gehen draufgängerischer in eine aggressive Auseinandersetzung als solitäre Wespen. Sie können sich gleichsam wie sechsbeinige Kamikazekämpfer verhalten. Eine einzeln lebende Wespe hat dagegen nicht diese Möglichkeit. Wenn sie verletzt oder getötet wird, ist das evolutionäre Spiel vorbei; nicht anders, als ob sie während ihrer Arbeiten einen groben Schnitzer gemacht hätte und den notwendigen Kreislauf des Nestbaus und der Brutversorgung abgebrochen hätte. Nicht so bei der Ameise. Sie pflanzt sich sowieso nicht selber fort, und wenn sie umkommt, wird sie schnell von einer neugeborenen Schwester im Nest ersetzt. Solange die Königinmutter geschützt ist und weiterhin Eier legt, hat der Tod von einer oder wenigen Arbeiterinnen kaum eine Auswirkung auf die Vertretung der Koloniemitglieder im zukünftigen Genpool. Was hier zählt, ist nicht die gesamte Population der Kolonie, sondern die Anzahl der paarungsbereiten Königinnen und der Männchen, die nach dem Hochzeitsflug erfolgreich neue Kolonien gründen. Nehmen wir an, der Zermürbungskrieg zwischen Ameisen und solitären Wespen ginge weiter, bis fast alle Ameisenarbeiterinnen vernichtet wären. Solange die Königin die Auseinandersetzung überlebt, gewinnt die Ameisenkolonie. Die Königin und die überlebenden Arbeiterinnen werden die Arbeiterinnenpopulation schnell wieder aufbauen und damit der Kolonie ermöglichen, sich fortzupflanzen, indem sie neue Königinnen und Männchen produziert. Die solitäre Wespe, die das Äquivalent einer ganzen Kolonie darstellt, wird bis dahin längst gestorben sein.

Diese grundsätzliche Konkurrenzüberlegenheit der Ameisenkolonien gegenüber Wespen und anderen solitären Insekten bedeutet, daß sich die Kolonien während der natürlichen Lebensspanne der Königinmutter die besten Nest- und Futterplätze sichern können. Bei einigen Arten lebt die Königin über 20 Jahre. Bei anderen, bei denen die jungen Königinnen wieder heimkehren, nachdem sie sich gepaart haben, hat die Kolonie sogar ein noch größeres Potential: Die Nester und Territorien können von einer Generation an die nächste weitergegeben werden. Zu der Weitergabe genetischer Anlagen kommt nun noch die Vererbung von Besitz. Die Nester der hügelbauenden Ameisen, wie z.B. der europäischen Waldameise *(Formica)*, bestehen oft über mehrere Jahrzehnte und produzieren Jahr für Jahr Königinnen und Männchen. Solche Kolonien sind in der Tat unsterblich, auch wenn die individuellen Königinnen sterben und immer wieder durch neue ersetzt werden.

Dieser Superorganismus aber, den eine Ameisenkolonie darstellt, kann noch mehr. Da Ameisenkolonien größere Nester bauen als solitäre Wespen und diese über längere Zeiträume nutzen, verwenden sie so komplizierte Konstruktionen, daß sie sogar der Klimaregulierung dienen. Die Arbeiterinnen einiger Arten graben direkt unter der Erdoberfläche Tunnel, um an feuchtere Erde zu gelangen. Arbeiterinnen anderer Arten bauen unterirdische Gänge und Kammern, die strahlenförmig nach außen führen und damit den Durchzug von Frischluft in den Wohnbereichen erhöhen. In akuten Notfallsituationen wird die Nestarchitektur mit Hilfe schneller Massenreaktionen von Arbeiterinnen verstärkt. Bei vielen Arten formieren sie sich, wenn das Nest während einer Dürreperiode oder Hitzewelle austrocknet, zu einer lose organisierten

Feuerwehr, indem sie in kurzen Abständen hin- und herrennen, Wasser von Mund zu Mund weitergeben und es schließlich auf den Boden und an die Wände des Nestes spucken. Wenn Feinde durch die Nestwand einbrechen, greifen einige Arbeiterinnen die Eindringlinge an, während andere die Brut in Sicherheit bringen oder sich schnell daranmachen, den Schaden zu reparieren.

Soziales Zusammenleben mag nach menschlichen Maßstäben ein uraltes Phänomen sein, aber in der gesamten Evolution der Insekten stellt es eine relativ neue Entwicklung dar, die erst seit der Hälfte ihrer gesamten erdgeschichtlichen Existenz besteht. Die Insekten gehörten zu den ersten Lebewesen, die vor gut 400 Millionen Jahren während des Devons das Land besiedelten. In den Sümpfen des darauffolgenden Kohlezeitalters entwickelten sie eine reiche Artenvielfalt. Während des Perms vor ungefähr 250 Millionen Jahren wimmelten die Wälder neben käferähnlichen Protelytropteren von Schaben, Wanzen, Käfern und Libellen, die sich von den heutigen nur wenig unterschieden; es gab Protodonaten, die wie riesige Libellen aussahen und eine Flügelspannweite von bis zu einem Meter hatten, und weitere Insektenordnungen, die jetzt ausgestorben sind. Die ersten Termiten tauchten wahrscheinlich vor 200 Millionen Jahren während des Jura oder der frühen Kreidezeit auf; die Ameisen, sozialen Bienen und Wespen gute 100 Millionen Jahre später in der Kreidezeit. Erst zu Beginn des Tertiärs vor 50 bis 60 Millionen Jahren wurden die eusozialen Insekten und vor allem die Ameisen und Termiten vorherrschend unter den Insekten.

Allein das Ausmaß dieser geschichtlichen Entwicklung, die über das Hundertfache der gesamten Existenzdauer der menschlichen Gattung *Homo* zurückreicht, stellt ein Paradox dar. Wenn nämlich das soziale Zusammenleben so große Vorteile für Insekten hat, warum hat sich sein Durchbruch dann um 200 Millionen Jahre hinausgezögert? Und warum sind heute, 200 Millionen Jahre, nachdem sich diese Neuerung schließlich durchgesetzt hatte, nicht alle Insekten eusozial? Besser ist es, diese Frage umgekehrt zu stellen: Welche Vorteile, die bis jetzt noch nicht genannt wurden, könnte solitäres gegenüber sozialem Leben haben? Nach unserer Ansicht ist die Antwort darauf, daß sich solitäre Insekten schneller fortpflanzen und besser mit begrenzten und kurzlebigen Ressourcen zurechtkommen. Sie nutzen die vorübergehend verfügbaren Nischen, die von den Ameisen und anderen sozialen Insekten übriggelassen wurden.

Es mag eigenartig klingen, daß sich die hochsozialen Insekten langsamer als ihre solitären Verwandten fortpflanzen. Kolonien sind schließlich kleine Fabriken voller Arbeiterinnen, die sich ganz der Massenproduktion neuer Nestgenossen verschrieben haben. Der wesentliche Punkt ist aber, daß die Kolonie und nicht die Arbeiterinnen die Fortpflanzungseinheit darstellt. Jede solitäre Wespe ist eine potentielle Mutter beziehungsweise ein potentieller Vater, während nur eine von Hunderten oder Tausenden von Koloniemitgliedern diese Rolle erfüllen kann. Um neue Königinnen produzieren zu können, die in der Lage sind, neue Kolonien zu gründen, muß die Mutterkolonie – der Superorganismus, der die reproduktive Einheit darstellt – zuerst eine Menge Arbeiterinnen hervorbringen. Nur dann kann die Kolonie das Stadium erreichen, das der Geschlechtsreife eines solitär lebenden Organismus entspricht.

Da die Kolonie ein gewaltiger Organismus ist, braucht sie auch eine große Basis, von der aus sie wirken kann. Sie dominiert die gefällten Baumstämme und heruntergefallenen Äste, überläßt aber die verstreuten Blätter und Rindenstückchen den schnellfüßigen und sich schnell fortpflanzenden solitären Insekten. Sie kontrolliert die befestigten Flußbänke und zieht sich dafür von den nur vorübergehend existierenden Schlammbänken weiter draußen zurück. Sie zieht langsamer von einem Futterplatz zum nächsten, weil die gesamte Population mobilisiert werden muß, bevor die einzelnen Mitglieder sicher losziehen können.

Solitäre Insekten sind deshalb die besseren Pioniere. Sie können weit entfernte, zufällige Ressourcen, wie einen Sämling auf einem Stückchen frischer Erde, einen Zweig, der flußabwärts getrieben wurde, oder einen frisch getriebenen Sproß schneller besiedeln und länger nutzen. Ameisenkolonien sind dagegen, ökologisch betrachtet, sehr schwerfällig. Sie brauchen Zeit, um heranzuwachsen, und sind weniger beweglich, aber wenn sie einmal in Bewegung sind, lassen sie sich nur noch sehr schwer aufhalten.

Die Vorherrschaft der Ameisen

Dank der allgemeinen revolutionären Veränderungen, die in der Biologie stattfanden, machten die wisssenschaftlichen Untersuchungen an Ameisen in den sechziger und siebziger Jahren große Fortschritte. Innerhalb kurzer Zeit entdeckten die Insektenforscher, daß sich Koloniemitglieder meist über den Geschmack und den Geruch von chemischen Stoffen miteinander verständigen. Diese Substanzen werden aus speziellen Drüsen abgegeben, die über den ganzen Körper verteilt sind. Weiterhin begann man zu verstehen, daß sich Altruismus im Laufe der Evolution über Verwandtenselektion entwickeln kann. Der evolutionäre Vorteil ergibt sich aus der selbstlosen Versorgung der Geschwister, die dieselben altruistischen Gene besitzen und sie damit an zukünftige Generationen weitergeben. Man stellte außerdem fest, daß die komplizierten Kastensysteme, die aus Königinnen, Soldaten und Arbeiterinnen bestehen und typisch für viele Ameisenstaaten sind, nicht genetisch, sondern durch Futterqualität und andere Umwelteinflüsse bestimmt werden.

Im Herbst 1969, inmitten dieser aufregenden Zeit, klopfte Hölldobler zu Beginn seines Gastaufenthaltes in den USA an die Tür von Wilsons Arbeitszimmer an der Harvard Universität. Obwohl wir uns damals nicht so sahen, lernten wir uns als Vertreter zweier verschiedener wissenschaftlicher Fachrichtungen kennen, die aus unterschiedlichen wissenschaftlichen Traditionen entstanden waren und deren Synthese bald zu einem besseren Verständnis von Ameisenkolonien und anderen komplexen Tiergesellschaften führen sollte. Eine der Fachrichtungen war die Ethologie, d.h. die Erforschung des Verhaltens unter natürlichen Bedingungen. Dieser Zweig der Verhaltensbiologie, der sich hauptsächlich in den vierziger und fünfziger Jahren in Europa entwickelte, unterschied sich durch den Nachdruck, mit dem die Bedeutung der Instinkte hervorgehoben wurde, deutlich von der traditionellen amerikanischen Psychologie. Besonders betont wurde auch, wie sich Tiere durch bestimmte Verhaltensweisen an solche Gegebenheiten ihrer Umgebung anpassen, von denen das Überleben ihrer Art abhängt. Ethologen fanden heraus, welche Feinde vermieden und welche Beutearten gejagt werden, welches die besten Nestplätze sind, wo, mit wem und auf welche Weise Paarungen stattfinden und vieles mehr aus allen Bereichen der

komplizierten Lebenszyklen. Diese Verhaltensforscher waren vor allem (und viele sind es noch) Naturforscher der alten Schule, die mit schlammverdreckten Stiefeln, wasserfesten Notizbüchern und Ferngläsern, deren schweißdurchtränkte Riemen ihnen den Hals wundscheuerten, ausgerüstet waren. Aber sie waren gleichzeitig moderne Biologen, die instinktives Verhalten experimentell in seine Einzelbestandteile zerlegten. Durch die Verbindung dieser beiden Ansätze, die ein wissenschaftlicheres Arbeiten ermöglichte, entdeckten sie die sogenannten „Schlüsselreize", relativ einfache Signale, die bei Tieren stereotype Verhaltensweisen auslösen und steuern. So ruft beispielsweise der rote Bauch eines männlichen Stichlings, der für das Tierauge nur als ein roter Punkt erscheint, ein volles Territorialverhalten beim rivalisierenden Männchen hervor. Die Männchen sind darauf programmiert, auf den Farbfleck und nicht auf das Aussehen des gesamten Fisches zu reagieren, oder zumindest nicht auf das, was wir Menschen als ganzen Fisch betrachten.

Die Annalen der Biologie sind mittlerweile voll von solchen Beispielen für Schlüsselreize. Der Geruch von Milchsäure führt die Gelbfiebermücke zu ihrem Opfer; das wartende Weibchen des Zitronenfalters erkennt das Männchen am Aufleuchten der Flügel, die ultraviolettes Licht reflektieren; eine winzige Konzentration von Gluthation im Wasser veranlaßt den Süßwasserpolypen *(Hydra)*, seine Tentakel in Richtung der vermeintlichen Beute auszustrecken. So gibt es endlos viele Beispiele aus dem riesigen Repertoire tierischer Verhaltenweisen, die von den Verhaltensforschern mittlerweile recht gut verstanden werden. Den Wissenschaftlern wurde klar, daß Tiere nur dadurch überleben, daß sie schnell und präzise auf kurzfristige Umweltveränderungen reagieren und sich deshalb auf einfache Ausschnitte ihrer Sinneswelt verlassen. Im Gegensatz zu den Auslösern müssen die Antwortreaktionen jedoch häufig komplex sein und in exakter Abfolge verlaufen. Tiere bekommen selten eine zweite Chance. Da es kaum eine Möglichkeit gibt, dieses Verhaltensrepertoire vorher zu erlernen, muß es stark stereotypisiert und genetisch verankert sein. Das Nervensystem der Tiere muß demnach, um es vereinfacht auszudrücken, zu einem Großteil genetisch bestimmt sein. Wenn das alles zutrifft, überlegten sich die Ethologen, wenn Verhalten also vererbbar und auf jede einzelne Art speziell zugeschnitten ist, dann kann man es mit den bewährten Methoden der experimentellen Biologie Stück für Stück wie ein anatomisches Präparat oder einen physiologischen Prozeß untersuchen.

In der Zeit um 1969 wurde die Generation von Verhaltensbiologen, der wir angehören, durch die Vorstellung angespornt, daß man Verhaltensweisen in winzig kleine Komponenten zerlegen könnte. Wir wurden durch einen großen österreichischen Zoologen, einen der Begründer der Verhaltensforschung, der Professor an der Universität in München war und ganz ähnliche Interessengebiete wie wir verfolgte, darin noch bestärkt. Karl von Frisch war damals wie heute einer der hervorragendsten Biologen der Welt, der durch seine Entdeckung des Schwänzeltanzes der Bienen berühmt wurde. Dieser Tanz besteht aus kunstvollen Bewegungsabläufen im Bienenstock, mit denen die Bienen ihren Nestgenossinnen die Lage und Entfernung von Futterquellen mitteilen. Der Schwänzeltanz stellt bis heute die stärkste Annäherung an eine Symbolsprache dar, die man im Tierreich kennt. Von Frisch wurde unter Biologen generell für die Genialität und Eleganz seiner vielen sinnesphysiologischen und verhaltensbiologischen Experimente geschätzt. 1973 erhielt er zusammen mit seinem österreichischen Landsmann Konrad Lorenz, dem ehemaligen Direktor des Max-Planck-Instituts für Verhaltensphysiologie in Deutschland, und dem Holländer Nikko Tinbergen, einem Professor an der Universität Oxford, den Nobelpreis für Physiologie bzw. Medizin für die führende Rolle, die diese drei Männer bei der Entwicklung der Verhaltensbiologie gespielt haben.

Die zweite einflußreiche Schule, die zu einem neuen Verständnis von Tiergesellschaften führte, war im wesentlichen amerikanischen und britischen Ursprungs und ging von einem ganz anderen Ansatz als die Verhaltensforschung aus. Es handelte sich um die Populationsbiologie, d.h. um die Erforschung der Eigenschaften ganzer Populationen von Organismen: wie sie als Ganzes wachsen, sich ausbreiten und zwangsläufig wieder abnehmen und verschwinden. Diese Fachrichtung ist auf mathematische Modelle ebensosehr angewiesen wie auf Labor- und Freilanduntersuchungen an lebenden Organismen. Ähnlich wie in der Bevölkerungslehre leitet man das Schicksal von Populationen aus den

Geburten, Todesfällen und den Wanderbewegungen der einzelnen Individuen ab, um allgemeine Trends zu erstellen. Ebenso wird das Geschlecht, das Alter und die genetische Ausstattung der Organismen in den Populationen erfaßt.

Als wir mit unserer Zusammenarbeit an der Harvard Universität begannen, wurde uns klar, daß sich die Verhaltensforschung und die Populationsbiologie bei der Untersuchung von Ameisen und anderen sozialen Insekten wunderbar ergänzen. Insektenkolonien sind kleine Populationen. Man kann sie am besten verstehen, indem man den Lebenslauf der Heerscharen verfolgt, aus denen sie sich zusammensetzen. Ihre genetische Ausstattung und insbesondere die Verwandtschaftsverhältnisse ihrer Mitglieder, sind die Grundvoraussetzungen für ihre soziale Lebensweise. Die Ethologie liefert Details über Kommunikation, Koloniegründung und Kastensysteme, doch ergeben diese Details nur dann ein verständliches Gesamtbild, wenn man sie als die evolutionären Resultate ganzer Koloniepopulationen begreift. Dies ist, kurz gesagt, der Grundgedanke der neuen Fachrichtung Soziobiologie, die die biologischen Grundlagen des Sozialverhaltens und der Organisation komplexer Gesellschaften systematisch untersucht.

Als wir begannen, uns über diese Synthese und unsere Forschungsvorhaben zu unterhalten, war Wilson 40 Jahre alt und Professor an der Harvard Universität; Hölldobler, damals 33 Jahre alt, war vorübergehend von seinen Lehrverpflichtungen an der Frankfurter Universität befreit. Drei Jahre später bekam Hölldobler, nachdem er kurz als Professor der Zoologie nach Frankfurt zurückgekehrt war, einen Ruf nach Harvard. Seitdem teilten wir Freunde uns den dritten Stock im neuerrichteten Laborgebäude des Museums für vergleichende Zoologie bis zu dem Zeitpunkt, als Hölldobler 1989 nach Deutschland zurückkehrte. Er übernahm an der Universität Würzburg die Leitung eines Lehrstuhls im neugegründeten Theodor-Boveri-Institut für Biowissenschaften, der sich ausschließlich der Untersuchung sozialer Insekten widmet.

Die Wissenschaft, so sagt man, ist das einzige Kulturgut, das sich völlig von den üblichen kulturellen Unterschieden freimachen kann und vielfältige Erkenntnisse zu einem allgemeinen Gesamtwissen vereint, das sich einfach und klar darstellen läßt und an dessen Wahrheitsgehalt im allgemeinen keiner zweifelt. Wir kamen zwar aus sehr verschiedenen akademischen Schulen, aber beide verspürten wir schon als Kinder den Drang, Insekten zu sammeln und zu beobachten. Wir wurden beide während einer wichtigen geistigen Entwicklungsphase von Erwachsenen darin bestärkt und ermuntert. Einfach gesagt: Wir hatten das Glück, die Leidenschaft für Insekten, die uns im Kindesalter gepackt hat, nie aufgeben zu müssen.

Für Bert Hölldobler begann diese Leidenschaft an einem schönen Frühsommertag in Bayern, kurz bevor der Zweite Weltkrieg mit massiven Luftangriffen zurück nach Deutschland gebracht wurde. Er war damals sieben Jahre alt und war gerade mit seinem Vater Karl wiedervereint, der als Arzt in der deutschen Armee in Finnland diente und Fronturlaub bekommen hatte, um seine Familie in Ochsenfurt zu besuchen. Er nahm Bert auf einen Waldspaziergang mit, um ihm die Natur zu zeigen und sich mit ihm zu unterhalten. Aber es war kein gewöhnlicher Spaziergang. Karl, der ein begeisterter Zoologe war, hatte ein besonderes Interesse an Ameisengesellschaften. Er war ein international anerkannter Experte für die vielen interessanten kleinen Wespen und Käfer, die in Ameisennestern leben. So war es ganz selbstverständlich für ihn, auf diesem Spaziergang Steine und kleinere Holzstücke entlang des Weges umzudrehen, um zu sehen, was darunter lebte. In der Erde zu wühlen, um wimmelndes Leben zu beobachten, war für ihn eines der Vergnügen der Insektenforschung.

Unter einem dieser Steine verbarg sich eine Kolonie großer Roßameisen. Die glänzend schwarzbraunen Arbeiterinnen, die für einen Augenblick vom Sonnenlicht getroffen wurden, rasten hektisch umher, um die madenähnlichen Larven und die in Kokons eingesponnenen Puppen (ihre halberwachsenen Schwestern) zu packen und in die unterirdischen Gänge und Kammern des Nests zu tragen. Dieses unerwartete Schauspiel fesselte den jungen Bert. Was für eine seltsame und wunderbare Welt, wie vollkommen und wohlgestaltet sie war! Eine ganze Gesellschaft hatte sich für einen Augenblick enthüllt, dann verlor sie sich wie durch ein Wunder, wie Wasser auf trockener Erde, und nahm wieder ihr eigenes, unvorstellbar fremdartiges Leben in den Tiefen des Bodens auf.

Nach dem Krieg war das Hölldoblersche Heim in der kleinen mittelalterlichen Stadt Ochsenfurt nahe Würzburg voller Haustiere. Zu verschiedenen Zeitpunkten befanden sich Hunde, Mäuse, Meerschweinchen, ein Fuchs, Fische, ein großer Salamander, der Axolotl genannt wird, ein Reiher und eine Dohle darunter. Ein Hausgast, dem Bert ein besonderes Interesse entgegenbrachte, war ein Menschenfloh, den er in einem Glasfläschchen hielt. Dieser Floh durfte sich von seinem eigenen Blut ernähren. Dies war einer seiner ersten wissenschaftlichen Versuche.

Vor allem aber hielt Bert, durch das Beispiel seines Vaters und die liebevolle Geduld seiner Mutter ermutigt, Ameisen. Er sammelte lebende Kolonien und beobachtete sie in künstlichen Nestern, wodurch er die einheimischen Arten kennenlernte. Er zeichnete ihre anatomischen Erkennungsmerkmale und beobachtete ihr Verhalten. Er war mit Begeisterung bei der Sache, und sammelte außerdem unter anderem noch Schmetterlinge und Käfer. Die Vielfalt des Lebens hatte ihn geprägt, die Würfel waren gefallen, und seine ganzen Hoffnungen konzentrierten sich nun darauf, eine berufliche Laufbahn in der Biologie einzuschlagen.

Im Herbst 1956 begann Bert an der nahegelegenen Würzburger Universität mit dem Biologiestudium, um Gymnasiallehrer für Biologie und andere naturwissenschaftliche Fächer zu werden. Als er seine Abschlußprüfungen machte, hatte er sich jedoch schon andere Ziele gesetzt. Er erhielt Zutritt zum weiterführenden Studium der Universität und strebte nun eine Dissertation an. Karl Gösswald, ein Spezialist für Waldameisen, war während dieser neuen Phase sein Lehrer. Diese großen rotschwarzen Insekten, die millionenfach pro Hektar vorkommen, bauen Kuppelnester, die die Wälder Nordeuropas übersäen. Gösswald wollte Verbreitungsmethoden entwickeln, mit deren Hilfe die Ameisen Raupen und andere Schädlinge der Waldvegetation unter Kontrolle bringen sollten, ohne daß man Insektizide einsetzen mußte. Über Generationen hatten Insektenforscher immer wieder festgestellt, daß die Bäume um die Ameisenhügel jedesmal, wenn ein Massenbefall durch blattfressende Insekten auftrat, gesund blieben und nahezu intakte Blätter behielten. Der Schutz war eindeutig den Ameisen zu verdanken, die die Schädlinge jagten. Zählungen ergaben, daß eine Waldameisenkolonie innerhalb eines Tages über 100 000 Raupen vertilgen kann.

Ein großer Ameisenhügel der roten Waldameise *Formica polyctena* im Urwald Finnlands. Das Bild wurde 1960 während Bert Hölldoblers erstem Finnlandaufenthalt aufgenommen, der der Erforschung der einheimischen Ameisenwelt diente, und zeigt seinen finnischen Freund und Kollegen Heikki Wuorenrinne.

Hochzeitsflüge in der Chihuahua-Wüste im Südwesten der Vereinigten Staaten. Nachdem kräftige Sommerregen die Erde aufgeweicht haben, findet die Paarung vieler Ameisenarten statt. Geflügelte *Forelius pruinosus*-Männchen und Weibchen klettern auf kleine Büsche, die sie als Startrampe für ihre Hochzeitsflüge benutzen.

Gegenüberliegende Seite:
Während der Hochzeitsflüge bilden die Männchen und Weibchen vieler Ameisenarten Schwärme, um sich zu paaren. Wie man auf dem oberen Bild sehen kann, fliegen die Geschlechtstiere der Ernteameisen *Pogonomyrmex desertorum* gegen den Wind und sammeln sich auf Akazienbüschen. Bei ihrer Ankunft geben die Männchen einen starken Geruch ab, der weitere Weibchen und Männchen zu dem gemeinsamen Paarungsplatz anlockt. Auf dem unteren Bild bilden sich über dem heißen Asphalt einer Landstraße, die durch ein Wüstengebiet von Arizona führt, Schwärme einer *Pheidole*-Art.

Die amerikanische Ernteameise *Pogonomyrmex rugosus* im Paarungsrausch. Tausende von Männchen und Weibchen sammeln sich an bestimmten Plätzen auf dem Boden. Im Vordergrund sieht man ein Männchen, das sich mit einem jungen Weibchen paart. (Bild von John D. Dawson, mit freundlicher Genehmigung der National Graphic Society.)

Auch die Königinnen und Männchen der amerikanischen Ernteameise *Pogonomyrmex barbatus* sammeln sich zur Paarung an bestimmten Stellen. Die Männchen sind dabei stets in der großen Überzahl. Oft versuchen mehr als 10 Männchen sich gleichzeitig mit einer Königin zu paaren.

Die Stunden nach der Paarung sind die gefährlichste Zeit für die Königinnen. Während sie ihre Flügel abbrechen und nach einer geeigneten Stelle für die Nestgründung suchen, wird die überwiegende Mehrzahl von ihnen von anderen Ameisen, Eidechsen oder Spinnen gefressen. Hier hat eine Krabbenspinne eine *Pogonomyrmex maricopa*-Königin gefangen.

Sobald die Gründerkönigin die ersten Arbeiterinnen aufgezogen hat, wächst die Kolonie rasch heran. Im oberen Bild sieht man eine *Pheidole desertorum-Königin*, die von ihren ersten Arbeiterinnen, Eiern, Larven und Puppen umgeben ist. Das untere Bild zeigt einen der ersten Soldaten, an seinem quadratischen Kopf erkennbar, und einige frisch geschlüpfte, noch blass gefärbte Arbeiterinnen.

Camponotus perthiana. Eine Königin dieser australischen Ameisenart lebte über 23 Jahre in einem Labornest. Während dieser Zeit produzierte sie Hunderte von Arbeiterinnen.

Karl Escherich, ein früher Pionier der Forstinsektenkunde, sprach von „grünen Inseln", die unter dem Schutzschild der Waldameisen existieren. Escherich war in den 90er Jahren des letzten Jahrhunderts Student an der Universität Würzburg und arbeitete unter der Anleitung von Theodor Boveri, dem damals weltweit berühmtesten Embryologen. Durch einen glücklichen Zufall war William Morton Wheeler, der später Amerikas führender Ameisenforscher wurde, seinerzeit ebenfalls Embryologe und kam als junger Wissenschaftler für zwei Jahre nach Würzburg. Bald darauf konzentrierten sich seine Forschungen hauptsächlich auf die Ameisen. (1907 wurde er Professor für Insektenkunde an der Harvard Universität – und war somit Wilsons Vorgänger). Er vermittelte dem jungen Escherich seine frühe Begeisterung für die Ameisen, der, teilweise durch den Einfluß Wheelers, sein Interesse an der Medizin verlor und sich der Forstinsektenkunde zuwandte. Sein mehrbändiges Meisterwerk hierzu, das er in seinem späteren Leben vollendete, beeinflußte eine ganze Generation deutscher Forscher, darunter auch Karl Gösswald. Ursprünglich war es jedoch kein anderer als Karl Hölldobler, der damals, als fortgeschrittener Student der Medizin und Zoologie, Gösswald in die Ameisenforschung einführte. Er ermutigte den jüngeren Studenten, die artenreiche Ameisenwelt der Kalksteingegend entlang des fränkischen Maintals zu erkunden. Diese Arbeit wurde die Grundlage für Gösswalds Doktorarbeit. Der Stammbaum teilt sich also, wie folgt, in zwei Linien auf: die erste verläuft von Wheeler über Escherich–Karl Hölldobler–Gösswald–Bert Hölldobler und die zweite von Wheeler über Frank M. Carpenter zu Wilson (Carpenter war Wilsons Lehrer an der Harvard Universität). Sie beginnen in Würzburg mit Wheeler, teilen sich dann, um schließlich, wie wir sehen werden, an der Harvard Universität wieder mit der deutschen Forschertradition in Berührung zu kommen. In solch netzartigen Strukturen verläuft das wissenschaftliche Erbe.

Bert war weit davon entfernt, während seiner Würzburger Zeit nur von Gösswald angeleitet zu werden. In der Nachkriegszeit lernte er noch vor seinem Studium viele begeisterte Ameisenforscher durch seinen Vater kennen. Unter ihnen waren Heinrich Kutter aus der Schweiz und Robert Stumper aus Luxemburg. Bert fühlte sich zur Forstinsektenkunde hingezogen, aber die geistige Prägung, die er als Kind erfahren hatte, brachte ihn unweigerlich zu den Ameisen zurück. Während dieser Zeit haben ihm vor allem die Zoologievorlesungen von Hans-Jochem Autrum viele Anregungen gegeben, der, als einer der führenden Neurophysiologen der Welt, inspirierendes Vorbild war.

Eine der ersten Aufgaben, mit denen Bert noch während seines Grundstudiums betraut wurde, war eine Exkursion nach Finnland, um dort eine Nord-Süd-Kartierung der Waldameisen vorzunehmen. Obwohl er damit vollauf beschäftigt war, konnte Bert seine Augen nicht von den gleichermaßen häufig vorkommenden Roßameisen lassen, zu denen auch die Art gehörte, die ihn damals unter dem Stein in Ochsenfurt so in ihren Bann gezogen hatte. Als er die Wälder von Karelien besuchte, wo sein Vater unter schwierigen und oft gefährlichen Bedingungen den Krieg verbracht hatte, überkam ihn eine gewisse Wehmut. Nun war diese Landschaft der Schauplatz für die friedliche Erforschung einer wenig bekannten Tierwelt. Große Teile Finnlands, vor allem die nördlichsten Bereiche, waren damals reine Wildnis und sind es noch heute. Die Streifzüge durch Finnlands Wälder und Lichtungen mit all den Insekten, die größtenteils unbeschrieben waren, bestärkten Bert in seiner Vorliebe für die Freilandbiologie.

Er nahm Abschied von der angewandten Insektenkunde, wie sie von Gösswald vertreten wurde, und wandte sich statt dessen stärker der Grundlagenforschung zu, die ihm mehr lag und vertrauter war. Ungefähr drei Jahre nach seinem Finnlandaufenthalt hörte er von einer Forschergruppe an der Universität Frankfurt, die von Martin Lindauer geleitet wurde. Lindauer war einer der begabtesten unter den von-Frisch-Schülern und galt allgemein als sein intellektueller Nachfolger. In den 60er Jahren befanden sich Lindauer und seine Gruppe gerade mitten in einer aufregenden, neuen Untersuchungsphase an Honigbienen und stachellosen Bienen, und Frankfurt war das Zentrum der zu Recht von-Frisch-Lindauer-Schule genannten Richtung der Verhaltensforschung geworden. Ihre Tradition lebte nicht nur von fähigen Mitarbeitern und einer Reihe von Untersuchungstechniken, sondern vor allem von ihrer Forschungsphilosophie. Sie basierte auf einem tiefgehenden und liebevollen Interesse und Gespür für den ganzen Organismus und war besonders an seinen Anpassungen an die natürliche Umwelt interessiert. Dieser ganzheitliche Ansatz besagt, daß Sie das Tier Ihrer Wahl auf jede Ihnen mögliche Art und Weise kennenlernen sollten. Versuchen Sie zu verstehen oder sich zumindest vorzustellen, wie sein Verhalten und seine Physiologie an die natürliche Umwelt angepaßt sind. Suchen Sie sich dann eine Verhaltensweise heraus, die man für sich allein analysieren kann, als ob sie ein anatomisches Präparat sei. Wenn Sie einem bisher unbekannten Phänomen auf der Spur sind, dann lenken Sie das Schwergewicht Ihrer Untersuchung in die Richtung, die am vielversprechendsten erscheint. Und zögern Sie nicht, dabei immer wieder neue Fragen zu stellen.

Jeder erfolgreiche Wissenschaftler hat ein paar ganz eigene Methoden, wie er der Natur Entdeckungen entlocken kann. Von Frisch selber verwendete vor allem zwei Methoden, die er meisterhaft beherrschte. Die erste bestand darin, detailliert die Hin- und Rückflüge der Bienen zwischen Bienenstock und Futterblumen zu untersuchen, ein Ausschnitt aus dem Leben einer Biene, der sich einfach beobachten und manipulieren ließ. Die zweite war die Methode der Verhaltenskonditionierung, mit deren Hilfe von Frisch Reize miteinander verknüpfte, z.B. die Farbe einer Blume oder den Geruch eines Duftstoffes mit einer nachfolgenden Mahlzeit in Form von Zuckerwasser. In späteren Versuchen reagieren die Bienen oder andere Versuchstiere dann auf diese Reize, vorausgesetzt, daß sie stark genug sind, um wahrgenommen zu werden. Mit dieser einfachen Technik gelang es von Frisch als erstem, überzeugend nachzuweisen, daß Bienen Farben sehen können. Er entdeckte, daß Honigbienen, im Gegensatz zum Menschen, auch polarisiertes Licht sehen können. Die Bienen nutzen polarisiertes Licht, um die Position der Sonne abzuschätzen, und richten sich sogar dann noch nach dem Sonnenstand, wenn die Sonne hinter den Wolken versteckt ist.

Nachdem Hölldobler 1965 die Anforderungen für seinen Doktortitel in Würzburg erfüllt hatte, zog er nach Frankfurt, um bei Lindauer zu arbeiten. Die Doktoranden und jungen Assistenten, denen er sich dort anschloß, waren eine herausragende Gruppe junger Wissenschaftler, die dazu bestimmt waren, später die Führung in der Forschung an sozialen Insekten und in der Verhaltensbiologie zu übernehmen. Zu ihnen gehörten Eduard Linsenmair, Hubert Markl, Ulrich Maschwitz, Randolf Menzel, Werner Rathmayer und Rüdiger Wehner. Wehner ging später an die Universität Zürich, wo er bahnbrechende Arbeit auf dem Gebiet der visuellen Physiologie und der Orientierung von Bienen und Ameisen leistete.

Dieser Kreis und sein Umfeld wurden zu Hölldoblers geistiger Heimat. Da er mit den Tieren arbeiten konnte, die ihn seit seiner frühesten Jugend begeistert hatten und er durch von Frisch persönlich dazu ermutigt wurde, machte er sich mit voller Kraft an neue Projekte, um das Verhalten und die Ökologie der Ameisen zu erforschen. 1969 habilitierte er sich, wodurch er berechtigt war, nun selbst an der Universität zu lehren. Er begann seine neue Laufbahn mit einem zweijährigen Besuch als Gastforscher an der Harvard Universität. Dann kehrte er für kurze Zeit an die Frankfurter Universität zurück, als er dort zum Professor ernannt wurde. 1972 erhielt er einen Ruf als Professor an die Harvard Universität und ging dorthin zurück. Damit begann der Hauptabschnitt seiner zwanzigjährigen Zusammenarbeit mit Wilson.

1945, kurz nach Hölldoblers einschneidendem Kindheitserlebnis mit der Ochsenfurter Ameisenkolonie, war Ed Wilson gerade von seiner Geburtsstadt Mobile nach Decatur umgezogen. Decatur liegt im Norden Alabamas und ist nach Stephen Decatur, dem Kriegshelden von 1812, benannt, der für seinen Trinkspruch bekannt geworden ist: „Unser Land! Möge es immer im Recht sein; aber, ob im Recht oder nicht, es bleibt immer unser Land." Ganz im Sinne ihres geehrten Vorbildes war Decatur eine Stadt, wo auf Recht und Ordnung Wert gelegt wurde. Im Alter von 16 Jahren fand Ed, der unter Freunden „Bugs" (Krabbeltier) oder „Snake" (Schlange) genannt wurde, daß er sich nun ernsthaft auf seine Zukunft vorbereiten sollte. Es war an der Zeit, von den Pfadfindern, bei denen er es bis zum Eagle Scout gebracht hatte, Abschied zu nehmen, nicht mehr nur Schlangen zu fangen oder Vögel zu beobachten, sich auch nicht mehr mit Mädchen einzulassen – für eine Weile zumindest – und vor allem ernsthaft über seine Zukunft als Insektenforscher nachzudenken.

Er glaubte, daß es am besten wäre, sich auf eine Insektengruppe zu spezialisieren, die für wissenschaftliche Entdeckungen vielversprechend erschien. Zuerst suchte er sich die Dipteren (Zweiflügler) aus und hier speziell die Familie der Dolichopodidae, die man auch Langbeinfliegen nennt. Diese metallisch grün und blau glänzenden Insekten sieht man im Sonnenlicht in Paarungsritualen über den Blattoberflächen tanzen. Gelegenheiten gab es genug: Allein in den Vereinigten Staaten gibt es über tausend Arten, und in Alabama selbst waren bisher kaum Untersuchungen angestellt worden. Aber Eds Pläne für sein ehrgeiziges erstes Projekt wurden durchkreuzt. Durch den Krieg wurde die Versorgung mit Insektennadeln unterbrochen, der Standardausrüstung, um einzelne Fliegenexemplare aufzubewahren. Diese speziellen, schwarzen Stecknadeln wurden in der Tschechoslowakei hergestellt, die sich zu dieser Zeit noch unter deutscher Besatzung befand.

Er brauchte also eine Insektenart, die er mit einer Ausrüstung aufbewahren konnte, die er direkt zur Hand hatte. Deshalb wandte er sich den Ameisen zu. Seine Jagdgründe waren die Waldstücke und Felder entlang des Tennessee River. Seine Ausrüstung, die er in jeder Kleinstadtapotheke besorgen konnte, bestand aus 5 Dram Apothekerfläschchen, vergälltem Alkohol und Pinzetten. Und sein Lehrbuch war William Morton Wheelers Klassiker „Ants" (Ameisen) von 1910, den er sich von dem Geld gekauft hatte, das er beim morgendlichen Austragen der Lokalzeitung *Decatur Daily* verdiente.

Sechs Jahre zuvor war der Grundstein für seine Naturforscherlaufbahn gelegt worden, aber nicht in der freien Natur von Alabama. Damals lebte Eds Familie in Washington D.C., nicht weit vom Zentrum entfernt, so daß sie mit dem Auto einen Sonntagsausflug zur Mall machen konnten und, was für den heranwachsenden Naturforscher noch viel wichtiger war, sowohl den Nationalzoo als auch den Rock Creek Park zu Fuß erreichen konnten. Für Erwachsene war dieser Stadtteil nichts anderes als ein heruntergekommenes Viertel in der Nähe des pulsierenden Regierungszentrums. Für einen 10jährigen jedoch war es eine Gegend, die stellvertretend und bruchstückhaft eine zauberhafte Naturwildnis darstellte. An sonnigen Tagen streifte Ed, mit einem Schmetterlingsnetz und einem Einmachglas mit tödlichem Zyanid bewaffnet, zuerst durch den Zoo, um so nahe wie möglich bei den Elefanten, Krokodilen, Kobras, Tigern und Nashörnern zu stehen, und lief dann ein paar Minuten später zu den Nebenstraßen und Waldwegen des

Parks, um dort Schmetterlinge zu fangen. Für Ed war der Rock Creek Park der Amazonasdschungel im Kleinformat, in dem er in seiner Phantasie, oft in Begleitung seines besten Freundes Ellis MacLeod (heute Professor für Insektenkunde an der Universität Illinois), als angehender Forscher leben konnte.

An anderen Tagen fuhren Ellis und Ed mit der Straßenbahn zum Museum für Naturgeschichte. Dort erkundeten sie die Ausstellungen über Tiere und Lebensräume und zogen Schubladen heraus, die mit Schmetterlingspräparaten und anderen Insekten aus der ganzen Welt bestückt waren. Die Vielfältigkeit des Lebens, die sich in dieser großartigen Institution darbot, war einfach überwältigend und ehrfurchtgebietend. Die Kuratoren des Museums erschienen ihnen als die Ritter eines erlauchten Ordens, die unvorstellbar hoch gebildet waren. Der Direktor des Nationalzoos war für sie eine noch unerreichbarere und phantastischere Persönlichkeit dieser Stadt, die 1939 alle Aufstiegsmöglichkeiten bot. Es war William M. Mann, der, durch einen seltsamen Zufall, selber Ameisenforscher und ein früherer Student von William Morton Wheeler an der Harvard Universität war. Er hatte am Nationalmuseum Ameisen untersucht und war später als Direktor zum Nationalzoo gewechselt.

1934 hatte Mann einen Artikel aus seinem ursprünglichen wissenschaftlichen Interessengebiet mit dem Titel „Ameisen auf der Jagd, wild und zivilisiert zugleich" im *National Geographic Magazine* veröffentlicht. Ed verschlang den Artikel und zog danach los, um nach einigen der Arten im Rock Creek Park zu suchen, wobei er ganz aufgeregt war bei dem Gedanken, daß der Autor selbst gleich in der Nähe arbeitete. Eines Tages machte er eine ähnliche Erfahrung wie Bert, als dieser das Schlüsselerlebnis mit der Roßameisenkolonie in Ochsenfurt hatte. Als er mit Ellis MacLeod einen bewaldeten Hügel hinaufkletterte, entfernte er die Rinde von einem vermodernden Baumstumpf, um zu sehen, was darunter lebte. Schon strömte eine aufgebrachte Menge glänzend gelber Ameisen heraus, die einen starken Zitronenduft verbreiteten. Wie spätere Untersuchungen (und zwar 1969 von Ed selbst) zeigen sollten, war diese chemische Substanz Citronellal. Die Arbeiterinnen gaben sie aus Kopfdrüsen ab, um ihre Nestgenossinnen zu warnen und Feinde zu vertreiben. Es handelte sich

Oben: Bert Hölldobler (*rechts*) als 14jähriger Insektenforscher auf der Jagd nach Schmetterlingen auf einer bayrischen Wiese (1950) und Ed Wilson (*links*) mit 13 Jahren auf Insektenpirsch in der Nähe seines Elternhauses in Mobile, Alabama (1942). *Unten:* Hölldobler, links, und Wilson, rechts, untersuchen ein Roßameisennest in Bayern im Mai 1993. (Untere Aufnahme von Friederike Hölldobler, Aufnahme oben rechts von Karl Hölldobler, oben links von Ellis MacLeod.)

um „Zitronenameisen", die zu der Gattung *Acanthomyops* gehörten. Ihre Arbeiterinnen leben ausschließlich unterirdisch. Die Masse der Ameisen in dem Baumstumpf nahm schnell ab und verschwand im inneren Dunkel. Aber sie hinterließ einen lebhaften und bleibenden Eindruck bei dem Jungen. Welche Unterwelt hatte er flüchtig erblickt?

Im Herbst 1946 ging Ed nach Tuscaloosa, an die Universität von Alabama. Schon nach wenigen Tagen begab er sich, mit einer Sammlung von Ameisenpräparaten unter dem Arm, zum Leiter des biologischen Instituts. Er sah es als völlig normal für einen Studienanfänger an, auf diese Weise seine Berufspläne mitzuteilen und sofort, als Teil des Grundstudiums, mit der Forschung auf dem Gebiet seiner Wahl zu beginnen. Der Dekan und die anderen Biologieprofessoren lachten ihn weder aus noch schickten sie ihn weg. Sie verhielten sich wohlwollend gegenüber dem 17jährigen. Sie gaben ihm einen Laborplatz, ein Mikroskop und häufig freundliche Unterstützung. Sie nahmen ihn auf Exkursionen in die natürlichen Lebensräume um Tuscaloosa mit und hörten geduldig zu, wenn er das Verhalten von Ameisen erklärte. Diese entspannte und unterstützende Atmosphäre prägte ihn ganz entscheidend. Wäre Ed nach Harvard gegangen, wo er jetzt lehrt, und wäre er in einer Gruppe von reinen Überfliegern gelandet, dann hätte er sich vielleicht anders entwickelt. (Aber vielleicht auch nicht. Es gibt viele seltsame Nischen in Harvard, wo Exzentriker gedeihen können.)

1950, nachdem Ed seinen Bachelor (dies entspricht in etwa dem deutschen Vordiplom, Anm.d.Ü.) und seinen Master (dies entspricht in etwa dem deutschen Diplom, Anm.d.Ü.) abgeschlossen hatte, ging er an die Universität von Tennessee, um dort mit seiner Doktorarbeit zu beginnen. Dort wäre er vielleicht geblieben, denn die Südstaaten und ihre reiche Ameisenwelt genügten ihm völlig. Aber er war unter den Einfluß eines fernen Ratgebers, William L. Brown, geraten, der sieben Jahre älter als er war und gerade seine Doktorarbeit an der Harvard Universität beendete. Onkel Bill, wie er später liebevoll von seinen Kollegen genannt wurde, war ein Seelenverwandter, der sich ganz den Ameisen verschrieben hatte. Brown verfolgte das Ziel, diese Insekten weltweit zu untersuchen, denn er war der Meinung, daß die Tierwelt aller Länder gleichermaßen interessant war. Er hatte ein starkes Berufsethos und suchte endlich Anerkennung für diese kleinen Kreaturen, die nur allzuoft vernachläßigt wurden. „Es ist die Aufgabe unserer Generation", so erklärte er Ed, „die Kenntnis der Biologie und die systematische Klassifizierung dieser außerordentlichen Insekten voranzutreiben und ihnen einen größeren wissenschaftlichen Stellenwert einzuräumen. Und", fügte er hinzu, „laß dich nicht von den Errungenschaften Wheelers und anderer berühmter Insektenforscher der Vergangenheit einschüchtern. Diese Leute werden auf absurde Weise überbewertet. Wir können und werden, wir müssen besser als sie sein. Sei stolz auf deine Arbeit, sei vorsichtig beim Präparieren deiner Tiere, halte dich in der Literatur auf dem Laufenden, erweitere deine Untersuchungen auf eine Vielzahl von Ameisenarten und konzentriere deine Interessen nicht nur auf die Südstaaten. Und wenn du schon dabei bist, finde heraus, wovon sich die Dacetinen (eine Untergruppe der Knotenameisen, Anm.d.Ü.) ernähren (Ed wies später nach, daß Dacetinen Springschwänze und andere weichhäutige Gliedertiere als Beute fangen).

Und vor allem, komm an die Harvard Universität, wo es die weltweit größte Ameisensammlung gibt, und mach deine Doktorarbeit hier." Im darauffolgenden Jahr, nachdem Brown sich nach Australien aufgemacht hatte, um diesen kaum untersuchten Kontinent zu erforschen, wechselte Ed tatsächlich nach Harvard über. Dort sollte er im weiteren auch bleiben. Er erhielt nach einer Weile eine leitende Professorenstelle und die Aufsicht über die Insektensammlung, beides Positionen, die auch Wheeler innegehabt hatte. Ja, er erbte sogar Wheelers alten Schreibtisch, in dem sich noch seine Pfeife und der Tabaksbeutel in der unteren rechten Schublade befanden. 1957 besuchte er Mann im Nationalzoo in Washington. Dieser ältere Herr, der kurz vor seiner Pensionierung stand, übergab Ed seine Bibliothek über Ameisen. Dann machte er mit Ed und seiner Frau Renee einen Rundgang durch den Zoo, der an den Elefanten, Leoparden, Krokodilen, Kobras und all den anderen wunderbaren Tieren vorbei, und am Rand des Rock Creek Park entlangführte, und versetzte ihn so, für eine zauberhafte Stunde, in seine Kindheitsträume zurück. Mann konnte natürlich nicht ahnen, welch erhebendes Gefühl es für den jungen, aufstrebenden Professor war, diesen Kreis in seinem Leben zu schließen.

Die kommenden Jahre an der Harvard Universität waren mit Freiland- und Laborarbeit ausgefüllt. Das Ergebnis waren mehr als zweihundert wissenschaftliche Publikationen. Wilsons Interessen erstreckten sich gelegentlich auch auf andere Fachgebiete, wie menschliches Verhalten und Erkenntnisphilosophie, aber die Ameisen blieben sein Steckenpferd und die nie versiegende Quelle seines geistigen Selbstvertrauens. Zwanzig seiner produktivsten Jahre mit diesen Insekten verbrachte er in engem Kontakt mit Hölldobler. Manchmal arbeiteten die beiden Insektenforscher getrennt an ihren eigenen Projekten, dann wieder als ein Team, doch fast täglich pflegten sie Gedankenaustausch. 1985 begannen deutsche und Schweizer Universitäten Hölldobler äußerst attraktive Angebote zu machen. Als klar wurde, daß er tatsächlich gehen würde, beschlossen er und Wilson, eine möglichst vollständige Abhandlung über die Ameisen zu schreiben, die als Handbuch und grundlegendes Nachschlagwerk für andere dienen sollte. Das Ergebnis war das Buch *The Ants*, das 1990 veröffentlicht wurde. Das Buch ist der „nächsten Generation von Ameisenforschern" gewidmet und ersetzt schließlich Wheelers 80 Jahre altes Riesenwerk. Es gewann 1991 überraschend den Pulitzer-Preis für allgemeine Sachliteratur und war damit das erste wissenschaftliche Werk, das mit diesem Preis ausgezeichnet wurde.

Zu diesem Zeitpunkt trennten sich unsere Wege. Die Untersuchung der sozialen Insekten hatte, wie das meiste in der Biologie, einen hohen Entwicklungsstand erreicht und bedurfte einer immer komplizierteren und teureren Ausrüstung. Wo früher ein einzelner Forscher mit wenig mehr als einem Paar Pinzetten, einem Mikroskop und einer ruhigen Hand schnelle Fortschritte mit Verhaltensexperimenten erzielen konnte, braucht man heute zunehmend Forschergruppen, die auf der Zell- und Molekülebene arbeiten. Besonders bei der Erforschung des Ameisengehirns ist solch ein Aufwand notwendig. Das gesamte Verhaltensrepertoire einer Ameise wird von ungefähr einer halben Million Nervenzellen vermittelt, die dicht gepackt in einem Organ liegen, das kleiner als ein Buchstabe auf dieser Seite ist. Nur mit modernen, mikroskopischen Methoden und mit elektrophysiologischen Zellableitungen kann man in dieses winzige Universum eindringen. Man ist auch auf modernste Technologie und die Zusammenarbeit von Wissenschaftlern verschiedener Spezialgebiete angewiesen, wenn man die kaum wahrnehmbaren Vibrations- und Berührungssignale, die Ameisen bei der sozialen Kommunikation einsetzen, analysieren will. Nur mit ihrer Hilfe lassen sich Drüsensekrete, die als Signale benutzt werden, nachweisen und identifizieren; einige der Hauptkomponenten kommen bei einer Arbeiterin nur in Konzentrationen von weniger als einem Milliardstel Gramm vor.

Die Universität Würzburg bot die Möglichkeiten, diesen Grad der Sachkenntnis zu erreichen. Martin Lindauer, Hölldoblers Mentor, war 1973 hierher gegangen und emeritierte nun. Die Universität entschied sich, das Forschungsgebiet des Sozialverhaltens von Insekten zu erweitern, und bot Hölldobler die Leitung einer neuen Arbeitsgruppe für Verhaltensphysiologie und Soziobiologie an. Hölldobler entschloß sich anzunehmen, und so wurde die Verbindung zwischen Harvard und Würzburg ein Jahrhundert nach William Morton Wheelers Gastforscheraufenthalt wiederhergestellt. Kurz nach seiner Ankunft wurde ihm der Leibniz-Preis verliehen, eine Forschungsprämie der deutschen Regierung über 3 Millionen DM, die dem Aufbau von neuen Fachgebieten in Deutschland dienen soll. Die Würzburger Arbeitsgruppe beschäftigt sich nun vorrangig mit experimentellen Untersuchungen auf dem Gebiet der Genetik, Physiologie und Ökologie sozialer Insekten.

Eine andere Dringlichkeit führte Wilson auf einen völlig anders verlaufenden Weg. Die biologische Vielfalt – ihr Ursprung, ihr Ausmaß und ihr Einfluß auf die Umwelt – hatte Wilson schon immer beschäftigt. In den 80er Jahren wurde den Biologen klar, daß die menschlichen Aktivitäten zu einer zunehmend schnelleren Zerstörung der Artenvielfalt führen. Sie hatten die ersten groben Schätzungen für diese Abnahme gemacht und sagten voraus, daß innerhalb der nächsten 30 bis 40 Jahre, hauptsächlich durch die Zerstörung natürlicher Lebensräume, ein ganzes Viertel aller Arten auf der Erde verschwinden könnte. Es wurde offensichtlich, daß die Biologen, um dieser Gefahr zu begegnen, die Artenvielfalt auf der Welt viel genauer als bisher erfassen und vor allem die Lebensräume, die die größte Artenanzahl und zugleich die gefährdetsten Arten enthalten, bestimmen mußten. Diese Information ist notwendig, um bei der Rettung und der wissenschaftlichen Untersuchung vom Aussterben bedrohter Arten Hilfestellung zu leisten. Diese Aufgabe drängt und ist gerade erst in Angriff genommen worden. Nur 10 Prozent aller Pflanzen- und Tierarten und aller Mikroorganismen haben einen wissenschaftlichen Namen, und selbst über die Verbreitung und Biologie dieser Gruppe weiß man wenig. Die meisten Untersuchungen zur Artenvielfalt beschränken sich auf die bekanntesten „Ziel"-Gruppen, im wesentlichen auf Säugetiere, Vögel und andere Wirbeltiere, Schmetterlinge und Blütenpflanzen. Ameisen sind weitere Kandidaten für diesen Sonderstatus, denn sie sind wegen ihrer Vielzahl und ihrer auffälligen Lebensweise während der warmen Jahreszeit besonders dafür geeignet.

Die Harvard Universität hat heute nach wie vor die umfangreichste und vollständigste Ameisensammlung auf der Welt. Wilson fühlte sich, ganz abgesehen von seinem eigenen Interesse an dieser Aufgabe, verpflichtet, die Sammlung zu nutzen, um aus den Ameisen eine Zielgruppe für die Erforschung der Artenvielfalt zu machen. Zusammen mit Bill Brown, der heute an der Cornell Universität ist, machte er sich daran, in einem Gewaltakt die bisher größte Ameisenklassifikation zu bewältigen: eine Monographie über *Pheidole*, die bei weitem umfangreichste Ameisengattung, bei der es mehr als 1000 Arten zu analysieren und zu beschreiben gilt. Ihr Werk wird, wenn es einmal fertig ist, die Beschreibung 350 neuer Arten allein auf der westlichen Halbkugel beinhalten.

Hölldobler und Wilson gelingt es nach wie vor, sich einmal im Jahr, entweder in Costa Rica oder in Florida, zu treffen und im Freiland zusammenzuarbeiten. Dort sind sie auf der Suche nach neuen und wenig bekannten Ameisenarten. Wilson, um sie dem Gesamtausmaß der Artenvielfalt hinzuzufügen, und Hölldobler, um die interessantesten Arten für nähere Untersuchungen nach Würzburg mitzunehmen. Mittlerweile wächst unter den Wissenschaftlern das Ansehen der Ameisenkunde. Sie hat das Flair eines Orchideenfachs verloren, obwohl ihre Unterwelt fremdartig und geheimnisvoll wie eh und je bleibt.

Ameisenköniginnen genießen in ihren solide gebauten Nestern, in denen sie wie in einer Festung verborgen leben und von ihren emsigen Töchtern geschützt werden, ein außergewöhnlich langes Leben. Sieht man von Unglücksfällen ab, werden die Königinnen der meisten Arten mindestens fünf Jahre alt. Ein paar übertreffen in ihrer Langlebigkeit alles, was sonst von Millionen anderer Insektenarten bekannt ist, sogar die legendären Zikaden mit ihrem 17jährigen Lebenszyklus. Die Königin einer australischen Roßameisenart erreichte in einem Labornest ein Alter von 23 Jahren und produzierte Tausende von Nachkommen, bevor sie in ihrer Fortpflanzung nachließ und ganz offensichtlich an Altersschwäche starb. Mehrere Königinnen der Gelben Wiesenameise, *Lasius flavus*, einer kleinen europäischen Art, die auf Wiesen Kuppelnester baut, lebten in Gefangenschaft zwischen 18 und 22 Jahren. Der Weltrekord in Langlebigkeit für Ameisen, und damit ganz allgemein für alle Insekten, hält eine Königin der schwarzgrauen Wegameise, *Lasius niger*, die auch in Wäldern vorkommt: Durch die liebevolle Pflege eines Schweizer Insektenforschers erreichte sie ein Alter von 29 Jahren.

Die Fruchtbarkeit erfolgreicher Königinnen während dieser langen Lebensspanne ist von Art zu Art sehr unterschiedlich, aber sie ist nach menschlichen Maßstäben in jedem Fall beeindruckend. Die Königinnen einiger langsam wachsender, räuberischer Arten produzieren nur ein paar hundert Arbeiterinnen und dazu vielleicht noch ein gutes Dutzend Königinnen und Männchen. Eher am anderen Extrem findet man die Königinnen der Blattschneiderameisen Süd- und Mittelamerikas, die ungefähr 150 Millionen Arbeiterinnen zur Welt bringen, von denen jeweils zwei bis drei Millionen gleichzeitig am Leben sind. Königinnen der afrikanischen Treiberameisen, die die doppelte Menge produzieren können, sind wahrscheinlich die Weltmeister: Die ungeheure Anzahl ihrer Töchter übertrifft die gesamte menschliche Bevölkerung der Vereinigten Staaten.

Der Kopf, der diese Krone trägt, sitzt jedoch recht locker. Auf jede Königin, die erfolgreich eine Kolonie gründet, kommen Hunderte oder Tausende, die bei diesem Versuch sterben. Während der Fortpflanzungsperiode bringen erfolgreiche Kolonien massenweise unbegattete

Leben und Tod
einer Kolonie

Königinnen und Männchen hervor, die wegfliegen oder loskrabbeln, um sich auf die Suche nach Fortpflanzungspartnern aus anderen Kolonien zu machen. Die meisten werden schnell von Räubern erbeutet, fallen ins Wasser oder kommen einfach von ihrem Weg ab und sterben später. Wenn eine junge Königin lang genug lebt, um begattet zu werden, bricht sie ihre trockenen, häutigen Flügel ab und sucht nach einer geeigneten Stelle für ihr Nest. Aber ihre Chancen stehen immer noch schlecht. Meistens wird sie von Räubern bemerkt, bevor sie die richtige Stelle gefunden und eine Höhle gegraben hat.

Welch erbarmungsloses Lotteriespiel eine Koloniegründung darstellt, wird schnell ersichtlich, wenn man ein typisches Beispiel betrachtet: Nehmen wir an, daß Kolonien eine Existenzdauer von fünf Jahren haben und im Durchschnitt nur eine junge Königin von fünf Kolonien pro Jahr eine neue Kolonie gründet. Wenn jede Kolonie im Schnitt 100 neue Königinnen pro Jahr entläßt, dann hat nur eine von 500 eine Chance, eine neue Kolonie zu gründen.

Die Männchen haben überhaupt keine Chance. Jedes von ihnen stirbt innerhalb weniger Stunden oder Tage, nachdem es das mütterliche Nest verlassen hat. Nur ganz wenige dieser Männchen werden in der evolutionären Lotterie das Große Los ziehen, indem sie, auch wenn sie dabei sterben, eine der seltenenen erfolgreichen Königinnen begatten. Aber die überwiegende Mehrzahl der Männchen verliert sowohl ihr Leben als auch ihre Gene. Jeder Gewinner dagegen wird Hunderte oder Tausende von Nachkommen hinterlassen, von denen die meisten erst Monate oder Jahre nach seinem Tod geboren werden. Dies wird durch eine Art Spermabank ermöglicht, die von den Ameisen schon vor Millionen von Jahren entwickelt wurde, bevor die Menschheit überhaupt von solch einer Technik zu träumen begann. Nachdem die Königin das Sperma von dem Männchen erhalten hat, speichert sie es in einer ovalen, sackförmigen Ausstülpung im Bereich ihrer Hinterleibsspitze. Die Spermien werden in diesem Organ, das man Spermatheca nennt, auf physiologischem Wege ruhiggestellt und können so über Jahre lebend aufbewahrt werden. Wenn die Königin die Spermien schließlich, einzeln oder zu mehreren, wieder in ihren Fortpflanzungstrakt entläßt, erhalten sie ihre alte Beweglichkeit zurück und

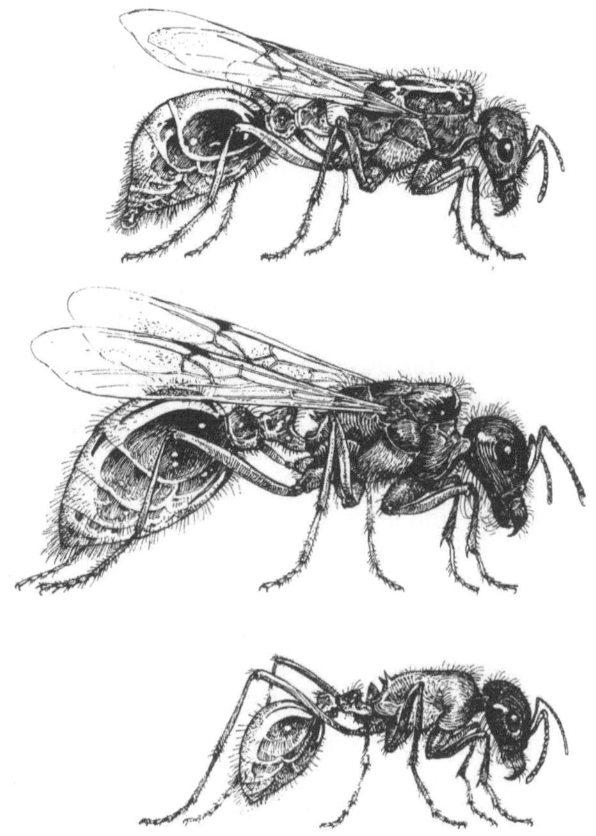

können so die Eizellen befruchten, die aus den Eierstöcken kommend die Eileiter herunterwandern.

Am Ende jeden Sommers kann man überall im Osten der USA das grausame Ende erfolgloser Geschlechtstiere sehen, wenn die braunen Wegameisen, *Lasius neoniger*, schwärmen. Dies ist eine der häufigsten Insektenarten, die man auf städtischen Gehwegen und Rasenflächen, auf Wiesen, Golfplätzen und an den Rändern der Landstraßen findet. Ihre kleinen braunen und plump gebauten Arbeiterinnen bauen unauffällige, kraterförmige Hügel aus Erde, die die Eingangslöcher der Nester umgeben, so daß sie ein bißchen wie winzige Vulkankegel aussehen. Wenn die Arbeiterinnen aus den Nestern kommen, suchen sie zwischen Grasbüscheln, auf niedrigen Grashalmen und kleinen Büschen nach toten Insekten und Nektar. Für ein paar Stunden im Jahr wird diese Alltagsroutine jedoch unterbrochen, und das Leben in der Umgebung der Ameisenhügel verändert sich drastisch. In den letzten Augusttagen oder während einer der beiden ersten Septemberwochen kommen an einem sonnigen Nachmittag gegen fünf Uhr, falls es kurz vorher geregnet hat und die Luft windstill, warm und feucht ist, riesige Schwärme unbegatteter Königinnen und Männchen aus den *Lasius neoniger* Nestern hervor und fliegen auf. Für ein bis zwei Stunden ist die Luft voll geflügelter Ameisen, die dort oben aufeinandertreffen und sich paaren. Doch viele verenden an Windschutzscheiben. Des weiteren lichten Vögel, Libellen, Raubfliegen und andere fliegende Räuber ihre Reihen. Einige Tiere verirren sich über Seen, sind gezwungen, auf dem Wasser zu landen, und ertrinken. Wenn die Dämmerung hereinbricht, ist das Schauspiel zu Ende, und die letzten Überlebenden flattern zu Boden. Die Königinnen brechen ihre Flügel ab und suchen nach einer geeigneten Stelle, um ihr Erdnest zu graben. Nur die wenigsten kommen bei dieser letzten Etappe weit. Für sie beginnt ein furchtbares Spießrutenlaufen, vorbei an Vögeln, Kröten, Raubwanzen, Schwarzkäfern, Hundertfüßlern, Springspinnen und anderen Räubern, die solch schutzlose Beute jagen. Die größte Todesgefahr aber droht von den Ameisenarbeiterinnen, einschließlich jener der allgegenwärtigen *Lasius neoniger*, die gegenüber territorialen Eindringlingen in ständiger Angriffsbereitschaft sind.

Die Hochzeitsflüge sind der Höhepunkt im Lebenszyklus der Ameisen. Kolonien können in einen Hungerzustand geraten, von Feinden eines Teils ihrer Arbeitstruppe beraubt werden und durch hundert andere Schicksalschläge auf einen Bruchteil ihrer Leistungsfähigkeit reduziert werden. Es bleibt immer noch die Möglichkeit, daß sich die Kolonie davon erholt. Wenn aber der Hochzeitsflug verpaßt wird oder zu einem falschen Zeitpunkt stattfindet, war die ganze Anstrengung der Kolonie vergeblich. Während des Hochzeitsfluges spielt die Kolonie verrückt. Unbegattete Königinnen und Männchen drängen unter der Mithilfe hektischer Arbeiterinnenscharen vorwärts und fliegen los. Die Fortpflanzungstaktiken der beiden Geschlechter sind je nach Art ver-

Nach dem Hochzeitsflug drückt die frischbegattete Ernteameisenkönigin ihre Flügel mit ihren Mittel- und Hinterbeinen nach vorne und bricht sie ab. (Zeichnung von D. Dawson, mit freundlicher Genehmigung der National Geographic Society.)

schieden, aber immer hastig und riskant. Als Hölldobler an einem Spätnachmittag im Juli 1975 durch die Wüstenebene im Süden Arizonas wanderte, entdeckte er wohl eines der spektakulärsten Beispiele überhaupt; dabei handelte es sich um die große, rote Ernteameise der Art *Pogonomyrmex rugosus*. Mitten im offenen Gelände, das keinerlei auffällige Landmarken aufwies, tummelten sich auf einer Fläche von der Größe eines Tennisplatzes große Mengen von Königinnen und Männchen auf dem Boden. Von 17 Uhr bis zur Dämmerung zwei Stunden später flogen geflügelte Königinnen ein, wurden begattet und flogen wieder ab. Sobald eine landete, wurde sie von drei bis zehn Männchen bedrängt, die sie alle besteigen und befruchten wollten. Wenn mehrere Kopulationen stattgefunden hatten, beendete die Königin das Geschehen mit einem Zirplaut, den sie durch das Reiben ihrer dünnen Taille gegen das letzte Hinterleibssegment erzeugte. Sobald die Männchen dieses „weibliche

Befreiungssignal" hörten, erlosch ihr Interesse, und sie rannten weiter, um sich nach einem anderen, fortpflanzungsbereiten Weibchen umzusehen. Obwohl die meisten Weibchen kurz nach der Paarung von dem Platz wegflogen, blieben die Männchen zurück, um weitere Paarungsversuche zu unternehmen, bis sie innerhalb von wenigen Tagen dort starben.

Jahr für Jahr kehrte Hölldobler im Juli an dieselbe Stelle zurück und fand dort jedesmal schwärmende Ernteameisen vor. Obwohl es sich jeweils um neue Königinnen und Männchen handelte, die im gleichen Jahr geboren waren, fanden sie trotzdem irgendwie ihren Weg zu diesem Stückchen Boden. Diese Stelle hatte Ähnlichkeit mit den Leks von Vögeln und Antilopen, d.h. Plätzen, zu denen die Männchen jedes Jahr zurückkehren, um dort zu singen und sich gegenseitig und all den herbeigelockten Weibchen zur Schau zu stellen. Im Gegensatz zu den Ameisen sind einige dieser Lek besuchenden Wirbeltiermännchen alt genug, um sich aus früherer Erfahrung daran zu erinnern, wohin sie gehen müssen. Ameisen dagegen müssen sich auf ihren Instinkt und auf bestimmte Reize, die von den Lekplätzen ausgehen, verlassen, d.h. auf Signale, die ihre angestammten, genetisch festgelegten Erinnerungen auslösen. Bisher hat noch niemand herausgefunden, wie diese Zusammenkunft zustande kommt, denn die Leks besitzen weder auffällige Blickpunkte noch Gerüche oder Geräusche, die sie von dem umgebenden Gelände unterscheiden.

Die meisten Ameisengesellschaften, einschließlich der amerikanischen *Lasius*-Arten und Ernteameisen, verfolgen eine Fortpflanzungsstrategie, die an Pflanzen erinnert. Sie produzieren eine große Anzahl kolonisierender Königinnen, so wie Pflanzen große Mengen von Samen produzieren, damit zumindest ein oder zwei von ihnen wurzeln beziehungsweise Fuß fassen werden. Ein paar Ameisenarten verfolgen jedoch vorsichtigere Investitionsstrategien. Die Königinnen einiger europäischer Waldameisen wagen sich nur bis an die Nestoberfläche und halten sich dort nur so lange auf, bis sie begattet werden; dann hasten sie in ihre unterirdischen Kammern zurück. Die Kolonie vervielfältigt sich erst zu einem späteren Zeitpunkt, wenn sich eine oder mehrere der begatteten Königinnen in Begleitung eines Teils der Arbeitertruppen zu neuen

                                    Leben und Tod einer Kolonie

Als ersten Schritt zur Koloniegründung gräbt die junge Königin eine kleine Nestkammer in die Erde. (Zeichnung von D. Dawson, mit freundlicher Genehmigung der National Geographic Society.)

Nistplätzen aufmachen. Unbegattete Königinnen der Treiberameisen werden sogar noch stärker beschützt. Sie sind völlig flügellos und dienen als reine Eilegemaschinen; sie verlassen nie das Mutternest und warten stattdessen auf die Ankunft geflügelter Männchen anderer Kolonien. Dies ist eines der seltenen Beispiele, wo Ameisen Vertreter fremder Kolonien aufnehmen und die Arbeiterinnen den Freiern so lange Zutritt zu der Kolonie gewähren, bis sie sich gepaart haben.

Die soziale Lebensweise der Ameisen hängt nicht nur stark von dem Lebenszyklus der Kolonie, sondern auch von jedem einzelnen Koloniemitglied ab. Die einzelne Ameise macht während ihres Wachstums und ihrer Entwicklung, wie alle anderen Mitglieder der Insektenordnung Hymenoptera und überhaupt die Mehrzahl aller Insekten, eine vollständige Metamorphose durch, wobei sie eine Folge von vier völlig verschiedenen Stadien durchläuft: Die Königin legt ein Ei, aus dem eine Larve schlüpft, die wächst und sich in eine Puppe verwandelt, aus der schließlich das erwachsene Tier hervorgeht. Die Bedeutung dieser mehrfachen Wiedergeburt liegt in der hohen Divergenz zwischen der Larve und dem erwachsenen Tier begründet. Die Larve (Raupe oder Made) ist eine Freßmaschine, die keine Flügel und nur ein kleines Gehirn besitzt. Ihre Anatomie und das Repertoire ihrer biologischen Reaktionen wurden während der Evolution darauf abgestimmt, ein schnelles Wachstum zu ermöglichen und sich gleichzeitig vor Feinden zu schützen. Das erwachsene Tier ist ein völlig anderes Geschöpf. Meistens ist es mit Flügeln, starken Laufbeinen oder beidem ausgestattet und damit für die Fortpflanzung und die Ausbreitung zu neuen Jagdgründen gebaut. Seine Nahrung unterscheidet sich häufig von der des Larvenstadiums und besteht hauptsächlich aus Kohlehydraten. Anders als Proteine, die das Wachstum fördern, dienen sie der Energieerhaltung. In Extremfällen frißt das erwachsene Tier überhaupt nichts und lebt von den Energiereserven, die es während der Larvalperiode gespeichert hat. Die Puppe schließlich ist nur ein Ruhestadium, in dem das Gewebe von der Larval- in die Erwachsenenform umgebaut wird.

Die madenähnlichen Ameisenlarven können so gut wie keine Arbeit verrichten und müssen wie Kinder gefüttert werden. Ihre Abhängigkeit von den erwachsenen Tieren wird durch ihre begrenzte Beweglichkeit zusätzlich erhöht; selbst wenn sie sich selbst ernähren könnten – und Larven einiger primitiver Ameisenarten haben diese Fähigkeit – hindert ihr fetter, beinloser Körper sie daran, sich zu weiter entfernten Nahrungsquellen zu begeben. Aus demselben Grund muß ein Großteil der Arbeit der erwachsenen Arbeiterinnen auf die Pflege der Larven verwendet werden. Sie suchen außerhalb des Nestes nach Futter für ihre hilflosen Geschwister und beschützen und säubern sie voller Hingabe. Diese Abhängigkeit der Jungen von ihren erwachsenen Schwestern bildet bei den Ameisen den Kern des Soziallebens, so wie die Hilflosigkeit menschlicher Kinder Familien verbindet und zu vielen anderen sozialen Gepflogenheiten führt.

Nachdem die junge Königin das Erwachsenenstadium erreicht hat, macht sie noch eine weitere radikale Verwandlung durch. Sie verwandelt sich von einem sehr gewandten, selbständigen Tier in eine hilflose Bettlerin ihrer Kolonie. Solange sie als unbegattete Königin noch in ihrem Geburtsnest lebt, ist sie jederzeit in der Lage, alleine loszufliegen und sich mit geflügelten Männchen zu paaren. Anschließend läßt sie sich

                                    Leben und Tod einer Kolonie

nieder und wirft ihre Flügel ab, baut ganz alleine ein Nest und zieht über Wochen oder Monate ohne fremde Hilfe die erste Brut von Arbeiterinnen auf. Dann findet ganz plötzlich, innerhalb von wenigen Tagen, ein Rollentausch statt, und die Arbeiterinnen beginnen, sich um sie zu kümmern. Sie degradieren sie mehr oder weniger zu einer reinen Eilegemaschine, die ständig bettelnd hinter den Arbeiterinnen herkriecht, wenn diese auf dem Weg von einer Kammer, einer Galerie oder einem Nest zu einem anderen sind. Da die Königin in ihren Verhaltensmöglichkeiten stark eingeschränkt ist, kann sie auch im eigentlich physischen Sinne keine Herrscherin sein. Sie gibt keine Befehle, aber sie steht trotzdem im Mittelpunkt des Interesses der Arbeiterinnen, deren Leben ihrem Wohlergehen und ihrer Fortpflanzungsaktivität gewidmet ist. Die treibende Kraft, die hinter dieser Beziehung steht, ist evolutionären Ursprungs: Die Arbeiterinnen können nur durch eine Flut neuer Königinnen, die gleichzeitig ihre Schwestern sind und Genkopien tragen, die mit ihren eigenen identisch sind, wirklich erfolgreich sein.

Die Arbeiterinnen einer typischen Ameisenkolonie sind alle Töchter dieser Königin. Die Männchen, d.h. ihre Söhne, werden erst produziert, wenn sich eine stattliche Arbeiterinnenpopulation aufgebaut hat und die Fortpflanzungsperiode naht. Sie leben nur über wenige Wochen oder Monate und arbeiten nur in ganz speziellen Ausnahmefällen, und auch dann nur in ganz bestimmten Situationen. Männchen sind demnach Drohnen, in der ursprünglichen, altenglischen Bedeutung des Wortes: *Drohnen* sind Schmarotzer, die von der Arbeit anderer leben. Sie sind auch Drohnen im modernen, technischen Sinne, d.h. spermabeladene Flugkörper, die nur für den Moment der Kontaktaufnahme und den Samenausstoß konstruiert sind. Solange sie jedoch im Nest sind, sind sie völlig von ihren Amazonenschwestern abhängig und werden offensichtlich nur wegen ihrer Fähigkeit, die Gene der Kolonie weiterzugeben, geduldet.

Die Geschlechtsbestimmung der Ameisen erfolgt, wie bei anderen Hymenopteren, beispielsweise Bienen und Wespen, auf die denkbar einfachste Art und Weise: Wenn ein Ei befruchtet ist, wird daraus ein Weibchen, und wenn es unbefruchtet bleibt, ein Männchen. Mit diesem Verfahren kann das Weibchen das Geschlecht ihrer Nachkommen bestimmen. Sie produziert Söhne, indem sie den Eingang ihrer eigenen

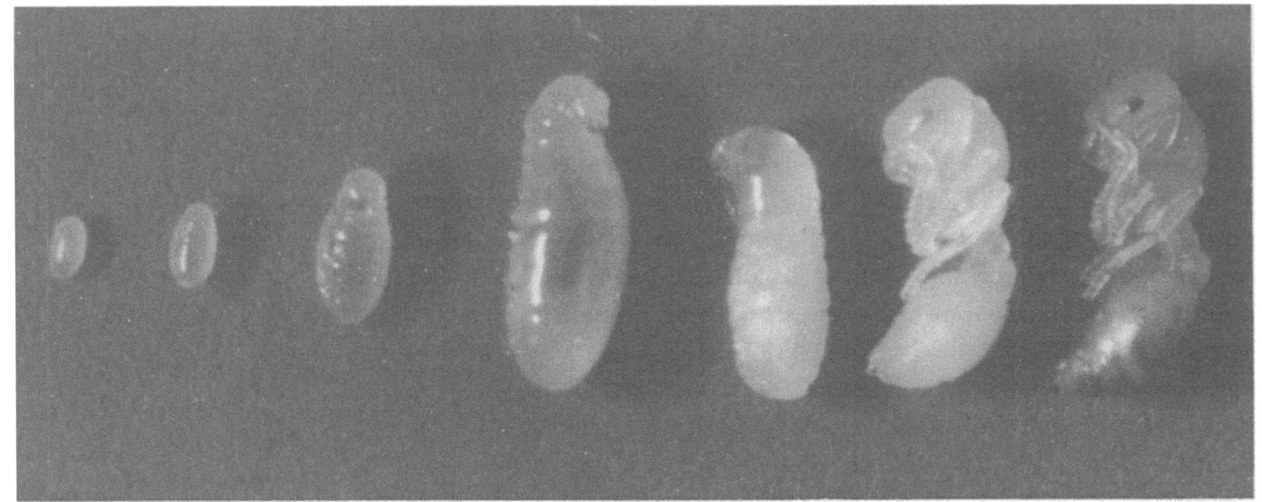

Sämtliche Entwicklungsstadien einer Arbeiterin der europäischen Ameise *Leptothorax acervorum.* Von links nach rechts: Ei, frisch geschlüpfte Larve (erstes Larvenstadium), halb herangewachsene Larve, voll ausgewachsene Larve, Vorpuppe (Beginn der Umwandlung des Körpergewebes zur Erwachsenenform), farblose Puppe und pigmentierte Puppe kurz vor dem Schlupf zu einer fertigen, sechsbeinigen Ameise. (Aufnahme von Norbert Lipski.)

Spermaausführgänge verschließt. Über die meiste Zeit des Jahres hält sie ihn jedoch offen, damit Befruchtungen stattfinden können, und produziert so lauter Töchter. In den Anfangsstadien der Kolonieentwicklung haben alle Töchter nur ein sehr eingeschränktes Wachstum: Sie sind klein und flügellos. Ihre Eierstöcke, wenn sie überhaupt welche haben, zeigen nur eine relativ geringe Produktivität. Und so wachsen sie zu einfachen Arbeiterinnen heran, die der Kolonie dienen. Später, wenn die Kolonie groß geworden ist, entwickeln einige der weiblichen Larven Flügel und ausgereifte Eierstöcke und werden so zu jungen Königinnen, die zu neuen Koloniegründungen fähig sind.

Die fortpflanzungsfähigen Tiere, sowohl die Königinnen als auch die Männchen, sind dazu bestimmt, zu Hochzeitsflügen auszufliegen und den nächsten Kolonielebenszyklus zu beginnen. Die Mutterkolonie verliert zwar die für diese Tiere aufgewandte Energie und das Körpergewebe, aber aus evolutionärer Sicht stellen sie die entscheidende Investition dar. In der Sprache der Ökonomen zieht die Kolonie aus sich selbst Kapital heraus, um ihre Gene zu kopieren und zu verbreiten.

Was, ist dann die Frage, bestimmt die Investitionen einer Kolonie? Was ist die Ursache, daß ein Weibchen zu einer fruchtbaren Königin

Leben und Tod einer Kolonie

und nicht zu einer sterilen Arbeiterin heranwächst? Die entscheidenden Faktoren sind eher umweltabhängig als genetisch bedingt. Alle Weibchen einer Kolonie besitzen, soweit es ihre Kastenzugehörigkeit betrifft, dieselben Gene – d.h. aus jedem Weibchen kann nach seiner Zeugung entweder eine Königin oder eine Arbeiterin werden. Die Gene stellen lediglich das *Potential* dar, sich zu einer Arbeiterin oder einer Königin zu entwickeln. Die ausschlaggebenden Umweltfaktoren sind zahlreich und von Art zu Art verschieden. Ein Faktor ist die Menge und die Qualität der Nahrung, die die Larven erhalten, ein anderer die Nesttemperatur während der Zeit, in der die Larve aufwächst. Als weiterer Faktor spielt der körperliche Zustand der Königin eine Rolle. Wenn die Ameisenmutter gesund ist, gibt sie über die meiste Zeit des Jahres Sekrete ab, die verhindern, daß sich die Larven zu Königinnen entwickeln. In diesem Fall verdient die Mutter den Namen, den wir ihr gegeben haben – Königin, oder Herrscherin der Kolonie. Sie bestimmt nicht nur darüber, ob ein Nachkomme männlich oder weiblich wird, sondern auch, zu welcher Kaste ihre Töchter gehören. Aber sogar hier üben die Arbeiterinnen eine Art letzter parlamentarischer Kontrollfunktion aus. Sie allein entscheiden darüber, welche ihrer heranwachsenden Brüder und Schwestern leben oder sterben werden, und bestimmen damit auch die endgültige Größe und Zusammensetzung der Kolonie.

Die Besonderheiten des Lebenszyklus und des Kastensystems der Ameisen ergeben sich aus der Tatsache, daß die Kolonie aus einer Familie besteht. Bei den meisten Arten ist sie so straff organisiert, daß der Ausdruck „Superorganismus" gerechtfertigt ist. Wenn man sich eine Kolonie aus ein bis zwei Metern Entfernung anschaut und das Bild leicht verschwimmen läßt, scheinen die Körper der einzelnen Ameisen zu einem überdimensionalen, kaum abgrenzbaren Organismus zu verschwimmen. Die Königin ist das Herz dieses Gebildes, im genetischen wie im physiologischen Sinne. Sie ist für die Fortpflanzung der Gruppe verantwortlich, sowohl für ihren Aufbau als auch für die Bildung neuer Superorganismen. Der normale Stammbaum einer Kolonie verläuft dementsprechend von der Königin zur Tochterkönigin zur Enkelinkönigin, und potentiell läuft es immer so weiter. Die Arbeiterinnen sind die sterilen Schwestern jeder neuen Generation von Königinnen und haben im wesentlichen die Funktion von Körperteilen. Sie stellen den Mund, den Darm, die Augen, das ganze Körpergewebe des Superorganismus dar, das um die Eierstöcke, die von der Königin verkörpert werden, verteilt liegt. Und obwohl es stimmt, daß die Arbeiterinnen den Großteil der kurzfristigen Entscheidungen treffen, haben ihre Handlungen nur einen einzigen Zweck, nämlich ihrer Mutter die Herstellung neuer Königinnen zu ermöglichen. Auf diese Weise geben sie ihre eigenen Gene durch ihre Schwester-Königinnen weiter.

Man kann die Ameisenkönigin also als ein Insekt betrachten, das von einem Heer fanatischer Helferinnen unterstützt wird und sich in tödlicher Konkurrenz zu Wespenweibchen und anderen solitären Insekten befindet, die diesen Vorteil des Soziallebens nicht besitzen. Wenn alle anderen Voraussetzungen übereinstimmen, kann man erwarten, daß sich dieses soziale Gebilde aus Königin und Arbeiterinnen gegenüber solitären Feinden durchsetzt. Ihre Gene werden überleben und sich überall ausbreiten, während die ihrer solitären Konkurrentinnen dementsprechend abnehmen werden.

Wenn die Kolonie zum Wohle der Königin existiert, was passiert dann, wenn die Königin stirbt? Für die Arbeiterinnen wäre es nur logisch, wenn sie eine andere Königin aufziehen würden, um die alte zu ersetzen. Die Arbeiterinnen sind theoretisch fähig, Ersatz zu schaffen, denn einige der weiblichen Eier und jungen Larven, die noch am Leben sind, können sich zu Königinnen entwickeln, wenn sie die richtige Nahrung erhalten. Das wäre aus der Sicht der Arbeiterinnen sicher eine sinnvolle Handlungsweise, denn es ist besser, eine Schwester als Königin zu haben und Nichten und Neffen großzuziehen, als gar keine Nachkommen aufzuziehen. Aber das passiert normalerweise nicht, wenn die Arbeiterinnen ihre Mutter verlieren. Sie folgen nicht der einfachen Logik der Biologen. In den meisten Fällen gelingt es der Kolonie nicht, eine königliche Nachfolgerin zu produzieren, und sie nimmt ab, bis die letzte einsame Arbeiterin stirbt. Die Arbeiterinnen vieler Arten besitzen Eierstöcke, und während die Kolonie stirbt, legen einige von ihnen unbefruchtete Eier, aus denen sich Männchen entwickeln. Die Anwesenheit einer großen Anzahl von Männchen bei gleichzeitiger Abwesenheit von geflügelten Königinnen und jungen Arbeiterinnen ist ein sicheres

Zeichen dafür, daß die Tage einer Kolonie gezählt sind. Aber sogar diese letzte Fortpflanzungsanstrengung muß nicht auftreten. Die Arbeiterinnen einiger Arten, wie zum Beispiel der Feuerameisen, besitzen keine Eierstöcke, so daß die Fortpflanzungsaktivität nach dem Tod der Königin abrupt endet.

Wie immer im Leben gibt es auch hier lehrreiche Ausnahmen. Die Pharaoameise, eine winzige, tropische Art, die sich überall auf der Welt in den Häusern der Menschen einnistet, besitzt die Königinnen mit der kürzesten bekannten Lebensspanne von nur ungefähr drei Monaten. Die großen, weitläufigen Kolonien produzieren ständig neue Königinnen, die sich im Nest mit ihren Brüdern und Vettern verpaaren und nicht wegfliegen, sondern in der Fortpflanzungsgemeinschaft bleiben. Dank dieser Strategie sind die Kolonien eigentlich unsterblich. Sie sind auch in der Lage, sich durch einfache Teilung fortzupflanzen: Eine Gruppe trennt sich und wandert mit einer oder mehreren befruchteten Königinnen ab. Dadurch war es den Pharaoameisen möglich, über Gepäck und Frachtgut in weit entfernte Gegenden zu gelangen – zum Beispiel in Londoner Krankenhäuser oder in die Vorstädte von Chicago – und dort zu gedeihen, ohne daß sich ihre Königinnen und Männchen über Hochzeitsflüge verbreiten müssen.

Warum haben nicht alle Ameisen denselben Weg zur Kolonieunsterblichkeit eingeschlagen? Vielleicht, weil der Preis, den sie dafür zahlen müssen, Inzucht ist, die ein stark erhöhtes Risiko für Sterblichkeit und Unfruchtbarkeit mit sich bringt. Inzuchtformen zeigen auch eine geringere Anpassungsfähigkeit an Umweltveränderungen. Nur wenige Arten leben, wie die Pharaoameisen, in einer Nische, wo der ökologische Vorteil, den sie erzielen, größer ist als die genetischen Kosten, die sie zahlen. Wenn diese Erklärung stimmt, können wir daraus folgern, daß die alten Kolonien der meisten Ameisenarten sterben, um neuen Kolonien Platz zu machen.

Kolonien, die mehrere begattete Königinnen besitzen, haben nicht nur das Potential zur Unsterblichkeit, sondern können auch enorme Größen erreichen. Die Kolonien der Pharaoameisen, die sich in den Wänden von Krankenhäusern und Bürogebäuden ausbreiten, können eine Größe von mehreren Millionen Arbeiterinnen erreichen. Sie bestehen aus einer, wie man sie zu Recht nennt, Superkolonie, einem Gebilde von theoretisch unbegrenzter Größe. In den gemäßigten Breiten der nördlichen Erdhalbkugel bilden große, rotschwarze Ameisen der Gattung *Formica* Superkolonien, die in Ameisenhügeln über die Landschaft verstreut leben. Während die jungen Königinnen kurz nach der Paarung für gewöhnlich in eines dieser Nester zurückkehren, erfolgen neue Nestgründungen durch die Abwanderung einiger begatteter Königinnen, die von Scharen von Arbeiterinnen begleitet werden. Dadurch entsteht ein weitverzweigtes Netz sozialer Einheiten, die sich selbständig fortpflanzen und wachsen können. Aber gleichzeitig bleiben sie untereinander in Verbindung, indem ein ständiger Austausch von Arbeiterinnen über Duftspuren stattfindet, die die Nester miteinander verbinden. Eine solche Superkolonie der Art *Formica lugubris*, die 1980 von Daniel Cherix im Schweizer Jura kartiert wurde und heute noch existiert, deckt mehr als 25 Hektar ab. 1979 berichteten Seigo Higashi und Katsusuke Yamauchi von einer Superkolonie von *Formica yessensis*, sicher die größte bisher bekannte Tiergesellschaft irgendeiner Art, die sich über 270 Hektar der Ishikari-Küste von Hokkaido erstreckt. Man schätzt, daß sie aus 306 Millionen Arbeiterinnen und einer Million Königinnen besteht, die in 45 000 untereinander verbundenen Nestern leben. Solche Beispiele, so beeindruckend sie erscheinen mögen, sind trotzdem ziemlich selten. Sagt uns das nicht etwas über das Schicksal großer Imperien?

Eines unserer größten Abenteuer, nämlich die Untersuchung der afrikanischen Weberameisen, begann an jenem Tag, als eine Kolonie dieser Insekten Wilsons Arbeitszimmer in Besitz nahm. Kathleen Horton und Robert Silberglied, zwei unserer Mitarbeiter, hatten uns 1975 die Ameisen aus Kenia mitgebracht. Eine ganze Kolonie mit Königinmutter einzufangen, ist eine bemerkenswerte Leistung, wie wir gleich näher erklären werden. Horton und Silberglied hatten eine junge Kolonie gefunden, die in den Ästen eines kleinen, einzeln stehenden Grapefruitbaumes lebte, und hatten das gesamte Nest abgeschnitten und in eine Plastiktüte gepackt, ohne allzusehr gebissen zu werden. Dann schlossen sie die Kolonie sicher in einen Behälter ein, klebten ihn zu und nahmen ihn in ihrem Handgepäck mit in die Vereinigten Staaten.

Wilson öffnete den Behälter, damit die Ameisen Luft bekamen, und stellte ihn auf einen Tisch am anderen Ende des Raumes. Dann setzte er sich an seinen Schreibtisch, um seine Post und Telefongespräche zu erledigen. Als er zwei Stunden später von seinem Papierstapel aufblickte, sah er eine verstreute Gruppe Weberameisen von der anderen Seite des Tisches auf sich zukommen. Die großäugigen, hellgelben Ameisen, die ungefähr so groß wie ein Radiergummi am Ende eines Bleistifts waren, näherten sich ihm vorsichtig, während sie gleichzeitig jede seiner Bewegungen beobachteten.

Als Wilson sich vorbeugte, um sie sich genauer anzusehen, zogen sie sich nicht zurück, sondern forderten ihn im Gegenteil heraus: Sie hoben ihre Antennen und testeten die Luft, während sie gleichzeitig ihre Hinterleiber hoch aufrichteten und ihre Kiefer weit öffneten, eine typische Drohgebärde dieser Art. Hölldobler photographierte später die gleiche Drohgebärde im Freiland, und diese Aufnahme wurde als Einbandillustration für unser umfassendes Buch *The Ants* verwendet.

Insektenforscher sind ein solches Selbstvertrauen, um nicht zu sagen solch eine Anmaßung von Tieren nicht gewohnt, die nur ein Millionstel ihrer eigenen Größe besitzen. Aber Unverfrorenheit ist nur ein Teil des Charmes, den die afrikanischen Weberameisen besitzen, die man präziser unter ihrem wissenschaftlichen Namen *Oecophylla longinoda* kennt. Die Unerschrockenheit und Entschlossenheit, mit der sie zu Werk gehen, ihre (für eine Ameise) beachtliche Größe und die Tatsache, daß sie ihr Sozialverhalten am hellichten Tage zeigen, wo man es einfach beobachten und photographieren kann, machten sie für uns Forscher unwiderstehlich. Wir nutzten die Gelegenheit und unternahmen eine gründliche Untersuchung der Art, die sich, mit Unterbrechungen, über die späten siebziger bis in die beginnenden achtziger Jahre hinzog. Unsere Odyssee begann in Wilsons Labor und endete mit Hölldoblers Freilanduntersuchungen in Kenia. Im Laufe der Zeit dehnte Hölldobler seine Forschungen auch auf die andere lebende Weberameisenart *Oecophylla smaragdina* aus, die in Asien und Australien vorkommt.

Wir fanden bei den Weberameisen eine Reihe der komplexesten Sozialverhaltensweisen, die man aus dem Tierreich kennt. Es stellte sich heraus, daß sie das höchstentwickelte chemische Kommunikationssystem besitzen, das jemals bei Tieren entdeckt wurde. Dieses System basiert auf chemischen Sekreten (sogenannten Pheromonen), die über den Geschmacks- oder Geruchssinn wahrgenommen werden. All die vielen Stunden, die wir mit diesen Ameisen verbrachten, wurden reich belohnt.

Die Weberameisen gehören in den südlich der Sahara gelegenen Wäldern zu den Herrschern in den Baumkronen. Ihre ausgewachsenen Kolonien erreichen gewaltige Ausmaße und bestehen aus einer einzigen Königinmutter und mehr als einer halben Million Töchtern, ihren Arbeiterinnen. In den Shimba-Hügeln Kenias, wo Hölldobler seine Freilanduntersuchungen durchführte, verteidigen einige Kolonien Territorien, die sich über die Kronendächer und Baumstämme von bis zu siebzehn großen Bäumen erstrecken. Wenn die Menschen ähnlich organisiert wären und wenn man die Ausdehnung der Territorien auf ihre Körpergröße beziehen würde, dann würde die Hegemonie der Weberameisen der Herrschaft einer Mutter und ihrer Kinder über ein Gelände von mindestens 100 Quadratkilometern entsprechen. Wir sagen mindestens, denn das wirkliche Gebiet der Ameisen besteht nicht nur aus der Waldbodenfläche, auf der sie leben und die wir üblicherweise zweidimensional messen, sondern aus der gesamten riesigen Vegetationsoberfläche, die jeden Quadratmillimeter sämtlicher Blätter, Äste und Stämme von den Baumspitzen bis zum Boden umfaßt.

Die Weberameisen verteidigen ihr Gebiet, als ob es sich um eine Festungsanlage handeln würde. Säugetiere und andere Eindringlinge werden sofort heftig angegriffen und Angehörige benachbarter Weberameisenkolonien, die in ihr Gebiet eindringen, zur Strecke gebracht. Sie vernichten auch die Arbeiterinnen der meisten anderen Ameisenarten und nahezu jede andere Insektenart, der sie Herr werden können. Fast alle ihrer kleinen Opfer werden dann ins Nest gebracht und aufgefressen. Kämpfe zwischen benachbarten Weberameisenkolonien sind so schwerwiegend, daß sich dadurch schmale, unbesetzte Grenzkorridore, eine Art von „Ameisen-Niemandsland", bilden.

Die nah verwandte, nichtafrikanische Weberameisenart *Oecophylla smaragdina* unterhält Kasernennester an den Grenzlinien, in denen alternde Arbeiterinnen Wache halten. Diese Tiere, die bei der Jungenaufzucht, bei Nestreparaturen und anderen häuslichen Aufgaben nicht mehr soviel leisten können wie jüngere Arbeiterinnen, postieren sich so, daß sie als erste Feinden begegnen, die die territoriale Grenze der Kolonie übertreten. So setzen sie sich gegen Ende ihres nützlichen Lebens zugunsten der Kolonie den größten Gefahren aus. Während wir unsere jungen Männer in den Krieg schicken, schicken Weberameisenstaaten ihre alten Damen, könnte man sagen.

Um das Verhalten der afrikanischen Art unter kontrollierten Bedingungen näher zu untersuchen, ließen wir in unserem Labor kleine Kolonien aus Kenia eingetopfte Zitronenbäume besiedeln. Gleich zu Anfang fiel uns eine seltsame Gewohnheit der Ameisen auf, die früheren Forschern entgangen war. Die meisten Ameisen entleeren ihren Darm entweder in einer abgelegenen Ecke ihres Nestes oder außerhalb des Nestes auf einem speziellen Abfallhaufen. Die Weberameisen sind da nicht so genau. Sie lassen, wo sie gehen und stehen, ihre Exkremente fallen, und scheinen vielmehr entschlossen zu sein, ihren Kotgeruch über das gesamte Territorium zu verbreiten. Als wir unserer Laborkolonie Zugang zu einem eingetopften Baum oder einer papierbedeckten Bodenfläche gestatteten, die sie zuvor noch nie betreten hatten, stieg die Rate ihrer Kotabgabe drastisch an. In kurzen Abständen, viel häufiger, als es ihrem physiologischen Bedürfnis entsprechen konnte, berührten die Arbeiterinnen mit der Spitze ihres Abdomens (dem äußersten Hinterende ihres Körpers) die Unterlage und ließen große Tropfen einer braunen Flüssigkeit aus ihrem After austreten. Die Substanz wurde schnell von der Unterlage aufgesogen oder verhärtete zu glänzenden, schellackähnlichen Kügelchen. Beim Betrachten dieser mit Spritzer bedeckten Flächen, die an Jackson Pollocks moderne Gemälde erinnerten, fragten wir uns, ob es möglich war, daß Weberameisen ihre Exkremente benutzten, um ihre Gebietsansprüche in ähnlicher Weise zu signalisieren, wie Hunde und Katzen durch das Verspritzen ihres Urins ihre Territorien markieren.

Wir überprüften diese Idee, indem wir im Labor experimentell Ameisenkriege inszenierten. Wir stellten zwei Weberameisenkolonien nebeneinander und verbanden ihre Nester durch eine Arena (ein nach oben hin offener Raum), in die sich entweder nur eine oder aber beide Parteien begeben konnten. Jede Kolonie hatte über Brücken Zugang zu der Arena, die, wie die Zugbrücken einer Burg, eingesetzt oder entfernt werden konnten. Zu Beginn des Experiments ließen wir die Arbeiterinnen der einen Kolonie über den Arenaboden laufen und ihn gründlich mit Kotflecken markieren. Nach einigen Tagen nahmen wir ihnen die Brücke weg und setzten die Ameisen, eine nach der anderen, in ihr Nest zurück. Dann ließen wir die Arbeiterinnen der zweiten Kolonie das gemeinsame Areal betreten und erkunden. Als sie auf die Kotflecken stießen, zögerten sie und zeigten die für sie typische Drohgebärde – gespreizte Kiefer und erhobene Hinterleiber. Einige rannten nach Hause und rekrutierten eine kleine Truppe von Nestgenossinnen. Mit ihren Duftspuren und Berührungssignalen schienen sie zu rufen: „Folgt mir, schnell! Wir haben feindliches Territorium entdeckt!" Wenn man, im Gegensatz dazu, Späherinnen eine Arena auskundschaften ließ, die zuvor von Mitgliedern ihrer eigenen Kolonie markiert worden war, so fiel die Rekrutierungsrate viel geringer aus. Offensichtlich ging von den Kotsubstanzen ein für jede Kolonie ganz eigener Geruch aus.

Jeder kennt den Vorteil eines Heimspiels; wenn ein Spiel zu Hause ausgetragen wird, hat die Heimmannschaft gegenüber dem Besucher einen psychologischen Vorteil, und bei einem ebenbürtigen Wettkampf reicht dies manchmal aus, um den Sieg davonzutragen. Als wir unsere beiden Weberameisenkolonien gleichzeitig die Versuchsarena betreten ließen, benutzten die Späherinnen beider Seiten neben ihren eigenen Spuren noch weitere Pheromone, um eine große Schar ihrer Nestgenos-

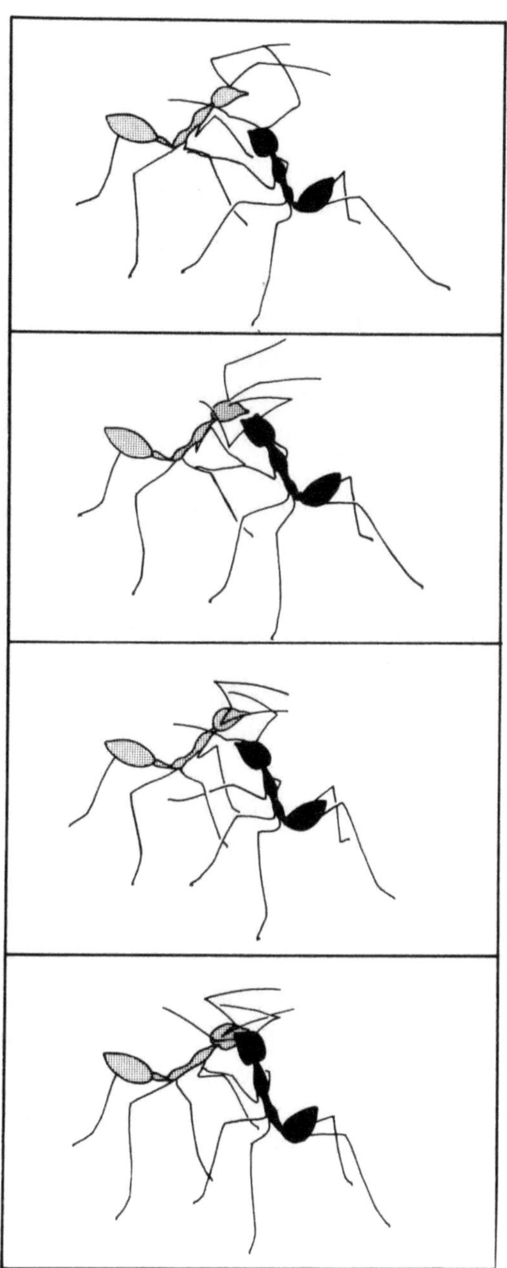

Nach der Begegnung mit einem Feind rekrutiert die afrikanische Weberameise (schwarz) eine Nestgenossin durch schnelle Vor- und Rückwärtsbewegungen. Wir glauben, daß sich dieses Signal aus einer ritualisierten Form des Angriffsverhaltens entwickelt hat.

sinnen zusammenzurufen, worauf heftige Kämpfe entbrannten. Im Regelfall kämpften sie von Kiefer zu Kiefer, entweder im Zweikampf oder indem sich zwei oder mehrere Kämpferinnen gegen einzelne Gegnerinnen verbündeten. Die ersten Ameisen, die auf einen Feind stießen, versuchten, ihn an seinen Beinen und Antennen zu packen, sie auseinanderzuziehen und ihn bewegungsunfähig zu machen, während andere ihn würgten und ihm Teile seines Körpers abschnitten. In zehn solcher Auseinandersetzungen, die wir (in unserer Rolle als allmächtige Provokateure) initiierten, gewann schließlich immer die Kolonie, die die Arena zuerst mit ihren Kotduftmarken markieren durfte, bevor die gegnerischen Armeen aufeinanderstießen. Sie siegte, indem ihre Armee die feindlichen Kämpfer zurück auf die Brücke und in ihr Nest hineintrieb.

Je vertrauter wir mit den kriegerischen Auseinandersetzungen und dem Alltagsleben der Weberameisen wurden, umso ausgeklügelter erschien uns ihr Kommunikationssystem. Wir entdeckten, daß sich die Arbeiterinnen nicht nur gegenseitig zu außerhalb des Nests gelegenen Stellen führen, sondern daß sie sogar fünf verschiedene „Botschaften" verwenden, mit deren Hilfe sie genauere Angaben über die Art ihres Zieles machen. Jede Botschaft ist aus mehreren Signalen zusammengesetzt. Eine chemische Substanz wird als Spur gelegt, und diese wird, wann immer die Spurlegerin eine Nestgenossin trifft, mit einer bestimmten Körperbewegung kombiniert, entweder mit einem kurzen Tanz oder einem Betrillern mit den Antennen. Bei den chemischen Verbindungen handelt es sich um Sekrete aus einer der beiden Drüsen, die sich an der Spitze des letzten Körpersegmentes neben dem After befinden. Diese beiden Drüsen waren der Wissenschaft zuvor unbekannt und wurden zum ersten Mal während unserer Untersuchung entdeckt. Wenn eine Arbeiterin beispielsweise sagen möchte: „Folge mir, ich habe etwas Futter entdeckt", legt sie mit dem Sekret aus einer dieser Drüsen, der Rektaldrüse, eine Spur, während sie von der Futterstelle zurück zum Nest läuft. Trifft sie dabei auf andere Arbeiterinnen, bewegt sie ihren Kopf hin und her und betrillert sie mit ihren Antennen. Wenn es sich um flüssiges Futter handelt, öffnet sie ihre Kiefer, um ihnen eine Probe anzubieten, die sie hervorwürgt. Die Nestgenossin probiert möglicher-

weise kurz das angebotene Futter und läuft dann auf der Spur zu der neu
entdeckten Futterquelle. Eine zweite Rekrutierungsbotschaft hat eine
völlig andere Bedeutung. Wenn eine Späherin eine Stelle ausmacht, wo
ein neues Nest gebaut werden könnte, legt sie wiederum eine Spur aus
der Rektaldrüse. Diesmal verbindet sie dies jedoch mit anderen Berührungssignalen, die der Nestgenossin anzeigen, daß sie sie in die Richtung
des neuen Nestplatzes zerren oder tragen will. Eine dritte Botschaft wird
vermittelt, wenn eine Arbeiterin in der Nähe auf einen Feind stößt. Dann
schlägt sie Alarm, indem sie um den Eindringling kurze, schleifenförmi-
ge Spuren legt. Diese werden mit Substanzen aus der Sternaldrüse, der
zweiten Quelle der Rekrutierungssubstanzen, auf dem Boden aufgetra-
gen. In diesem Fall finden keine speziellen Berührungen statt. Mit Hilfe
von zwei weiteren Rekrutierungssignalen, die die Arbeiterinnen in wieder anderen Kombinationen verwenden, werden Nestgenossinnen zu
neuem unerforschtem Gelände beziehungsweise zu Feinden geführt, die
sich weiter entfernt befinden.

In den 70er Jahren entdeckten der britische Insektenforscher John
Bradshaw und zwei seiner Mitarbeiter noch ein weiteres Alarmsystem
bei den afrikanischen Weberameisen, das in diesem Fall auf einer
Kombination von mehreren Pheromonen beruht, die unterschiedliche
Bedeutungen haben. Wenn eine Arbeiterin am Nest oder auf dem
Territorialgebiet der Kolonie auf einen Feind stößt, gibt sie aus relativ
großen Kopfdrüsen, die an der Basis der Kiefer nach außen münden,
eine Mischung aus vier chemischen Substanzen ab. Diese verflüchtigen
sich in der Luft mit unterschiedlicher Geschwindigkeit und werden von
den Ameisen bei unterschiedlichen Konzentrationen wahrgenommen,
so daß ihre Nestgenossinnen die Substanzen erst nach und nach, d.h.
eine nach der anderen bemerken. Zuerst versetzt das Aldehyd Hexanal
die Ameisen in Erregung und damit in Alarmzustand. Auf der Suche
nach weiteren Geruchsstoffen bewegen sie ihre Antennen hin und her.
Dann gelangt Hexanol, der entsprechende Alkohol (deshalb das *o* anstelle des *a*), in wahrnehmbaren Konzentrationen zu ihnen und veranlaßt
sie, sich auf die Suche nach der Gefahrenquelle zu begeben. Darauf folgt
Undecanon, wodurch die Arbeiterinnen näher zu dieser Quelle gelockt
und dazu stimuliert werden, jedes fremdartige Objekt zu beißen. Zum

Schluß, ganz in der Nähe des Ziels, nehmen sie Butyloctenal wahr, das ihren aggressiven Drang anzugreifen und zu beißen noch erhöht.

Die Forschung der letzten zwanzig Jahre hat zusammenfassend ergeben, daß die Weberameisen fast einen primitiven Satzbau in ihrer chemischen Sprache verwenden, d.h. die chemischen „Wörter" in verschiedenen Kombinationen einsetzen und damit unterschiedliche „Inhalte" mitteilen. Sie regulieren sogar die Intensität anderer elementarer Signale, die aus Berührungen und Vibrationen bestehen.

Diese bemerkenswerten Insekten sind von uralter Abstammung. Es gibt von ihnen wunderbar erhaltene, 30 Millionen Jahre alte Bernsteinfunde aus der Ostsee. Ihr Erfolgsgeheimnis in der heutigen Zeit, d.h. ihre Vorherrschaft in den Kronendächern der tropischen Tieflandwälder der gesamten Alten Welt, von Afrika bis nach Queensland und zu den Salomonischen Inseln, muß etwas mit ihrer effizienten chemischen Verständigung zu tun haben. Noch stärker aber ist es in einer weit komplizierteren Verständigungsform verankert, die die Ameisen bei der Fertigung großer Nestpavillons in den Baumkronen benutzen. Nur mit diesen speziellen Nestern können die Kolonien ihren großen Völkern sicheren Schutz gewähren. Um oberirdisch leben zu können, brauchen die meisten Ameisen, die so groß wie *Oecophylla* sind, besondere Pflanzenhöhlungen, z.B. Zwischenräume unter großen Stücken sich schälender Rinde oder verlassene Gangsysteme, die von Käfern ins Holz genagt worden sind. Solche Plätze sind relativ selten und liegen weit verstreut, und außerdem sind sie meistens auch nicht geräumig genug, um einer Kolonie mit mehreren tausend großen Ameisen Platz zu bieten. Die *Oecophylla* haben dieses Problem gelöst, indem sie im Laufe der Evolution die Fähigkeit entwickelt haben, ihre eigene Behausung herzustellen. Sie verweben kleine Zweige und Blätter miteinander und errichten so große Nester mit Wänden, Böden und Dächern.

Joseph Banks war als erster Europäer Zeuge bei einem Nestbau von *Oecophylla*. Als er Kapitän Cook 1768 auf seiner Reise nach Australien begleitete, fand er, daß die Weberameisen „auf Bäumen leben, wo sie ein Nest in der Größe eines Männerkopfes und seiner Faust bauen, indem sie die Blätter zusammenbiegen und mit einer weißlichen papierartigen Substanz zusammenkleben, die sie fest zusammenhält. Wie sie

Wie sich Ameisen verständigen

das bewerkstelligen, ist höchst eigenartig: Sie biegen vier Blätter, die breiter als eine Männerhand sind, herunter und bringen sie in eine von ihnen gewünschte Richtung, wobei eine viel größere Kraft dafür notwendig ist, als zu der diese Tiere fähig scheinen. Tatsächlich sind viele tausend an dieser gemeinsamen Arbeit beteiligt; ich habe sie dabei beobachtet, wie sie solch ein Blatt niederhalten. So viele, wie nur konnten, standen beieinander, und jede Ameise zog das Blatt mit all ihrer Kraft herunter, während andere von innen damit beschäftigt waren, den Klebstoff aufzubringen" (J. C. Beaglehole [Hrsg.], *The „Endeavour" Journal of Joseph Banks,* 1768–1776, 2. Band, 196 Seiten, Sydney, Halstead Press, 1962).

Auch wenn Banks' Bericht früheren Lesern merkwürdig erschienen sein mag, stimmte er in den meisten Punkten. Bis zu mehreren hundert Weberameisen stellen sich in Reih und Glied auf. Sie halten den einen Blattrand mit den Klauen und Tarsalsohlen ihrer Hinterbeine und den anderen mit ihren Kiefern und Vorderbeinen fest und ziehen die beiden Blattränder zusammen. Wenn der Abstand zwischen den Blättern breiter als eine Ameisenlänge ist, bedienen sich die Arbeiterinnen einer anderen, noch eindrucksvolleren Taktik, von der Banks allerdings nicht Zeuge wurde (er war ja schließlich auch mit all den anderen Wundern des neuentdeckten Australien beschäftigt): Sie ketten ihre Körper aneinander und bilden so lebende Brücken. Die Anführerin ergreift mit ihren Hinter- und Mittelbeinen oder mit ihren Kiefern einen Blattrand und hält ihn fest. Dann klettert die nächste Arbeiterin an ihrem Körper herab, packt ihre Taille und hält sich daran fest. Danach klettert eine dritte Arbeiterin herunter und ergreift die Taille der vorherigen Arbeiterin, und so reiht sich Ameise an Ameise, bis sich Ketten von zehn oder mehr Arbeiterinnen gebildet haben, die oft frei im Wind hin- und herschwingen. Wenn eine Ameise am Ende der Kette schließlich den Rand eines entfernten Blattes erreicht, hält sie es mit ihren Kiefern oder Beinen fest und schließt damit die Spannweite der lebenden Brücke, worauf die ganze aneinandergekettete Truppe beginnt, sich rückwärts zu bewegen, um die beiden Blätter zusammenzubringen. Manchmal läßt sich der Spalt mit einer einzigen Kette schließen, aber meistens sind mehrere solcher großen Kolonnen notwendig, in denen Nestbewohnerinnen Seite an Seite arbeiten. Einige der Arbeiterinnen laufen von der Arbeitsstelle zum Nest zurück, um weitere Nestbewohnerinnen mit Hilfe von Duftspuren zu rekrutieren. Sie geben die Spursubstanzen nicht nur auf den Blättern und Zweigen, sondern auch auf den Körpern der Ameisen ab, die die Ketten bilden. Bald entsteht ein lebender Ameisenteppich, und es ist ein aufsehenerregendes Schauspiel, wenn seine Oberfläche durch die geringfügige Bewegung von Tausenden von Beinen und Antennen förmlich vibriert.

Eine wichtige Frage aber blieb bisher unbeantwortet: Wie entscheiden die Ameisen eigentlich, welches Blatt sie herunterziehen? Die Vorgehensweise, die der englische Insektenforscher John Sudd 1963 herausfand, ist nicht nur denkbar einfach, sondern auch sehr wirkungsvoll. Einzelne Ameisen, die, vielleicht durch beengte Lebensbedingungen in den alten Nestpavillons motiviert, den Bau neuer Pavillons in Angriff nehmen, laufen suchend an den Blatträndern entlang und halten gelegentlich an, um an den Rändern zu ziehen. Wenn es ihnen auch nur ansatzweise gelingt, ein Blatt nach oben zu rollen, lassen sie es nicht mehr los und ziehen weiter daran. Dies bedeutet schon einen kleinen Erfolg und zieht die Aufmerksamkeit anderer Arbeiterinnen in der Nähe auf sich. Sie kommen herbei und ergreifen auch das Blatt. Je mehr sich das Blatt biegt, um so mehr Arbeiterinnen strömen an der Stelle zusammen. Das Rezept basiert auf simpler Wiederholung: Arbeit bringt Erfolg, daraus entsteht mehr Arbeit und im weiteren noch mehr Erfolg. Bald wird sich so eine kleine Truppe gebildet haben, bis schließlich zwei, drei oder noch mehr Blätter in die richtige Stellung gebracht worden sind und dort ausschließlich von der kollektiven Kraft der Ameisen zusammengehalten werden.

Jetzt begeben sich andere Weberameisenarbeiterinnen an ihre Plätze, um den weißen „Klebstoff" aufzutragen, den Joseph Banks beschrieben hatte. Die bindende Substanz ist kein Klebstoff, wie er dachte, sondern besteht aus Seidenfäden – wie der deutsche Zoologe Franz Doflein 1905 herausfand –, die von den madenähnlichen Larven der Kolonie produziert werden. Das Auftragen der Seide ist wohl die erstaunlichste aller Verhaltensweisen der Weberameisen, von der sich sicher auch ihr allgemeinverständlicher Name ableitet. Die herbeigeholten Larven befinden sich in den letzten Entwicklungsstadien, die auf die vorletzte

Häutung als Teil des Wachstumsprozesses folgen, bevor sie sich dann nach der letzten Häutung in Puppen verwandeln und damit ihre Umwandlung zur sechsbeinigen erwachsenen Körperform eingeleitet wird. Während der Nestbauphase suchen sich Arbeiterinnen der größeren der beiden Kasten Larven dieser Stadien und tragen sie zu den Blatträndern. Sie halten sie vorsichtig mit ihren Kiefern und bewegen ihre jungen Schützlinge zwischen den Blatträndern hin und her. Die Larven reagieren darauf, indem sie Seidenfäden aus einer schlitzförmigen Öffnung direkt unterhalb ihrer Mundöffnung absondern. Tausende solcher Fäden werden nebeneinander angebracht und bilden insgesamt ein Seidentuch zwischen den Blatträndern, das mit der Zeit zu einem festen Stoff erhärtet und so die Blätter zusammenhält.

Dadurch, daß sich die Larven ganz ihrer Rolle ergeben und sich selbst in lebende Weberschiffchen verwandeln lassen, geben sie die ganze Seide her, die sie sonst zum Spinnen ihrer eigenen Kokons, die zum Schutz ihrer Körper dienen, verwenden würden. Sie bringen aber dieses Opfer nicht aus purer Selbstlosigkeit. Sie finden in dem Nest Schutz, das durch ihre Körpersekrete zusammengehalten wird, und können dadurch ohne Kokons in größerer Sicherheit zu Arbeiterinnen heranwachsen.

Um die feinen Einzelheiten des Spinnvorgangs dokumentieren zu können, verfolgten wir im Film seinen Gesamtablauf mit Hilfe einer Einzelbildanalyse. Die starre Körperhaltung der Larve ist, neben der Abgabe ihrer Seide, das auffälligste Verhaltensmerkmal, das wir beobachten konnten. Kein kunstvolles Winden und Strecken des ganzen Körpers, kein Hochwerfen oder Hin- und Herbewegen des Kopfes ist zu beobachten, wie es für das Kokonspinnen in den frühen Entwicklungsstadien von Ameisen, Schmetterlingen und anderen holometabolen Insekten sonst so typisch ist. Die Weberameisenlarve verwandelt sich zu einem weitgehend passiven Instrument der erwachsenen Arbeiterin, die sie aus dem Inneren des Nestes herausgetragen hat. Wenn die Larve in die Nähe der Blattoberfläche kommt, streckt sie gelegentlich ihren Kopf ein wenig nach vorne, ganz offensichtlich, um sich selber kurz vor der Berührung mit dem Blatt zu orientieren. Ansonsten aber bleibt sie völlig unbeweglich und macht nichts weiter als ihre Seide zu spinnen.

Die nun folgende Choreographie des Seidespinnens ist ein rascher, präziser „pas de deux". Die Arbeiterin nähert sich dem Blattrand und hält dabei die Larve mit weit vorgestrecktem Kopf in ihren Kiefern, als ob sie eine Verlängerung ihres eigenen Körpers wäre. Sie senkt ihre Antennenspitzen und läßt sie auf dem Blattrand zusammenlaufen. Für zwei zehntel Sekunden spielen sie entlang der Blattoberfläche, ganz ähnlich wie die Hände eines Blinden eine Tischkante abtasten, um ein Gefühl für die Lage und Form des Tisches zu bekommen. Dann bringt die Arbeiterin den Kopf der Larve nahe genug an die Blattoberfläche heran, daß sie sie leicht berührt. Eine Sekunde später hebt sie die Larve hoch. Dabei betrillert die Arbeiterin den Kopf der Larve mit ihren Antennenspitzen. Dieses leichte Antippen dient der Larve anscheinend als Signal, Seide abzugeben. Wir sind nicht sicher, daß diese Bewegung solch einen Befehl beinhaltet, aber genau im selben Moment gibt die Larve eine winzige Menge Seide ab, die von selbst auf der Blattoberfläche kleben bleibt.

Kurz bevor die Larve von dem Blattrand hochgehoben wird, richtet sich die Arbeiterin auf und spreizt ihre Antennen. Dann dreht sie sich um und trägt die Larve direkt zum Rand des gegenüberliegenden Blattes, wobei sich die Seide wie ein Faden zieht. An dieser zweiten Blattoberfläche wiederholt sie fast die gleichen Bewegungen wie zuvor. Auch diesmal befestigt die Larve durch ihre Berührung den Seidenfaden am Blattrand. Dann kehren beide, Arbeiterin und Larve, wie Tangotanzende zur ersten Blattkante zurück und beginnen die Runde von neuem. Und so geht es immer fort. Scharen sich rhythmisch bewegender Arbeiterinnen und Larven plagen sich Tag für Tag, ziehen Blätter zusammen und verkleben Hunderte von Pavillons in dem riesigen Baumkronenreich. Die Ameisen fügen im Inneren der Pavillons noch seidene Gangsysteme und Kammern hinzu, wodurch noch kleinräumigere und kunstvollere Unterkünfte entstehen.

1964 schickte Mary Leakey (das Familienoberhaupt einer kenianischen Familie von Paläontologen, die sehr viel zu unserem Wissen über die Herkunft des Menschen beigetragen hat) Wilson eine teilweise versteinerte Kolonie einer ausgestorbenen *Oecophylla*-Art, die sie auf ihrer Suche nach frühmenschlichen Überresten gefunden hatte. Das

Alter der Ameisen betrug ungefähr 15 Millionen Jahre. Die Fossilien enthielten zahllose Bruchstücke verschiedener Lebensstadien und Kasten, die denen der heutigen afrikanischen und asiatischen Weberameisen sehr ähneln. Die Puppen waren nackt, das heißt, die Larven haben, wie bei den jetzt lebenden Arten, keine Kokons gesponnen. Unter den Ameisen befanden sich auch Bruchstücke von versteinerten Blättern. Es scheint also, als ob vor langer Zeit ein Weberameisenpavillon vom Baum herab ins Wasser gefallen war und von einem schnell erstarrenden Kalksediment überdeckt wurde. Wenn das soweit zutrifft, dann scheint das einzigartige Sozialsystem, mit dessen Hilfe *Oecophylla*-Weberameisen heutzutage die tropische Kronenregion dominieren, bereits 10 Millionen Jahre vor der Entstehung der Menschheit existiert zu haben.

In Ameisenkolonien spielen Pheromone ganz allgemein eine wichtige Rolle, aber Signale, die ihren Zusammenhalt fördern, werden auch über verschiedene andere Wahrnehmungskanäle übermittelt. Bei den meisten Arten werden einfache Botschaften durch Antippen oder Streicheln des Körpers von einer Ameise zur anderen weitergegeben. Die Bewegungen sind einfach und unmittelbar. Eine Arbeiterin kann beispielsweise eine Nestgenossin dazu veranlassen, flüssiges Futter hervorzuwürgen, indem sie die andere Ameise mit ihrem Vorderbein an einem Kopfteil berührt, den man Labium nennt und der ungefähr unserer Zunge entspricht. Die Reaktion auf diese Berührung läßt sich mit dem Würgreiz vergleichen, allerdings mit dem Unterschied, daß die abgegebene Flüssigkeit – zumindest für andere Ameisen – genießbar ist und gierig aufgeleckt wird. Hölldobler fand heraus, daß er diesen Reflex ganz einfach auslösen konnte, indem er das Labium im Labor gehaltener Arbeiterinnen mit einem feinen Haar berührte, das er sich ausgerissen hatte. Die Ameisen waren ganz offensichtlich unbeeindruckt von seiner riesigen Größe und seiner komischen Erscheinung und reagierten, als ob er ein netter Nestgenosse sei.

Die Mehrzahl der Ameisenarten verständigt sich auch mit Hilfe von Lauten. Sie produzieren ein hochfrequentes, schrilles Geräusch, indem sie einen dünnen, quer verlaufenden Schaber an ihrer Taille gegen eine fein gerillte, waschbrettartige Oberfläche des Hinterleibs reiben. Insektenforscher nennen dieses Verhalten Stridulation. Für das menschliche

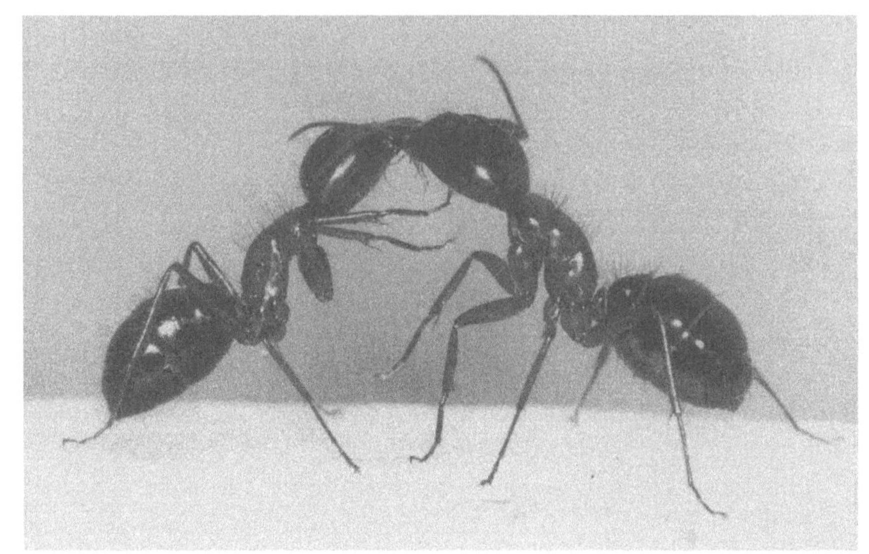

Zwei Arbeiterinnen der amerikanischen Roßameisenart *Campono-tus floridanus* tauschen flüssiges Futter aus. *Oben:* Die Arbeiterin auf der linken Seite löst die Futterabgabe aus, indem sie die andere Arbeiterin mit ihren Vorderbeinen am Kopf berührt. *Unten:* Die rechte Arbeiterin gibt Flüssigkeit aus ihrem Kropf (K), einem Vorratsorgan, das als „sozialer Magen" fungiert, über ihre Speiseröhre bis in den Mund und den Kropf der Empfängerin weiter. Kleine Mengen Futter werden aus dem Kropf auch an den Mitteldarm (M) weitergeleitet und dienen der Ernährung der Arbeiterin. Verdauungsprodukte werden über den Enddarm (R) ausgeschieden. (Zeichnung von Turid Forsyth.)

Wie sich Ameisen verständigen

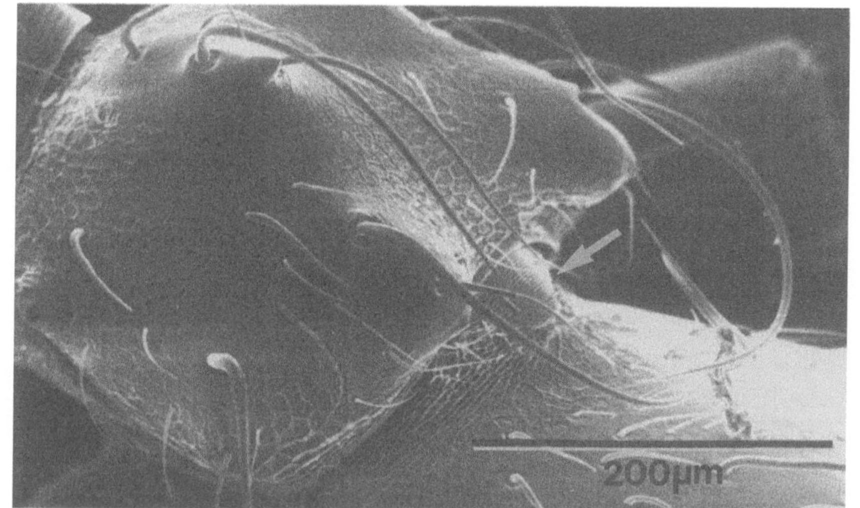

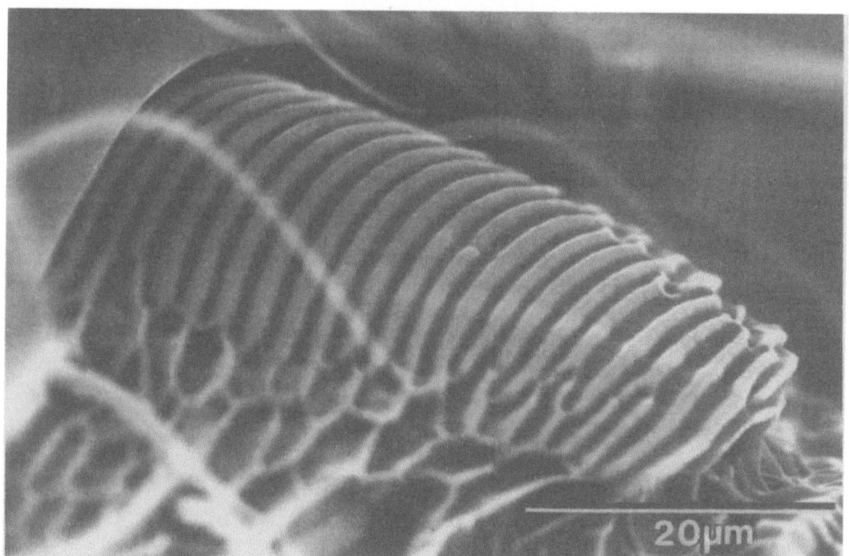

Das Stridulationsorgan der Blattschneiderameise (*Atta cephalotes*), mit dem die Arbeiterinnen hohe Zirplaute erzeugen, um ihre Nestgenossinnen zu alarmieren. Der Pfeil auf dem oberen Bild deutet auf die kleine Fläche zwischen dem Postpetiolus (der „Taille") und dem Hinterleib, wo die Laute erzeugt werden. Das untere Bild zeigt eine Nahaufnahme der gerippten Oberfläche des Stridulationsorgans. (Elektronenmikroskopische Aufnahmen von Flavio Roces.)

Bei manchen Arten wird die Effizienz bei der Futtersuche durch den Gruppentransport von Beutetieren enorm erhöht. Hier schleppen drei Arbeiterinnen der großen Wüstenameise *Aphaenogaster cockerelli* eine tote Lederwanze schnell, mit aufeinander abgestimmten Bewegungen ins Nest.

Ohr ist das Signal kaum und auch nur dann wahrnehmbar, wenn die Ameise sehr erregt ist und aus Leibeskräften ruft. Man kann es am besten hören, wenn man eine Arbeiterin oder Königin mit der Pinzette packt und sie nah ans Ohr bringt.

Die hohen Rufe haben, je nach Art und Situation, verschiedene Bedeutungen. Einige Ameisenarten benutzen sie, um nach Hilfe zu rufen, wie der deutsche Zoologe Hubert Markl als erstes bei den Blattschneiderameisen der Gattung *Atta* herausfand. Bei heftigen Regenfällen werden Arbeiterinnen oft durch Erdeinbrüche in Teilen ihres labyrinthartigen unterirdischen Nestes begraben. Durch ihre schrillen Laute werden Nestgenossinnen herbeigerufen, die die verschütteten Arbeiterinnen dann ausgraben. Der Anteil der durch die Luft übertragenen

Schallenergie hat keine Wirkung auf die Helferinnen. Sie nehmen nur die Vibrationen auf, die in der Erde weitergeleitet und von hochempfindlichen Sensoren in ihren Beinen wahrgenommen werden.

Kürzlich entdeckte der argentinische Insektenforscher Flavio Roces, der mit Bert Hölldobler und Jürgen Tautz in Würzburg zusammenarbeitet, eine weitere Funktion der Stridulation bei den Blattschneiderameisen. Die Arbeiterinnen sind sehr wählerisch, was das Pflanzenmaterial betrifft, das sie eintragen. Sobald eine futtersuchende Arbeiterin ein sehr begehrtes Blatt gefunden hat, „singt" sie, damit andere Arbeiterinnen aus der Nähe herbeikommen. Die Vibrationen, die im Stridulationsorgan produziert werden, laufen durch den Körper der Ameise hindurch und über ihren Kopf weiter auf die Blattoberfläche und werden von Arbeiterinnen aufgenommen, die bis zu 15 cm entfernt sind. Je höher der Nährwert des Blattes ist, um so häufiger werden diese Vibrationssignale ausgesendet.

Ameisen der Gattung *Aphaenogaster,* die in der Wüste leben, geben noch aus einem anderen Grund hohe Laute ab. Wenn eine Arbeiterin auf der Futtersuche ein großes Beutestück, beispielsweise eine tote Schabe oder einen Käfer, findet, ruft sie, um ihre Nestgenossinnen in Erregung zu versetzen. Dieser Laut ist kein auslösendes Signal, sondern ein Verstärker. Für sich allein lockt er keine weiteren Arbeiterinnen herbei, sondern veranlaßt sie, schneller auf die üblichen chemischen Rekrutierungssignale und auf Körperberührungen zu reagieren.

Eine andere Art der akustischen Verständigung, die z.B. von Roßameisen der Gattung *Camponotus* verwendet wird, besteht einfach darin, mit dem Kopf auf eine harte Oberfläche zu klopfen. Das Geräusch wird über die Unterlage übertragen und dient dazu, die Nestgenossinnen auf Gefahren aufmerksam zu machen. Die meisten Arten, die sich dieser Methode bedienen, leben in abgestorbenem Holz oder in papierartigen Nestern, die sie aus zerkautem Pflanzenmaterial herstellen.

Es ist eindrucksvoll, solche Verhaltensweisen wie das Antippen, den Körper streicheln, die Abgabe hoher Laute oder Tanzen mit Körperkontakt zu beobachten, aber sie reichen nicht aus, um ein voll funktionsfähiges Vokabular zu bilden. Ameisen können sich außerdem nicht auf ihr Sehvermögen verlassen, das bei der überwiegenden Mehrzahl der Arten

Arbeiterinnen der unterirdisch lebenden Ameise *Acanthomyops claviger* geben ein Gemisch chemischer Verbindungen aus zwei Drüsen, der Mandibulardrüse (M) und der Dufourschen Drüse (D), ab, wenn sie ihre Nestgenossinnen auf eine Gefahr aufmerksam machen wollen. Diese giftigen Substanzen werden auch bei der Feindabwehr eingesetzt.

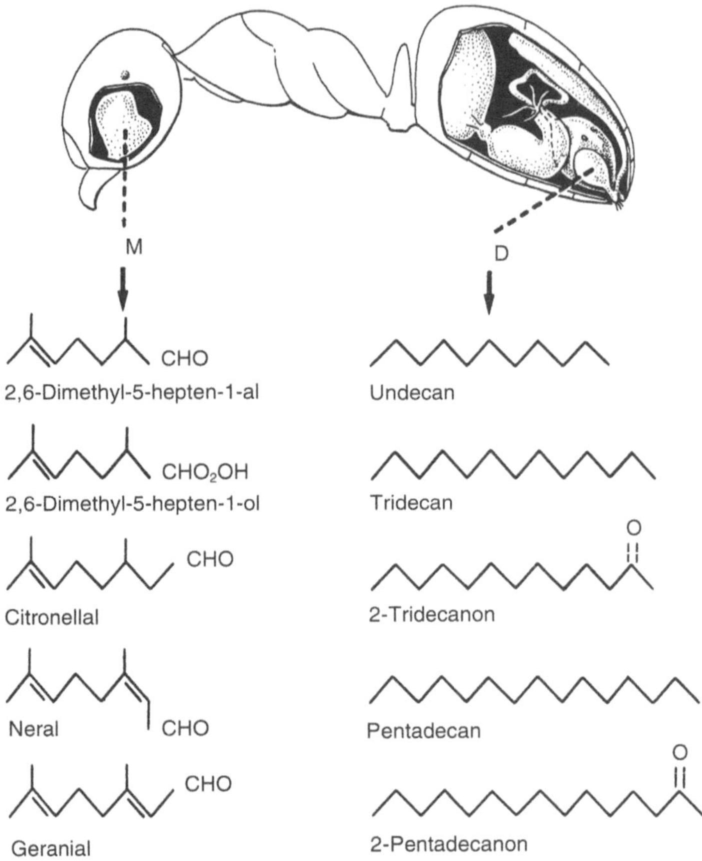

nur schwach entwickelt ist, da viele von ihnen ausschließlich unterirdisch leben. In der kaum bewegten Luft im inneren Dunkel eines Erdnestes eignen sich Pheromone am besten zur Verständigung. Ameisen sind praktisch wandelnde Drüsenpakete, die eine große Vielfalt solcher Substanzen herstellen. Wir schätzen, daß Ameisen im allgemeinen zwischen 10 und 20 solcher chemischer „Wörter" oder „Wortkombinationen" verwenden, mit jeweils einer anderen, aber stets sehr allgemeinen Bedeutung. Folgende Verhaltensweisen sind von den Verhaltensforschern am besten untersucht: das Anlocken, die Rekrutierung und Alarmierung von

Wie sich Ameisen verständigen

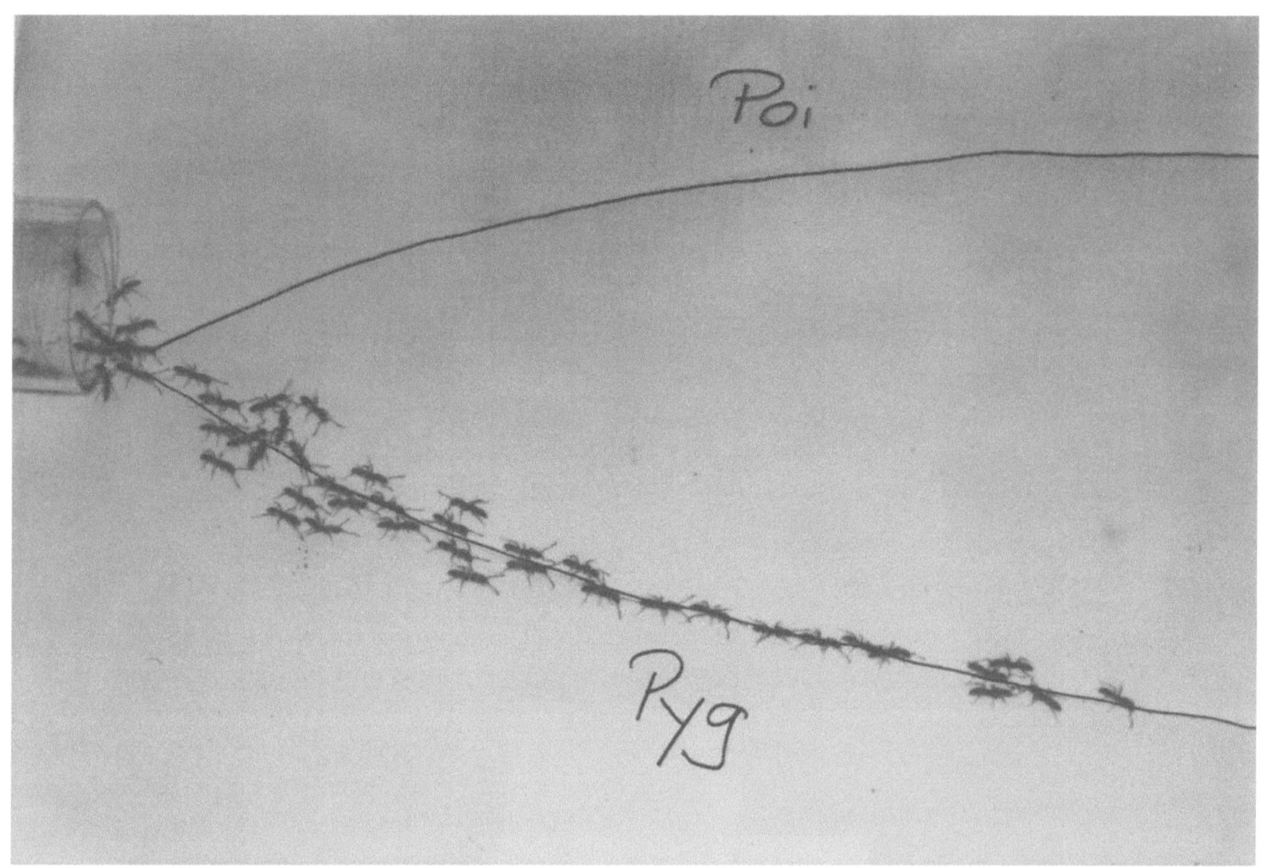

Das Anlegen künstlicher Duftspuren ist eine Standardmethode, um den Wirkungsgrad der von den Ameisen produzierten Sekrete, in diesem Fall einer australischen Ameise der Gattung *Leptogenys,* zu bestimmen. Die Arbeiterinnen produzieren sowohl in ihrer Giftdrüse als auch in ihrer Pygidialdrüse Spurpheromone. Die Sekrete aus der Pygidialdrüse haben eine stärkere Wirkung: Wenn man künstliche Spuren mit beiden Pheromonen auf den Bleistiftlinien aufträgt, folgen alle Arbeiterinnen der Pygidialdrüsenspur (Pyg). Andere Versuche zeigten, daß Spuren, die mit Giftdrüsensekret (Poi) gelegt wurden, hauptsächlich zur weiteren Orientierung dienen, wenn die Ameisen bereits durch das Pygidialdrüsenpheromon in Alarmbereitschaft versetzt wurden.

Nestgenossinnen, das Erkennen anderer Kasten, larvaler und anderer Lebenszyklusstadien und die Unterscheidung zwischen Nestgenossinnen und Fremden. Andere Pheromone von der Königin verhindern sowohl das Eierlegen ihrer eigenen Töchter als auch, daß sich ihre heranwachsenden Töchter zu konkurrierenden Königinnen entwickeln. Wieder andere Pheromone, die wahrscheinlich von der Soldatenkaste (besonders großen Ameisen, die auf die Verteidigung der Kolonie spezialisiert sind) erzeugt werden, haben auch eine hemmende Wirkung und schränken den prozentualen Anteil der Larven ein, die sich zu Soldaten entwickeln. Die Soldaten tun das nicht etwa aus egoistischen Gründen, um Konkurrenz bei ihren Aufgaben zu vermeiden. Im Gegenteil, diese Beschränkung dient dem Wohle der ganzen Gemeinschaft. Die Verteidigungsstärke wird durch eine negative Rückkoppelungsschleife konstant gehalten; damit wird sichergestellt, daß die anderen Kasten, die für das ständige Funktionieren der Kolonie verantwortlich sind, immer stark genug vertreten sind, um ihre Aufgaben erfüllen zu können.

Es ist kein großes Rätsel, warum die chemische Kommunikation bei Ameisen so vorherrschend ist. Daß uns dies zunächst so fremd erscheint, liegt einfach an unseren eigenen physiologischen Grenzen: Wir sind in unserer Geruchswahrnehmung sehr beschränkt und können nur wenige Gerüche unterscheiden. Unser Wortschatz enthält auch nur wenige Worte, mit denen wir unsere Geschmacks- und Geruchsempfindungen ausdrücken können: süß, stinkend, scharf, sauer, moschusartig, beißend… und noch ein paar, dann ist er bereits erschöpft, und wir müssen auf Analogien zurückgreifen, die wir visuellen Eigenschaften entlehnen, um Gegenstände näher zu beschreiben: z.B. kupferartiger, rosenähnlicher, bananenartiger oder zedernhafter Geruch usw. Dafür haben wir hervorragende akustische und visuelle Fähigkeiten, auf denen unsere ganze Zivilisation aufgebaut ist. Ameisen haben einen anderen evolutionären Weg eingeschlagen als wir. Auf akustischer Kommunikationsebene richten sie wenig aus und auf visueller Ebene nahezu gar nichts.

Wenn wir mit unserer grotesken Größe auf ihre Kolonien herabschauen, wie riesige Kinomonster, die über einer Stadt auftauchen, dann verstehen wir zuerst so gut wie nichts von ihrer Organisationsform. Wir sehen nur Ameisen, die hin- und herhuschen, als ob sie blind und zum

Schweigen verurteilt wären. Die Regeln ihrer sozialen Organisation blieben uns ein Rätsel, bis Chemiker zu den Biologen stießen und sie sich gemeinsam daranmachten, die winzigen Spuren organischer Verbindungen zu identifizieren, über die sich diese Insekten verständigen. Eine Arbeiterin besitzt normalerweise nur ein Millionstel oder ein Milliardstel Gramm von jedem ihrer Pheromone, in den meisten Fällen viel zuwenig, um von uns überhaupt wahrgenommen zu werden.

Deshalb sollte man aber die Ameisen nicht für etwas Besonderes halten, zumindest nicht, wenn man sie mit allen übrigen Lebensformen vergleicht. Die überwiegende Mehrheit aller Arten, und das sind über 99 Prozent, wenn man die Mikroorganismen berücksichtigt, verständigt sich vorwiegend oder ausschließlich über Moleküle. Einzeller entwickelten zwangsläufig Reaktionen auf geringe chemische Veränderungen in ihrer Umwelt; dazu gehört der Geruch sich nähernder Räuber, Beute oder potentieller Fortpflanzungspartner. Ihre mikroskopisch kleinen Körper waren so ausgestattet, daß sie chemische Verbindungen richtig entziffern konnten – aber keine Licht- oder Lautmuster. Als sich größere Organismen entwickelten, verständigten sich die Zellen, aus denen ihre Körpergewebe bestanden, weiterhin über Hormone, d.h. über Moleküle, die als chemische Boten von einem Körperteil zum anderen wandern. Hormone leiten physiologische Reaktionen weiter und sorgen dafür, daß die Körpergewebe und Organe gut aufeinander abgestimmt bleiben. Nur Insekten und andere Tiere, die im Vergleich zu Mikroorganismen relativ groß sind, haben genügend Zellen, um Augen und Hörapparate auszubilden, die komplexe Informationen weiterverarbeiten können. Und nur mit einer solch umfangreichen Leistungsfähigkeit können sich Organismen wirkungsvoll über akustische und visuelle Wahrnehmungskanäle verständigen. Ameisen sind nie in unsere Sinneswelt vorgestoßen. Statt dessen blieben sie Meister in einem älteren Gewerbe. Die Wirbeltiere, aus denen sich die Säugetiere entwickelten, waren die ersten, die einen anderen Entwicklungsweg in der Evolution nahmen. Sie eröffneten eine neue Sinneswelt, mit deren Hilfe wir heute in der Lage sind, diese größere Welt in Erfahrung zu bringen, in der sowohl die Ameisen als auch wir leben.

Die afrikanischen Weberameisen errichten in den Baumkronen riesige Territorien. Links, im Vordergrund, bedroht eine Arbeiterin das Mitglied einer Nachbarkolonie. Hinter ihr bringen Nestgenossinnen eine weitere Gegnerin zur Strecke, während rechts von ihr eine Arbeiterin auf dem Ast eine Duftspur zum Nest legt, um weitere Nestgenossinnen zur Verstärkung herbeizuholen. Rechts unten überwältigen andere Koloniemitglieder eine große, ponerine Jagdameise. (Bild von D. Dawson, mit freundlicher Genehmigung der National Geographic Society.)

Linke Seite:
Verständigung innerhalb einer
Weberameisenkolonie während
der Verteidigung ihres Territoriums. *Oben*: Mit dem Sekret aus
einer Drüse an der Spitze ihres
Hinterleibs legt eine Arbeiterin
eine Duftspur, um Nestgenossinnen zum Feind zu führen. *Unten*:
Wenn die rekrutierende Arbeiterin auf eine Nestgenossin trifft,
führt sie einen stereotypen
„Tanz" auf, wobei sie ihren Hinterleib hebt, die Kiefer spreizt
und mit ihrem Körper hin- und
herzuckt.

Oben rechts: Alarmierte Weberameisen bewegen sich mit gespreizten Kiefern und hoch erhobenen Hinterleibern auf den
Feind zu. *Unten rechts*: Wenn Arbeiterinnen auf einen Feind treffen, halten sie ihn mit vereinten
Kräften fest, um ihn dann töten
zu können.

Oben: Nach einer territorialen Auseinandersetzung tragen die Weberameisen sowohl die geschlagenen Feinde als auch ihre toten Nestgenossinnen als Futter ins Nest. *Unten*: Sogar sehr schnelle und starke Eindringlinge, wie diese *Leptothorax*-Arbeiterin, können gefangen und überwältigt werden.

Gegenüberliegende Seite: Weberameisenarbeiterinnen bilden mit ihren eigenen Körpern Ketten, mit deren Hilfe sie während des Nestbaus große Zwischenräume überbrücken und Blätter zusammenziehen können. Auf dem oberen Bild sieht man eine einzelne Kette. Auf dem unteren Bild hat sich aus mehreren Ketten ein starker Strang gebildet, über den die Arbeiterinnen hin- und herlaufen und auf dem sie teilweise Duftspuren legen.

Die Weberameisen formieren sich zu nebeneinanderliegenden Ketten. Durch ihre gemeinsame Anstrengung bringen sie genügend Kraft auf, um die steifen Blattränder zusammenzuziehen. Wenn sich die Blätter in der richtigen Position befinden, werden sie mit der Spinnseide der Larven miteinander verbunden.

Im letzten Stadium des Nestbaus verbinden die Weberameisen die Blätter mit der Spinnseide der Larven. Eine Arbeiterin hält eine Larve des letzten Larvenstadiums in ihren Kiefern und bewegt sie hin und her, während die Larve einen fortlaufenden Seidenfaden aus ihren Kopfdrüsen abgibt. Tausende solcher Fäden werden angebracht und ergeben ein stabiles Netz.

Ein neu gebautes Nest der afrikanischen Weberameise *Oecophylla longinoda*.

Das Schauspiel der Weberameisen, deren Kolonien sich wie so viele italienische Stadtstaaten in ständigen Grenzauseinandersetzungen befinden, veranschaulicht die Situation, in der sich fast alle sozialen Insekten befinden. Vor allem die Ameisen sind wohl die aggressivsten und kriegerischsten von allen Tieren. Sie übertreffen mit ihren organisierten Bosheiten bei weitem uns Menschen; dagegen sind wir vergleichsweise harmlos und friedfertig. Das außenpolitische Ziel der Ameisen läßt sich folgendermaßen zusammenfassen: ständige Bedrohung der Territorialgrenzen benachbarter Kolonien und, falls möglich, die totale Vernichtung des Nachbarvolkes. Wenn Ameisen im Besitz von Nuklearwaffen wären, würden sie die ganze Welt wahrscheinlich innerhalb von einer Woche auslöschen.

Wer an der atlantischen Küste zwischen Bangor und Richmond in einer der Groß- oder Kleinstädte wohnt, läuft im Sommer oft an Ameisen vorbei, die sich in kriegerischen Auseinandersetzungen befinden, und tritt manchmal sogar versehentlich darauf, meist ohne es zu merken. Wenn man seinen Blick über den Boden schweifen läßt, kann man häufig Scharen von Rasenameisen (*Tetramorium caespitum*), die zusammen der Größe einer ausgestreckten Männerhand entsprechen, auf einer unbewachsenen Stelle einer Wiese, am Rand eines Gehsteiges oder in einem Rinnstein sehen. Betrachtet man diese schwarzen Flecken näher, möglichst durch ein Vergrößerungsglas, erkennt man, daß sie aus Hunderten oder gar Tausenden von Arbeiterinnen bestehen, die sich gegenseitig mit ihren Kiefern gepackt haben, an ihrem Gegner zerren, ihn würgen und ihm die Beine abschneiden. Die Kriegsparteien gehören zu konkurrierenden Kolonien, die sich in einer territorialen Auseinandersetzung befinden. Kolonnen von Arbeiterinnen rennen zwischen den Nestern und dem Schlachtfeld hin und her. Normalerweise drängt die größere Kolonie, d.h. die Kolonie, die die stärkere Kampftruppe ins Feld schicken kann, die zahlenmäßig unterlegene auf ein kleineres Gebiet zurück oder zerstört sie vollständig.

Viele Ameisenarten haben sowohl mit Kolonien ihrer eigenen Art als auch mit fremden Arten aggressive Auseinandersetzungen. Einige wenden dabei Strategien an, die von Carl von Clausewitz, dem großen Meister der Kriegsführung aus der Zeit Napoleons, stammen könnten.

Wilson entdeckte eines der durchorganisiertesten Beispiele, als er die Kolonien der zwei im Süden der Vereinigten Staaten vorkommenden Arten, die eingeschleppte Feuerameise *Solenopsis invicta* und die weitverbreitete, in Waldgebieten lebende *Pheidole dentata*, einander gegenüberstellte. Die Feuerameise ist der Todfeind von *Pheidole*. Ihre Kolonien sind hundertmal größer, und wenn man sie unter eingeschränkten Laborbedingungen *Pheidole* angreifen läßt, bringen sie diese schnell um und fressen sie auf. Aber trotzdem gibt es in der Nähe von Feuerameisennestern, sowohl in lichten Kieferwäldern als auch im Unterholz, wo beide Arten vorkommen, überall *Pheidole*-Kolonien in großer Anzahl. Wie schaffen sie es, solch einem schrecklichen Feind aus dem Weg zu gehen?

Das Geheimnis der Abwehr von *Pheidole* liegt darin, daß sie eine spezielle Soldatenkaste besitzen und eine Drei-Stufen-Strategie einsetzen, die ganz offensichtlich dazu dient, die Angriffe von Feuerameisen zu vereiteln. Die Soldaten haben einen überdimensional großen Kopf, dessen winziges Gehirn ringsum von kräftigen Muskeln eingeengt wird, die scharfe, dreieckige Kiefer bewegen. Die Soldaten versuchen nicht mit der üblichen Verteidigungstaktik der meisten Ameisen, ihre Gegner zu stechen oder sie mit Gift zu bespritzen. Sie setzen statt dessen ihre Kiefer wie Drahtscheren ein und trennen damit feindlichen Insekten den Kopf, die Beine oder andere Körperteile ab. Wenn keine Gefahr droht, stehen oder laufen die Soldaten, die nur ungefähr 10% der Koloniebevölkerung ausmachen, untätig im Nest herum. Manchmal begleiten sie kleinköpfige Arbeiterinnen, „Minors" genannt, draußen auf der Futtersuche und helfen dabei, größere Futterfunde vor der Übernahme anderer Kolonien zu schützen. Aber die meiste Zeit stehen sie nur wartend herum, ähnlich wie vollgetankte Abfangjäger auf dem Deck eines Flugzeugträgers. Der Instinkt dieser beiden Arbeiterinnenkasten ist so fein abgestimmt, daß sie auf Feuerameisen stärker als auf jeden anderen Feind reagieren. Die kleineren Arbeiterinnen patrouillieren ständig auf dem Areal in der Umgebung des Nestes, in erster Linie auf Futtersuche, aber auch immer auf der Hut vor Feinden – vor allem vor Feuerameisen. Wenn sich auch nur eine Feuerameise in ihre Nähe verirrt, wird eine gewaltige Reaktion ausgelöst. Die *Pheidole*-Arbeiterin, die ihr begegnet, stürmt mit einem kurzen Angriff nah genug an den Feind heran, um ihn zu berühren, so daß etwas von dem feindlichen Geruch auf ihren eigenen Körper gelangt. Dann macht sie sich los und rennt zum Nest zurück. Während sie heimläuft, berührt sie mit der Spitze ihres Hinterleibes immer wieder den Boden und legt mit Stoffen aus ihrer Giftdrüse eine Duftspur. Auf dem Weg rennt die Späherin zu jeder einzelnen Ameise, die ihr begegnet, trennt sich aber schnell wieder und läuft weiter zum Nest. Sowohl kleinere Arbeiterinnen als auch Soldaten werden von der Kombination des Pheromons und dem leichten Feindgeruch auf dem Körper der Späherin in Alarmzustand versetzt und schwärmen auf der Duftspur aus, um die Feuerameise zu suchen. Nach kurzem Körperkontakt mit dem Feind kehren einige der kleineren Arbeiterinnen ins Nest zurück, um weitere Koloniemitglieder zu rekrutieren, während die Soldaten den Feind umkreisen und ihn rücksichtslos angreifen. Wenn nur ein einzelner Eindringling da ist, wird er sofort getötet. Sogar mehrere Feuerameisen können innerhalb weniger Minuten erledigt werden. Aber auch der völlige Sieg genügt den *Pheidole*-Soldaten noch nicht. Sie suchen noch für ein bis zwei Stunden die Umgebung nach weiteren Eindringlingen ab. Das führt dazu, daß es die Feuerameisenspäherinnen selten nach Hause schaffen. Und ohne Kurierberichte von der Front sind ihre Kolonien hilflos. Wenn die Feuerameisen irgendwie von der Anwesenheit der *Pheidole*-Kolonie erfahren würden, könnten sie sie schnell überwältigen. Durch die blitzschnelle Reaktion der Verteidigerinnen bleiben die *Pheidole*-Ameisen jedoch meist unentdeckt.

Selbst, wenn es Feuerameisenspäherinnen gelegentlich gelingt, den Schutzschild zu durchbrechen und einen großangelegten Feldzug aufzuziehen, haben die Verteidiger noch wirksame Maßnahmen, auf die sie zurückgreifen können. Je mehr Feuerameisen entlang ihrer eigenen Duftspuren auf dem Schlachtfeld erscheinen, um so stärker wächst auch die Truppe der *Pheidole*-Soldaten. Sie stürmen in wilder Aufregung suchend und tötend umher. Kleinere *Pheidole*-Arbeiterinnen stürzen sich kaum in das Geschehen, und die meisten, die schon daran beteiligt waren, ziehen sich zurück und kehren heim. In kurzer Zeit ist der Boden mit Körpern von *Pheidole*-Soldaten übersät, die von dem Gift der Feuer-ameisen gelähmt oder getötet wurden. Dazwischen findet man Körperteile von Feuerameisen, die von den Kiefern der Verteidiger abgehackt wurden. Mit der Zeit beginnen sich die *Pheidole*, die nun stark unterlegen sind, in Richtung Nest zurückzuziehen. Dabei bedienen sich die Soldaten einer Taktik, die bei Clausewitz Zustimmung gefunden hätte. Sie schließen ihre Reihen und bilden einen kleinen Halbkreis um den Nesteingang. Von hier aus machen sie kurze Ausfälle in die herannahende Schar der Feinde.

Währenddessen bereiten die kleineren Arbeiterinnen im Nest einen letzten verzweifelten Schachzug vor. Durch die nahende Feuerameiseninvasion geraten mehr und mehr der kleineren Arbeiterinnen in Erregung: Sie rennen durch die Nestkammern und Galerien, legen Duftspuren und versetzen ihre Nestgenossinnen in Alarmbereitschaft. Der Aktivitätspegel steigt sprunghaft an. Dies ist eine der wenigen positiven Rückkopplungshandlungen, die in den Annalen der Verhaltensforschung verzeichnet sind. Die zunehmende Erregung gipfelt in einer explosionsartigen Reaktion: Während eines minutenlang anhaltenden Chaos rennen viele der kleineren Arbeiterinnen mit Eiern, Larven oder Puppen in ihren Kiefern aus dem Nest heraus, durch das Kampfgewühl hindurch und weiter, bis sie in Sicherheit sind. Bei diesem Ausbruch ist keinerlei Koordinierung zu erkennen. Für dieses eine Mal im Kolonieleben steht jede Ameise für sich allein. Sogar die Königin läuft alleine davon.

Die *Pheidole*-Soldaten stehen zu ihrer Kaste und tun, wozu sie programmiert sind: Sie bleiben, wo sie sind, und kämpfen bis zum bitteren Ende. Sie lassen sich mit den spartanischen Verteidigern vergleichen, die den persischen Horden an den Thermopylen standhielten und dort starben. An sie erinnert ein Metallschild, auf dem geschrieben steht: „Fremder, wenn du die Lacedaemonier siehst, sage ihnen, du habest uns hier liegen sehen, getreu unseren Befehlen.“

Wenn die Feuerameisen schließlich das Nest verlassen, kommen die versprengten Überlebenden von *Pheidole* zurück, um ihr Kolonieleben wiederaufzunehmen. Wenn sie ein oder zwei Monate ungestört bleiben, sind sie in der Lage, einen neuen Schwung Soldaten großzuziehen und ihr früheres Leben weiterzuführen, als ob nichts gewesen wäre. Gegen die Feuerameisen werden keinerlei Rachefeldzüge unternommen. Die mechanisch funktionierenden Ameisengesellschaften folgen nicht der Logik unserer menschlichen Denkweise.

Spezifische Feinderkennung bei der Ameisenart *Pheidole dentata* (schwarz). Die Arbeiterinnen reagieren viel aggressiver auf Feuer- und Diebsameisen der Gattung *Solenopsis* (grau) als auf andere Ameisenarten. Sobald kleine *Pheidole*-Arbeiterinnen Feuerameisenarbeiterinnen in der Nähe ihres Nestes entdeckt haben, rennen sie zwischen Nest und Territorium hin und her und legen dabei Duftspuren mit Drüsensekreten aus der Spitze ihres Hinterleibes (oben links dargestellt). Das Spurpheromon lockt sowohl kleine Arbeiterinnen als auch große Soldaten zur Kampffläche. Die Soldaten sind besonders erfolgreich bei der Feindabwehr, indem sie die Eindringlinge mit ihren kräftigen, scherenähnlichen Kiefern in Stücke schneiden. Einige der *Pheidole*-Arbeiterinnen werden durch das Gift der Feuerameisen selbst gelähmt oder getötet. (Zeichnung von Sarah Landry.)

Bei den Auseinandersetzungen der Ameisen geht es immer um territoriales Gelände oder um Futter. In Nordeuropa führen riesige Kolonien der Waldameisenart *Formica polyctena* kannibalische Raubzüge gegen andere Kolonien ihrer eigenen Art. Diese Überfälle erreichen zu Zeiten der Futterknappheit ihren Höhepunkt, besonders wenn im zeitigen Frühjahr die Wachstumsphase der Kolonie beginnt. *Formica* greift auch andere Ameisenarten an; dabei sind die Kämpfe häufig so fürchterlich, daß sie zur Auslöschung der gesamten lokalen Population der Opfer führen. Die „kleine Feuerameise" *Wasmannia auropunctata*, die für ihre dichten Populationen und ihre schmerzhaften Stiche bekannt ist, kann unter bestimmten Umständen die gesamte Ameisenfauna weiträumig ausrotten. Nachdem sie Ende der 60er oder Anfang der 70er Jahre über den Handelsweg versehentlich auf eine oder zwei der Galapagosinseln eingeführt wurde, hat sie sich über den gesamten Archipel ausgebreitet und bildet an vielen Stellen einen lebenden Teppich aus Ameisen, die nahezu sämtliche anderen Ameisen, die ihnen über den Weg laufen, töten und auffressen.

Zwei andere Ameisenarten, *Pheidole megacephala*, die in Afrika beheimatet ist, und die „argentinische Ameise", *Linepithema humilis* (die früher *Iridomyrmex humilis* genannt wurde), die aus dem Süden Südamerikas stammt, sind dafür berüchtigt, daß sie nicht nur andere Ameisen, sondern die ganze einheimische Insektenwelt ausrotten. Nachdem *Pheidole megacephala* im letzten Jahrhundert versehentlich mit Handelsschiffen nach Hawaii gelangt war, breitete sie sich gewaltig über die gesamte Tiefebene aus. Sie rottete dabei viele einheimische Insektenarten aus und trug wahrscheinlich zum Aussterben einiger einheimischer Vögel bei. Es ist daher nicht verwunderlich, daß sich diese beiden weltweiten Bedrohungen, *Pheidole megacephala* und *Linepithema humilis*, überhaupt nicht vertragen, wo sie aufeinandertreffen. Während *humilis* normalerweise in den subtropischen bis warm gemäßigten Gebieten zwischen dem 30. und 36. Breitengrad auf der nördlichen wie auf der südlichen Halbkugel konkurrenzfähiger ist, ist *megacephala* in den dazwischenliegenden Tropen überlegen. *Linepithema humilis* ist, entsprechend ihrem bevorzugten Temperaturbereich, den Bewohnern der gemäßigten Breiten besser bekannt. Sie ist auf den Ruderalflächen Südkaliforniens, im

Mittelmeerraum, im Südwesten Australiens und auf Madeira vorherrschend. Auf Hawaii kommt sie nur in der Zone oberhalb 1000 m vor,
wo es so kühl ist, daß sie gegenüber der wärmeliebenden *megacephala*
begünstigt ist. Beide Arten dringen zu Fuß in neue Gebiete vor. Wie bei
den alten Zulubanden machen Überfallkommandos den Weg für Pio-
niergemeinschaften aus Arbeiterinnen und Königinnen frei, die dann zu
den frisch geräumten Nestplätzen strömen und die Kontrolle über das
umliegende Gelände ausbauen. Neue Populationen dagegen wachsen
normalerweise aus kleinen Gruppen von Arbeiterinnen und Königinnen
heran, die als blinde Passagiere im Frachtgut oder im Gepäck mitreisen.

Ganz selten nimmt eine Ameisenart so überhand, daß sie sogar
menschliche Behausungen bedroht. Anfang des 15. Jahrhunderts tauch-
te auf Hispaniola und Jamaika eine stechende Ameisenart in so großer
Zahl auf, daß die frühen spanischen Siedlungen fast verlassen worden
wären. Die Siedler auf Hispaniola riefen ihren Schutzheiligen, den
heiligen Saturnin, an, damit er sie vor der Ameise beschützen möge, und
zogen in religiösen Prozessionen durch die Straßen, um diese bösen
Geister zu vertreiben. Wahrscheinlich dieselbe Art, der man später den
wissenschaftlichen Namen *Formica omnivora* gab, vermehrte sich zwischen 1760 und 1780 so stark auf Barbados, Grenada und Martinique,
daß sie dort zur Plage wurde. Die Justizbehörde von Grenada setzte für
jeden, der eine Idee hatte, wie man diese Ameisen ausrotten könnte, eine
Belohnung von 20000 Pfund aus, aber ohne Erfolg. Mehr oder weniger
sich selbst überlassen, nahm die Art über die Jahre ganz von alleine ab.
Heute nimmt man an, daß es sich bei *Formica omnivora* um die einheimische Feuerameisenart *Solenopsis geminata* handelte, die man heutzutage
in fast allen westindischen Insektengemeinschaften als friedfertig lebendes Mitglied antrifft.

Ameisen setzen im Kampf ganz unterschiedliche Taktiken ein. Einige
von ihnen gehen bis an die äußerste Grenze der psychischen und
organisatorischen Fähigkeiten der Insekten. In der Wüste Arizonas
benutzt eine kleine, schnell bewegliche Ameise, *Forelius pruinosus*, giftige
Sekrete, um Honigtopfameisen der Gattung *Myrmecocystus* einzuschüchtern und ihnen ihr Futter zu stehlen, obwohl ihre Opfer zehnmal größer
als sie selber sind. Manchmal hindern sie die Honigtopfameisen auch

gänzlich daran, ihr Nest zu verlassen: Sie rotten sich an den Nesteingängen zu Horden zusammen und treiben die großen Ameisen mit ihren chemischen Waffen in das Nestinnere zurück. Auf diese Weise werden die Honigtopfameisen von den Jagdgründen in der Nähe ihres Nestes ferngehalten, so daß die *Forelius* einen größeren Anteil des zur Verfügung stehenden Futters einbringen können.

Eine äußerst seltsame Variante in der Technik der Nestblockade wird von einer anderen übelriechenden kleinen Ameise der südwestlichen Wüstengebiete, *Conomyrma bicolor*, verwendet. Späherinnen rekrutieren über chemische Duftspuren, die aus einer paddelförmigen Drüse am Ende des Hinterleibes abgegeben werden, eine große Anzahl ihrer Nestgenossinnen zu den Nesteingängen der Honigtopfameisen. Die Belagerer setzen ähnliche chemische Waffen wie *Forelius* ein. Aber zusätzlich heben sie mit ihren Kiefern noch Steinchen und andere kleine Gegenstände auf und lassen sie in die senkrechten Eingangsschächte fallen. Auch wenn keiner genau weiß, wie sich das Steinewerfen auf das Verhalten der Honigtopfameisenarbeiterinnen innerhalb des Nestes auswirkt, so hat es doch den Zweck, ihre Futtersuche außerhalb des Nestes einzuschränken. Während der Feind eingesperrt ist, können andere *Conomyrma*-Arbeiterinnen in Ruhe auf Beutejagd gehen. Die von *Conomyrma* verwendete Technik ist für Biologen von besonderem Interesse: Es ist einer der wenigen Fälle von Werkzeuggebrauch bei Tieren.

Die europäische Diebsameise *Solenopsis fugax* benutzt eine chemische Keule, wenn sie in die Nester einer anderen Ameisenart eindringt, um ihre Brut zu fressen. Zudem sind die Arbeiterinnen ausgezeichnete Pioniere. Als erstes graben sie ein kompliziertes unterirdisches Tunnelsystem von ihrem eigenen Nest zu der anvisierten Kolonie. Die ersten Ameisen, die den Durchbruch schaffen, rennen zu ihrem Nest zurück und holen Nachschub. Dieses Heer von Ameisen dringt in das feindliche Nest ein und trägt die Brut davon, die später gefressen wird. Die Eindringlinge können mit einer hochwirksamen und lang anhaltenden Abwehrsubstanz aus ihrer Giftdrüse wesentlich größere Ameisen als sie selbst überwinden. Dieses Sekret verwirrt die Gegner und setzt sie außer Gefecht, so daß die Diebsameisen nach Lust und Laune räubern können.

Bei einigen Ameisenarten gibt es noch eine andere spezialisierte Aggressionsform: das Futterklauen oder Kleptobiosis. Hölldobler hat dieses Verhalten über viele Sommer in der Wüste Arizonas untersucht. Die Opfer sind in diesem Fall Ameisen aus der Gattung *Pogonomyrmex*, die hauptsächlich von Samen und anderem eßbaren Pflanzenmaterial leben. Ab und zu sammeln sie auch Termiten, vor allem, wenn diese Insekten nach einem Regen in großer Zahl auf der Erdoberfläche auftauchen. Die Räuber sind Honigtopfameisen der Gattung *Myrmecocy - stus*, die von Insekten, Nektar (aus Drüsen an Blüten und anderen Pflanzenteilen) und zuckerhaltigen Sekreten pflanzensaugender Insekten leben. Sie sind schnell und behende und halten oft an, um sich beladene Ernteameisen genauer anzusehen. Manchmal treten sie alleine und manchmal in kleinen Räuberbanden auf. Wenn die Ernteameise Pflanzenmaterial bei sich trägt, darf sie weitergehen; handelt es sich aber um eine Termite, wird sie beraubt. Sobald die Ernteameise auf ihre Peiniger zuspringt und versucht, sie zu beißen, rennen die schnellfüßigen Honigtopfameisen einfach davon.

Das größte Opfer für das Gemeinwohl besteht darin, während der Verteidigung der Kolonie Selbstmord zu begehen und dadurch Feinde zu vernichten. Viele Ameisenarten sind bereit, diese Kamikazerolle auf die eine oder andere Weise zu übernehmen, aber keine in einer so dramatischen Form wie die Arbeiterinnen einer *Camponotus*-Art, die zu der *saundersi*-Gruppe gehört und in den Regenwäldern Malaysias lebt. Wie die beiden deutschen Insektenforscher Eleanore und Ulrich Maschwitz in den 70er Jahren entdeckt haben, sind die Ameisen in ihrer Anatomie und ihren Verhaltensweisen als lebende Bomben angelegt. Zwei riesige Drüsen, die mit giftigen Sekreten gefüllt sind, verlaufen von der Basis der Kiefer bis zum hinteren Körperende. Wenn die Ameisen während eines Kampfes entweder von feindlichen Ameisen oder einem angreifenden Räuber arg bedrängt werden, ziehen sie ihre Bauchmuskeln so heftig zusammen, daß ihre Körperwand aufbricht und die Sekrete auf den Feind gespritzt werden.

Ungefähr zu der gleichen Zeit als das Ehepaar Maschwitz die explosive *Camponotus*-Art entdeckte, stieß Hölldobler zufällig auf eine der raffiniertesten Angriffsstrategien der sozialen Insekten. Zumindest eine

Chemische Waffen werden eingesetzt, um Konkurrenten von Futterstellen fernzuhalten. *Oben*: Arbeiterinnen der Feuerameise
Solenopsis xyloni verteidigen den
abgetrennten Hinterleib einer Honigtopfameise, indem sie mit er-
hobenem Hinterleib ihren Giftsta-
chel in die Luft strecken und aus
der Stacheldrüse einen giftigen
Duftstoff abgeben. *Unten*: Eine
ähnliche Taktik wird von den
Meranoplus-Arbeiterinnen bei der
Verteidigung des Hinterleibes einer Schabe angewandt.

der Honigtopfameisenarten, so fand er heraus, setzt bei territorialen Übergriffen und in der Verteidigung noch ganz andere Mittel als nur den Kampf ein. Die Arbeiterinnen dieser Art, *Myrmecocystus mimicus*, verlassen sich stark auf die Überwachung des Feindes, auf Propagandamittel und, wie man es wohl ohne Übertreibung nennen kann, auf rudimentäre Formen von Außenpolitik. Sie dringen in feindliches Gebiet ein, stellen Posten auf und versuchen, ihre Feinde durch aufwendige Schaukämpfe, die bedrohlich wirken, aber selten zu richtigen Kämpfen führen, in ihre Schranken zu weisen.

Die Verhaltensregeln der *Myrmecocystus* in Auseinandersetzungen wurden mit einer Untersuchungstechnik aufgedeckt, die häufig von Freilandbiologen angewandt wird, sehr wirkungsvoll ist und es wert ist, daß wir an dieser Stelle kurz unterbrechen, um sie uns näher anzuschauen. Es gibt zwei Schulen in der Freilandbiologie. Sie unterscheiden sich durch ihren jeweiligen Ansatz, mit dem sie an die Organismen herangehen, die sie untersuchen wollen. Die Vertreter der ersten Gruppe, die experimentellen Theoretiker, denken sich irgendein interessantes Problem aus, das durch Freilanduntersuchungen gelöst werden könnte. Sie gehen davon aus, daß es für jedes Problem in der Biologie ein ideal geeignetes Untersuchungsobjekt gibt. Sie stellen sich vielleicht zunächst die Frage, ob Abwanderung der Hauptfaktor ist, der die Größe lokaler Populationen bestimmt. Der nächste Schritt ist dann, eine Art zu finden, die dazu neigt, abzuwandern – sagen wir die Wühlmaus. Man kann Wühlmauspopulationen einzäunen, so daß keine Abwanderung mehr möglich ist, sich ansonsten aber kaum etwas verändert. Andere Populationen in der Nähe, die nicht eingezäunt werden, dienen als Kontrolle.

Die Naturforscher, die zu der zweiten Schule gehören, verfahren genau umgekehrt. Sie glauben, daß es für jede Tier- oder Pflanzenart oder auch für jeden Mikroorganismus eine Problemstellung gibt, für dessen Lösung dieser Organismus ideal geeignet ist. Naturforscher suchen sich einen bestimmten Organismus aus, weil es ihnen Spaß macht, mit ihm zu arbeiten. So einfach sind ihre Beweggründe. Sie gehen ins Freiland, um so viel wie möglich über die Biologie der Organismen zu erfahren, und nutzen dann manchmal die gewonnene Information, um eine ganz allgemeine wissenschaftliche Problemstellung zu untersuchen.

Während seiner Untersuchung an Wühlmäusen würde ein bestimmter Naturforscher vielleicht feststellen, daß Jungtiere dazu neigen auszuwandern, wenn Populationen eine zu hohe Dichte erreichen. Diese Beobachtung führt ihn zu der Vermutung, daß die Populationsdichte durch Abwanderung reguliert wird. Daraufhin wird er vielleicht ein Einzäunungsexperiment durchführen, um seine Hypothese zu überprüfen.

Naturforscher sind Opportunisten. Sie lieben nicht nur ihr Untersuchungsobjekt, sondern alles, was damit zu tun hat. Ihr eigentliches Ziel ist es, soviel wie möglich über die Arten in Erfahrung zu bringen, die ihnen ein ästhetisches Vergnügen bereiten. Organismen sind ihre Kultobjekte, die verehrt und in den Dienst der Wissenschaft gestellt werden müssen. Wir gehören beide zu dieser zweiten Schule. Wir sind Naturforscher von Beruf und haben uns während eines Großteils unserer Laufbahn dafür eingesetzt, daß die Ameisen in der Biologie mehr Beachtung finden.

Mit diesem Vorhaben in seinem Herzen wanderte Hölldobler in der Nähe von Portal in Arizona durch die Wüste. Zu dieser Zeit, d.h. in den 70er Jahren, beobachtete er alle Ameisenarten, die ihm über den Weg liefen, in der Hoffnung, neue interessante Verhaltensweisen zu entdekken. Eines Tages sah er, wie Arbeiterinnen der Honigtopfameise *Myrmecocystus mimicus* Termiten angriffen und zugleich andere Honigtopfameisen bedrohten. Er machte sich daran, dieses Phänomen näher zu untersuchen, und an dieser Stelle nehmen wir den Faden unserer Erzählung wieder auf.

Honigtopfameisen fressen Insekten und alle möglichen anderen Gliedertiere. Termiten mögen sie besonders gerne. Wenn eine Späherin eine Gruppe dieser Insekten entdeckt, z.B. unter einem heruntergefallenen Ast oder unter einem vertrockneten Kuhfladen, von dem die Termiten fressen, läuft die Späherin schnell zu ihrem Nest zurück, wobei sie eine Duftspur legt. Die Substanz in dieser Spur, die auf andere Ameisen anziehend wirkt, stammt aus der Darmflüssigkeit, die aus dem After auf den Boden gespritzt wird. Wenn die rekrutierende Ameise auf ihrem Weg irgendeiner Nestgenossin begegnet, bleibt sie stehen und stößt sie mit ruckartigen Bewegungen an. Die Verbindung dieser beiden Signale – Duftspur und Körperkontakt – genügt, um eine kleine Gruppe futtersuchender Arbeiterinnen zu der Stelle zu locken, wo sich die Termiten

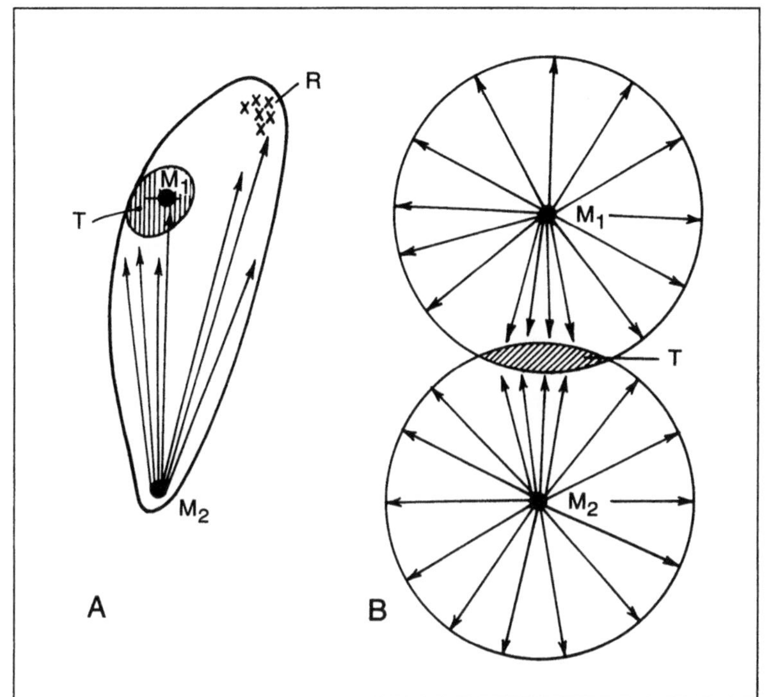

Territoriale Auseinandersetzungen und Expansionsversuche kommen bei der amerikanischen Honigtopfameise *Myrmecocystus mimicus* häufig vor. Während einer solchen Episode, die in A dargestellt ist, holen einige Arbeiterinnen der Kolonie M2 Futter von der Futterstelle R, während andere Arbeiterinnen Ameisen der Kolonie M1 in ein Schauturnier (T) in der Nähe des Nestes M1 verwickeln und sie damit von der Futtersuche abhalten. B zeigt die verschiedenen Wege, auf denen die M1- und M2-Arbeiterinnen rund um ihre Nester nach Futter suchen. In der Überlappungszone kommt es häufig zu Turnieren und zu ernsthaften Kämpfen, die sogar zur Auslöschung einer der Kolonien führen können.

befinden. Wenn die neu ankommenden Arbeiterinnen in der Nähe gleichzeitig eine andere Honigtopfameisenkolonie finden, laufen einige von ihnen schnell zum Nest zurück und legen dabei ihre eigene Duftspur. Sie führen damit eine Truppe von gut 200 Arbeiterinnen in die Nähe des fremden Nestes. Die meisten konfrontieren sofort die dort lebenden Honigtopfameisen und versuchen, sie in ihrem Nest festzuhalten, während andere von der Truppe weiterhin Termiten fangen und sie nach Hause tragen.

Bei den Honigtopfameisen kommt es selten zu richtigen Kämpfen, die mit Verletzungen oder dem Tod enden. Sie veranstalten statt dessen ein Turnier, einen aufwendigen Schaukampf, in dessen Verlauf die Arbeiterinnen beider Seiten wiederholt versuchen, sich gegenseitig einzuschüchtern und ihre Gegner zu verjagen. Die Ameisen fordern sich auf der umstrittenen Fläche immer wieder zu Zweikämpfen heraus, ganz in der

Manier mittelalterlicher Ritter. Sie bewegen sich mit durchgedrückten Beinen stelzend umher und heben gleichzeitig ihren Kopf und Hinterleib hoch; dabei blähen sie manchmal ihren Hinterleib etwas auf. Dadurch erscheint jede Ameise insgesamt etwas größer als in Wirklichkeit. Die Arbeiterinnen verstärken diese Illusion noch, indem sie auf kleine Steinchen oder Erdklumpen steigen und sich von dort aus ihren Gegnerinnen zur Schau stellen. Wenn sich zwei Gegnerinnen das erste Mal begegnen, führen sie einen Ameisen-„pas-de-deux" auf: erst wenden sie sich einander zu, stellen sich dann Seite an Seite und bemühen sich dabei, ihre Körper noch höher zu strecken. Meist umkreisen sie sich dann langsam, trommeln dabei mit ihren Antennen auf den Körper der Gegnerin und treten mit ihren Beinen nach ihr. Manchmal lehnt sich eine Arbeiterin gegen ihre Gegnerin, als ob sie sie in einem halbherzigen Versuch umwerfen wolle. All dies ist ritualisiert und vergleichsweise harmlos und steht in keinem Verhältnis zu dem tatsächlichen Kampfvermögen der Ameisen. Jede der beiden Ameisen könnte mit Leichtigkeit ihre Gegnerin packen und sie mit ihren scharfen Kiefern aufschlitzen oder sie mit Ameisensäure bespritzen; beides hätte fatale Auswirkungen. Aber während der Turniere kommen solche Gewaltanwendungen nur selten vor. Nach einigen Sekunden hält eine der Schaukämpferinnen ein, und die Begegnung ist beendet. Die beiden Ameisen stolzieren dann auf ihren Stelzbeinen weiter, um nach neuen Gegnerinnen Ausschau zu halten. Wenn die Ameise einer Nestgenossin statt einer Gegnerin begegnet, prüft sie mit einem Fächeln der Antenne ihren Geruch, zuckt mit ihrem Körper kurz vor und zurück, als ob sie grüßen wollte, und läuft weiter.

Diese ganze unblutige Aufführung erinnert an die „Nicht-Kämpfe" (nothing fights) des Maringstammes in Neuguinea, wo sich die Krieger auf beiden Seiten der Stammesgrenze versammeln, um ihre zeremoniellen Gewänder, ihre Gesichtsbemalung, die zahlenmäßige Stärke ihrer Krieger und ihre Waffen zur Schau zu stellen. Tänze werden aufgeführt und Drohungen quer über den Platz gerufen. Die Krieger schießen Pfeile ab, bis irgend jemand auf einer der beiden Seiten verletzt oder getötet wird, dann kehren beide Kriegsparteien nach Hause zurück. Das gewünschte Ergebnis ist es, sich gegenseitig die Kampfesstärke mitzuteilen. Zu einer richtigen kriegerischen Auseinandersetzung kommt es selten.

Obwohl die Honigtopfameisen in einer von Gewalt geprägten Welt leben, können sie aufgrund ihres erstaunlichen Verständigungssystems auch langfristig ohne große Blutverluste bzw. (um den korrekten Fachausdruck zu verwenden) ohne große Hämolymphverluste ein ausgeglichenes Kräfteverhältnis aufrechterhalten. Bestimmte Kolonien, vor allem solche, die die meisten großen Arbeiterinnen, also Soldaten, besitzen, dominieren über ihre Nachbarn, vertreiben sie von den Turnierplätzen und verdrängen sie auf kleinere, näher an ihren Nestern gelegene Futtergebiete.

Irgendwie sind die einzelnen Kämpferinnen in der Lage, die Stärke ihres Kontrahenten einzuschätzen, und reagieren dementsprechend entweder mit größerer Dreistigkeit oder mit Nachgiebigkeit. Wie kann ein einfaches Insekt eine solche Einschätzung vornehmen und dann eine adäquate Entscheidung treffen? Hölldobler war klar, daß die Ameisen die ganze Arena niemals aus der Vogelperspektive sehen konnten. Ebensowenig sind sie in der Lage, die Anzahl der Kämpferinnen beider Kolonien zu zählen. Das kann noch nicht einmal der Insektenforscher, es sei denn, er macht eine Einzelbildanalyse von dem gesamten Verlauf der Auseinandersetzung. Genau das machte Hölldobler, indem er die Wettbewerbe der Honigtopfameisen draußen in der Wüste verfolgte und ihre Ergebnisse notierte. Er gab Charles Lumsden, einem theoretischen Biologen, seine Daten und untersuchte mit ihm zusammen diese Problemstellung. Schließlich wurde ihnen klar, daß es mindestens drei Möglichkeiten gibt, wie die Ameisenarbeiterinnen *indirekt* die Stärke ihres Gegners abschätzen könnten. Sie könnten einfach „Köpfe zählen", während sie von einer Kämpferin zur anderen wechseln. Wenn die eigenen Nestgenossinnen dem Feind zahlenmäßig – sagen wir im Verhältnis 3:1 – überlegen sind, registrieren sie dieses zu ihren Gunsten herrschende Ungleichgewicht, und ihre Bereitschaft erhöht sich somit, vorwärtszudrängen. Ist das Verhältnis umgekehrt, werden sie sich zurückziehen. Eine zweite Methode besteht darin, bei dem Feind eine Schätzung durchzuführen. Wenn ein hoher Prozentsatz der fremden Arbeiterinnen, denen man begegnet, aus großen Ameisen besteht, dann ist die andere Kolonie wahrscheinlich ziemlich groß, denn nur ausgewachsene Kolonien sind in der Lage, viele dieser großen Ameisen zu produzieren. Die dritte Möglichkeit, die einer einzelnen Ameise offensteht, besteht darin abzuschätzen, wie lange sie warten muß, d.h. wieviel Zeit vergeht, bis sie auf eine Gegnerin trifft, die noch nicht in ein Kampfritual verwickelt ist. Wenn die Arbeiterin oft auf Gegnerinnen stößt und ständig in Schaukämpfe verwickelt ist, dann ist die feindliche Streitkraft wahrscheinlich viel stärker als die eigene Truppe. Wenn sie lange auf eine Gegnerin warten muß, bedeutet das, daß der Feind schwächer ist.

Nachdem Hölldobler erst viele Tage in der Wüste und dann zu Hause bei der Einzelbildanalyse am Bildschirm verbracht hatte, kam er zu dem Schluß, daß *Myrmecocystus* bis zu einem gewissen Grad alle drei Abschätzungsverfahren anwendet. Er stellte auch fest, daß besonders kleine, junge Kolonien, die in einer echten Auseinandersetzung mit ziemlicher Sicherheit sehr schnell besiegt würden, wahrscheinlich die Methode der Kastenabschätzung einsetzen. Dieses Verfahren gibt ihnen am schnellsten den Überblick, ob die gegnerische Stärke relativ groß ist, so daß sie sich unmittelbar und vorsichtig zurückziehen können.

Neben den Großturnieren bedienen sich die Kolonien der Honigtopfameisen noch einer anderen Methode, um Feindaufklärung mit begrenztem Kampfeinsatz zu betreiben. Sie stellen Wachposten an den Gebietsgrenzen zwischen den Nestern auf, wo die Turniere am häufigsten stattfinden. Diese Posten, die meist nur aus wenigen, selten aber aus mehr als einem Dutzend Arbeiterinnen bestehen, stehen stundenlang in Stelzbeinhaltung auf kleinen Steinchen und Erdklumpen. Von benachbarten Kolonien erscheinen ähnliche Trupps, um sich an den gleichen Stellen zu postieren, und zwischen diesen beiden Gruppen entstehen häufig Kleinstturniere. Die daraus resultierende Pattsituation kann über Tage oder Wochen anhalten. Wenn die Anzahl der Wachposten von einer Kolonie jedoch plötzlich ansteigt, laufen die Wachen der anderen Kolonie nach Hause, um ihrerseits eine Truppe von Nestgenossinnen zu rekrutieren, und die Konfrontation eskaliert zu einem vollen Turnier.

Aus diesem Bericht sollten Sie jedoch, lieber Leser, nicht den Schluß ziehen, daß die Honigtopfameisen zivilisiert sind. Sie besitzen tödliche Kieferzangen und chemische Waffen, die einem nur auf den ersten Blick durch ihre ritualisierten Turniere verborgen bleiben. Wenn sich eine Kolonie als wesentlich stärker als ihr Nachbar herausstellt, oder genauer

Aggressive Auseinandersetzungen zwischen Honigtopfameisen. *Oben:* Die Arbeiterinnen einer jungen (3 Jahre alten) Kolonie treffen auf einen großen Soldaten einer ausgewachsenen feindlichen Kolonie. *Unten:* Nach einer kurzen, aggressiven Zurschaustellung greifen sie den Feind an. Wenn es ihnen gelingt, die feindliche Ameise zu vertreiben oder zu töten, verzögern sie vielleicht einen Überfall der feindlichen Kolonie lange genug, um die Markierungen ihres Territoriums, die die Lage ihres Nests verraten könnten, zu verdecken und den Nesteingang zu verschließen.

gesagt, wenn sie eine Truppe zusammenstellen kann, die ungefähr die zehnfache Stärke ihres Gegners besitzt, dann werden die Turniere beendet, und ein Kampf auf Leben und Tod bricht aus. Die Ameisen beißen und würgen sich und machen sich gegenseitig kampfunfähig, bis sich schließlich die stärkere Seite zu dem Nest des Gegners durchkämpft. Dabei verkrüppeln oder bringen sie alle Arbeiterinnen um, die ihnen in die Quere kommen. Sie töten die Königin und rauben die Larven, Puppen und jüngsten Arbeiterinnen. Sie schleppen auch die Arbeiterinnen, die zu der Kaste der Honigtöpfe gehören, mit ins eigene Nest. Die Hinterleiber dieser großen Tiere (von denen der umgangssprachliche Artname: Honigtopfameise stammt) sind prall gefüllt mit süßlichen Pflanzensekreten. Sie dienen der Kolonie als lebende Vorratsbehälter und würgen diese süße Flüssigkeit wieder hervor, wenn Futter knapp wird. Wenn sie in Gefangenschaft geraten, werden sie nicht umgebracht, sondern in der siegreichen Kolonie integriert. Dort werden sie als vollwertige Mitglieder adoptiert, d.h. sie werden weder als Untergebene behandelt, noch werden ihnen niedrige Arbeiten übertragen.

Trotzdem läßt sich natürlich nicht leugnen, daß die Gefangenen ihre Königin, und somit die Mutter ihrer eigenen Kolonie, verloren haben. Ohne deren Fortpflanzungsfähigkeit haben sie aus evolutionärer Sicht ihren Lebenssinn verloren. Sie können keine Schwestern mehr aufziehen, ihr Hauptgrund, überhaupt zu einer Kolonie zu gehören. Wie uns die Details der Außenpolitik bei den Honigtopfameisen deutlich machen, besteht ein Ameisenleben nur aus kleinen Ruhepolen voll Harmonie in einer sonst unversöhnlichen Welt.

Im Jahre 1966 wurde endlich das fehlende Glied in der Ameisenevolution, die Urameise, entdeckt, die die heutigen Formen mit ihren Vorfahren unter den Wespen verbindet. Die fossilen Fundstücke, die diese Verbindung darstellen, brachten uns neben manch aufregender Überraschung die Bestätigung für einige Vorhersagen, die wir schon früher auf Grund der Evolutionstheorie gemacht hatten. Davor hatte es hauptsächlich Mißerfolge gegeben. Die bekannten fossilen Zeugnisse endeten unvermittelt in den Sedimenten aus dem Eozän, die um die 40 bis 60 Millionen Jahre alt sind; ältere Gesteine und Bernsteinstücke schienen keine Aufschlüsse zu bringen. Die wenigen Exemplare, die den Ameisenforschern aus dem frühen Eozän zur Verfügung standen, waren nur schlecht erhalten und gehörten außerdem eindeutig zu rezenten Gruppen. Zu den heute lebenden Formen zeigten sie kaum Unterschiede in ihrer Anatomie und boten keine Hinweise, wie die Ameisen entstanden waren.

Es war bekannt, daß sich die Ameisen im Oligozän, vor 25 bis 40 Millionen Jahren, über die ganze Welt ausgebreitet hatten und eine der häufigsten Insektengruppen wurden. Aus dem baltischen Bernstein, einem fossilierten Baumharz, das durchsichtig ist und wie ein Edelstein aussieht, wurden Tausende wunderbar erhaltener Exemplare wiedergewonnen. Als das Harz vor langer Zeit aus Baumwunden herauslief und heruntertropfte, bedeckte es Scharen von Insekten, die einer Vielzahl von Arten angehörten, und konservierte viele von ihnen in kürzester Zeit. Wenn man die Bernsteinstücke zurechtschneidet und poliert, kann man heute diese uralten Formen in all ihren mikroskopischen Einzelheiten untersuchen. Ihr Außenskelett, d.h. die äußere Hülle ihres Körpers und alles, was man sonst auch bei lebenden Ameisen sieht, ohne sie zu zerlegen, ist oft naturgetreu erhalten. Durch den glasartigen Bernstein lassen sich noch heute kleinste Details der Zähne, Haare und ihrer Körperform bis fast auf ein hundertstel Millimeter genau messen. Die Exemplare, das muß hier hinzugefügt werden, sehen so aus, als ob sie aus ganzen Körpern bestünden, in Wirklichkeit aber sind sie meistens von innen heraus verfaulte Hüllen, die mit einem kohlenstoffhaltigen Film überzogen sind und dadurch so wirken, als ob sie vollständig erhalten seien. Nähere Untersuchungen dieser Außenhüllen ergaben

dennoch, daß die Ameisen aus dem Oligozän im wesentlichen den heute lebenden Formen entsprachen. Alle Arten, die damals in den europäischen Wäldern lebten, sind mittlerweile ausgestorben, aber 60 Prozent der Gattungen, denen sie angehörten, existieren auch heute noch.

Im Oligozän, als die Ameisen ihr heutiges äußerliches Erscheinungsbild angenommen hatten, erreichten sie ihre Blütezeit. Vor 1966 hatten die Ameisenforscher zwar ein klares Bild von den im Bernstein erhaltenen und verschiedenen anderen uralten Tierwelten, aber sie hatten noch immer keine Ahnung von dem Stamm und den Wurzeln des Ameisenstammbaumes. In ihrer Hetzkampagne gegen die Evolutionstheorie hatten die Kreationisten auf diese Lücke aufmerksam gemacht. Die Ameisen, so war ihr Argument, sind ein gutes Beispiel für eine Gruppe, die durch einen einzigen göttlichen Schöpfungsakt auf die Welt gekommen ist. Wer, wie wir, die Entwicklungsgeschichte der Ameisen untersucht, ist da anderer Meinung. Wir vermuteten, daß die frühesten Arten einfach sehr selten und die fossilen Schichten, die sie enthielten, bisher kaum untersucht waren, so daß mit der Zeit zumindest einige Exemplare auftauchen würden. Nach unserer Meinung mußte das fehlende Bindeglied in den Ablagerungen des frühen Eozäns von vor ungefähr 60 Millionen Jahren, oder sogar noch früher, in den Sedimenten des Mesozoikums vorhanden sein. Es ist durchaus möglich, daß die Urameise gelegentlich einen Dinosaurier gestochen hat.

Wie gerne würden wir berichten, und wir wünschten, es wäre wahr, daß das entscheidende Fossil von einem mutigen Doktoranden am Oberlauf des Amazonas gefunden wurde, der sich dann, von Malariaanfällen geschüttelt und völlig erschöpft, mit einem von abgebrochenen Pfeilen durchbohrten Einbaum flußabwärts zu einem abgelegenen Missionsdorf durchkämpfte. Daß er den Fund erst zur Post brachte, bevor er nach Manaus weiterfuhr, um sich in medizinische Behandlung zu begeben, sich dort auszuruhen und die Glückwünsche der überglücklichen Forschergruppe aus Harvard abzuwarten. Die Wahrheit ist allerdings, daß die Urameise von Herrn und Frau Edmund Frey, einem Rentnerehepaar aus Mountainside im Staat New Jersey, USA, entdeckt wurde. Sie fanden sie am Fuße der Klippen von Cliffwood Beach, einer dicht besiedelten, mittelständischen Wohngegend unmittelbar südlich von Newark. Die Freys schickten ein Bernsteinstück, das zwei Ameisenarbeiterinnen enthielt, an Donald Baird von der Universität Princeton. Baird, der sofort die wissenschaftliche Bedeutung dieses Fundes erkannte, schickte ihn weiter zu Frank M. Carpenter an der Harvard Universität, der weltweit größten Autorität auf dem Gebiet der Insektenpaläontologie und zudem Edward Wilsons Lehrer.

Carpenter rief Wilson an, der sich zwei Stockwerke höher in einem der Biologielabors von Harvard befand.

„Die Ameisen sind da", sagte Carpenter.

„Ich bin in zwei Millisekunden unten", antwortete Wilson, dem das Herz bis zum Halse schlug. Wilson rannte die Treppen hinunter und in Carpenters Büro, wo er das Fundstück in die Hand nahm. Er hantierte damit herum und ließ es auf den Boden fallen, wobei es in zwei Stücke zerbrach. Zum Glück enthielt jedes Bruchstück eine Ameise, die unversehrt an ihrem Platz war. Beide Stücke bestanden aus einer durchsichtigen, hellgelben Grundsubstanz. In poliertem Zustand konnte man die Ameisen wunderbar betrachten, die so hervorragend erhalten waren, als ob sie erst gestern begraben worden wären.

Der Bernstein war aus fossilisiertem Harz von Sequoiabäumen, die vor 90 Millionen Jahren, während der mittleren Kreidezeit, an dem Fundort von Cliffwood Beach wuchsen, als die Dinosaurier die vorherrschenden großen Landwirbeltiere waren. Die Ablagerung, in der sie sich befanden, ist eine dünne, helle Sandschicht, durchsetzt mit geschwärzten Braunkohlestücken der Sequoiabäume. Zwischen diesen Stücken sind unzählige kleine gelbe Harzkörnchen verstreut. Diese Bruchstücke sind normalerweise alles, was man von dem aus der Kreidezeit stammenden Bernstein finden kann. Aber gelegentlich taucht auch ein größeres Stück an dem Strand von Cliffwood Beach auf, und ganz selten enthält es die Überreste eines Insekts. Die Freys gingen am Strand spazieren, kurz nachdem ein Sturm einen Teil der Küste weggewaschen und dadurch mehr von dem versteinerten Holz freigelegt hatte. Auch wenn ihnen die Möglichkeit, Bernstein zu finden, bewußt war, hatten sie ein außerordentliches Glück, dieses große Stück mit den beiden Ameisen zu finden.

Wilson legte die Fossilien unter das Mikroskop und begann, die Ameisen von allen Seiten zu zeichnen und zu messen. Nach einigen

Stunden nahm er den Hörer in die Hand und rief William L. Brown von der Cornell Universität an. Brown war wie er ein Fachmann auf dem Gebiet der Ameisenklassifikation. Seit Jahren träumten beide davon, eine Ameise aus dem Mesozoikum zu finden und dadurch vielleicht etwas über das fehlende Bindeglied zu den ursprünglichen Wespen zu erfahren. Beide hatten aus vergleichenden Untersuchungen an lebenden Arten Vermutungen darüber angestellt, welche Merkmale die ursprüngliche Form besessen haben könnte, beziehungsweise, falls die Evolutionstheorie stimmt, besessen haben *sollte*. Wilson teilte Brown mit, daß die Ameisen tatsächlich so ursprünglich waren, wie sie es erwartet hatten. Sie besaßen ein Mosaik anatomischer Merkmale, die man auch bei einigen heute lebenden Ameisen- oder Wespenarten findet, und darüber hinaus noch einige andere Merkmale, die zwischen den beiden Gruppen liegen. Das Untersuchungsergebnis der Urameisen war erstaunlich: kurze Kiefer mit nur zwei Zähnen, wie bei den Wespen; eine Struktur, die wie die blasenähnliche Hülle einer Metapleuraldrüse aussieht, einem sekretorischen Organ (das sich am Thorax, d.h. im mittleren Körperbereich befindet), das ein Bestimmungsmerkmal aller heute lebenden Ameisen ist, aber den Wespen fehlt; eine Verlängerung des ersten Antennenabschnitts, so daß die Antennen ellenbogenähnlich angewinkelt aussehen, wie es für Ameisen typisch ist, allerdings mit dem Unterschied, daß die Antennen hier bei den Fossilien aus dem Mesozoikum nur in einem Maße verlängert sind, das zwischen dem der heutigen Ameisen und Wespen liegt; der übrige, vordere Teil der Antennen lang und beweglich, wie bei den Wespen; der Thorax mit einem ausgeprägtem Scutum und Scutellum (zwei Platten, die zum mittleren Teil des Körpers gehören), auch ein Merkmal der Wespen; und eine ameisenähnliche Taille, jedoch in vereinfachter Form, als ob sie sich erst vor kurzem entwickelt hätte.

Die Ameisen in dem Bernstein von New Jersey – wir nahmen uns die Freiheit, sie trotz ihrer unterschiedlichen Merkmale als Ameisen zu bezeichnen – waren ungefähr 5 Millimeter lang. Wir gaben ihnen den wissenschaftlichen Namen *Sphecomyrma freyi.* Der Gattungsname *Sphecomyrma* bedeutet „Wespenameise", und der Artname *freyi* ehrt das Ehepaar, das die Ameisen gefunden und sie so schnell und großzügig der

Wissenschaft gespendet hatte. Uns fiel der stark entwickelte Stachel dieser Ameisen auf, und wir stellten uns vor, wie in archaischen Zeiten Schwärme von *Sphecomyrma*-Arbeiterinnen kleine Dinosaurier vertrieben, die zu nahe an ihrem Nest vorbeigekommen waren.

Es hatte über hundert Jahre gedauert, bis Insektenforscher, die sich mit fossilen Insekten der ganzen Welt beschäftigen, die ersten Fossilien aus dem Mesozoikum fanden. Dann wurde plötzlich noch eine ganze Reihe weiterer Funde gemacht. Russische Paläontologen, die sich am intensivsten mit der ursprünglichen Insektenwelt beschäftigen, entdeckten einige Exemplare in Ablagerungen aus der Kreidezeit, und zwar in drei Regionen der alten Sowjetunion: in Magadan, im nordöstlichen Sibirien an der Küste des Ochotskischen Meeres, auf der Taimyr-Halbinsel im äußersten Norden Mittelsibiriens und im südlichsten Teil Kasachstans. Zwei weitere Exemplare wurden ungefähr zur selben Zeit von kanadischen Insektenforschern in aus der Kreidezeit stammendem Bernstein in Alberta gefunden. Wenn man alle Fundstücke zusammennimmt, ergeben sie das erste grobe Bild einer ursprünglichen Ameisenkolonie. Einige der Tiere sind eindeutig Arbeiterinnen, andere Königinnen und wieder andere Männchen.

Unter diesen Zeitgenossen der Dinosaurier gibt es keine große Variabilität. Man kann sie zweifellos alle einer einzigen Gattung, der Gattung *Sphecomyrma*, zuordnen. Diese Beschränkung steht in großem Kontrast zu den mehr als 300 Gattungen, die viele tausend Arten umfassen, aus denen die heutige Ameisenwelt besteht. Die Sphecomyrmas sind auch sehr selten. Sie machen nur ein Prozent aller Insekten in den Kreidezeitablagerungen aus, ganz im Gegensatz zu späteren Insektengemeinschaften, in denen die Ameisen mit die häufigste und vielfältigste Insektengruppe darstellen. Das Bild, das sich aus den neuentdeckten Fossilien ergibt, zeigt ein paar seltene Arten, die man überall in Laurasia finden konnte. Laurasia war der ursprüngliche Riesenkontinent, der das heutige Europa, Asien und Nordamerika umfasste. Die Verbindung dieser Landmassen erlaubte eine wesentlich einfachere Verbreitung, als es heute der Fall ist. Die Gegend, in der die Ameisen lebten, war wahrscheinlich gemäßigt warm bis subtropisch. Weit unten im Süden, auf dem südlichen Riesenkontinent Gondwanaland, der das heutige Afrika, Madagaskar, Südamerika, Australien, Indien, Teile Südasiens und die Antarktis umfaßte, hätte die Evolution der Ameisen wahrscheinlich eine andere Richtung genommen. Ein einziges Exemplar ist vor kurzem von brasilianischen Paläontologen in den Gesteinsablagerungen aus der Kreidezeit bei Santana do Cariri in dem östlichen Bundesstaat Ceará gefunden worden. Dieses Exemplar ist 100 bis 112 Millionen Jahre alt und gehört nicht zu den *Sphecomyrma,* sondern ähnelt eher den heutigen primitiven Bulldoggenameisen Australiens. Das Fundstück wurde 1991 von C. Roberto Brandão, einem früheren Studenten von Hölldobler und Wilson, beschrieben und bekam den Namen *Cariridris bipetiolata.*

Lassen Sie uns nun nach Australien reisen, wo, ungefähr zu der Zeit, als *Sphecomyrma* entdeckt wurde, eine Suche ganz anderer Art, nämlich nicht nach ausgestorbenen Arten, sondern nach der ursprünglichsten *lebenden* Ameise durchgeführt wurde. Die Insektenforscher lernen aus Fossilien natürlich eine Menge über die Evolution der Anatomie und sogar der verschiedenen Kasten der frühesten Ameisen. Aber um die Geschichte des Sozialverhaltens wie ein Puzzle zusammensetzen zu können, muß man lebende Formen untersuchen. Über Generationen war es der Traum aller Insektenforscher, daß irgendwo noch eine Art lebt, die bis heute die ursprünglichste Sozialform bewahrt hat, oder anders ausgedrückt, die in ihrem Verhalten ein lebendes Fossil darstellt. Ihre Hoffnungen konzentrierten sich hauptsächlich auf Australien, die Heimat anderer archaischer Lebensformen wie der eierlegenden Säugetiere, des Schnabeltieres und des Ameisenigels.

In den siebziger Jahren ging der Traum in Erfüllung. Es war *Nothomyrmecia macrops,* eine große gelbe Ameisenart mit vorstehenden schwarzen Augen und langen Kiefern, die wie die Sägeklingen einer Zickzackschere aussehen. Über 45 Jahre war diese Art der Wissenschaft nur von zwei Museumsstücken her bekannt. Der ursprüngliche Körperbau von *Nothomyrmecia* war vielversprechend: Er war mit seiner einfach gebauten Taille und den symmetrischen, feingezähnten Kiefern den Wespen etwas ähnlich. Aber zum nächsten Schritt, der Wiederentdeckung der Art und der Untersuchung lebender Kolonien, überzugehen, stellte sich als äußerst schwierig und frustrierend heraus.

Die lange Geschichte begann am 7. Dezember 1931, als sich eine kleine Exkursionsgruppe mit einem Geländewagen von der Balladonia Station, einer Schaffarm im Westen Australiens, zu einer einmonatigen Fahrt in den Süden durch die unbesiedelte Eukalyptussteppe und die Sandheiden aufmachte. Sie fuhren bis zu der verlassenen Thomas River Farm, die 180 Kilometer hinter Mount Ragged lag, einem niedrigen Granithügel am westlichen Ende der Großen Australischen Bucht. Dann fuhren sie 110 Kilometer durch die Sandheidelandschaft gen Westen bis zu der kleinen Küstenstadt Esperance. Diese Tour durch die einzigartige Wildnis Australiens diente hauptsächlich ihrem Vergnügen. Die Heidelandschaft, die die Gruppe durchquerte, ist jedoch, botanisch gesehen, eine der artenreichsten Gegenden auf der Welt, mit einer großen Anzahl von Sträuchern und krautigen Pflanzen, die es sonst nirgendwo gibt und die deshalb für Biologen von großem Interesse sind. Mehrere Leute von der Gruppe waren gebeten worden, auf der Fahrt Insekten zu sammeln. Sie taten diese in Gefäße mit Alkohol, die an ihren Pferdesätteln befestigt waren, ohne darauf den genauen Fundort zu vermerken. Diese Exemplare, darunter zwei Arbeiterinnen einer großen gelben Ameise, wurden der Künstlerin A. E. Crocker übergeben, die in der Balladonia Station lebte und häufig Tiere malte, die auf diese Weise gesammelt worden waren. Später gab sie die Insekten an das Victoria Nationalmuseum in Melbourne weiter, wo die Ameisen 1934 von dem Ameisenforscher John Clark als eine ganz neue Gattung und neue Art beschrieben wurden und den Namen *Nothomyrmecia macrops* erhielten.

William Brown, der damalige „Papst" der Ameisenforschung, war der erste, der die evolutionäre Bedeutung der *Nothomyrmecia* erkannte. Er machte sich im November 1951 auf den Weg, um noch mehr Exemplare zu sammeln, und folgte einem Teil der Route, die die Expedition von 1931 östlich von Esperance auf dem Thomas River Pfad genommen hatte. Aber da er keine genauen Angaben von der Sammelstelle hatte und wegen der besonderen Lebensweise von *Nothomyrmecia*, auf die wir gleich noch zu sprechen kommen, blieb seine Suche erfolglos. Im Januar 1955 unternahm Wilson zusammen mit Caryl P. Haskins, der damals Präsident der Carnegie Institution in Washington und ein begeisterter Ameisenforscher war, und mit dem berühmten australischen Naturforscher Vincent Serventy einen zweiten Versuch. Von Esperance aus fuhren sie mit einem Geländewagen die Route von 1931 entlang und suchten gründlich das Gelände um die Thomas River Station und die Sandheide nördlich von Mount Ragged ab. Sieben Tage und Nächte durchkämmten sie alle größeren Lebensräume, doch *Nothomyrmecia* fanden sie nicht.

Mittlerweile wurden die Ameisen, die man schlicht „das fehlende Bindeglied" nannte, in ganz Australien und unter Insektenforschern auch im Ausland bekannt – so bekannt, wie man es eben von einem Insekt erwarten kann, das keine Malaria überträgt und keine Weizenernten zerstört. Nationalstolz kam noch hinzu, als weitere australische Insekten- und Naturforscher darum wetteiferten, die *Nothomyrmecia* vor ihren amerikanischen Rivalen wiederzufinden und sie im lebenden Zustand zu untersuchen. Alle Anstrengungen waren erfolglos, und die Anhänger begannen Mutmaßungen anzustellen, daß entweder die Fundstelle falsch bezeichnet worden war oder daß die Ameise, wie so viele Schätze der australischen Tier- und Pflanzenwelt, ausgestorben war.

Der Durchbruch kam, wie so oft in der Wissenschaft, auf völlig unerwartete Weise. *Nothomyrmecia* wurde, zur großen Erleichterung der einheimischen Insektenforscher, von einem Australier, Robert Taylor, wiederentdeckt. Nachdem er, Anfang der 60er Jahre, seine Doktorarbeit bei Wilson an der Harvard Universität abgeschlossen hatte, begann er in der Abteilung für Insektenkunde der australischen Commonwealth Scientific and Industrial Research Organization (CSIRO) zu arbeiten, die sich in der Hauptstadt Canberra befand. Nach einer Weile wurde er der oberste Kurator der australischen nationalen Insektensammlung. In dieser Eigenschaft machte er es zu seiner persönlichen Mission, diese mysteriöse Ameise zu finden.

Im Oktober 1977, einem Frühlingsmonat in Australien, startete Taylor mit dem Geländewagen eine Expedition, die von Canberra westwärts bis über Südaustralien hinausführte. Die Gruppe hatte vor, die Eyre-Autobahn entlangzufahren, die über 1600 km durch die kahle Nullarbor-Ebene bis zu der Mount Ragged-Esperance-Gegend verläuft, um dort speziell nach *Nothomyrmecia* zu suchen. Sie fühlten sich ziemlich unter Druck, nachdem sie erfahren hatten, daß Bill Brown auch drauf und dran war, alles auf eine Karte zu setzen. 560 Kilometer außerhalb von Adelaide hatte die Gruppe Probleme mit dem Auto, mußte deshalb anhalten und ihr Lager in der Nähe des kleinen Ortes Poochera aufschlagen. Die Stelle war von Mallee, einem vielstämmigen Eukalyptusbusch, umgeben, der große Teile der Halbwüstenregionen in Südaustralien bedeckt. In der Nacht sank die Temperatur auf 10°C, und die Insektenforscher kauerten sich in ihrer warmen Kleidung zusammen und berieten, ob sie in dieser Nacht noch Insekten sammeln sollten. Es schien viel zu kalt für Ameisen und erst recht für fliegende Insekten zu sein. Außerdem befand sich *Nothomyrmecia*, ihrer Meinung nach, einige tausend Kilometer westlich, auf der anderen Seite des Kontinents.

Bob Taylor, ein wißbegieriger und wortreicher Forscher, immer auf der Suche nach Ameisen, konnte an diesem Abend nicht stillsitzen. Er begab sich mit einer Taschenlampe in das Malleebuschwerk, in der Hoffnung, daß vielleicht doch noch Arbeiterinnen der einen oder anderen Art trotz der Kälte aktiv wären. Wenig später rannte er ins Lager zurück und brüllte in bester australischer Manier: „Der verdammte Bastard ist hier! Ich hab' die verdammte *Nothomyrmecia*!"

Er hatte eine *Nothomyrmecia macrops*-Arbeiterin entdeckt, die gerade auf einem Baumstamm krabbelte, ganze 20 Schritte von den Geländewagen der Expedition entfernt. Das Geheimnis der Ameise wurde durch die Umstände, wie sie gefunden wurde, gelüftet. Es stimmt zwar, daß *Nothomyrmecia* selten und auch in ihrer Verbreitung begrenzt ist, so daß sie in der Roten Liste der International Union for Conservation of Nature and Natural Resources (IUCN) mittlerweile als potentiell gefährdete Art geführt wird, aber außerdem ist sie eine Kalt-Wetter-Ameise, eine der wenigen Arten, die erst dann aktiv wird, wenn sich andere Ameisen, wie auch die allermeisten Insektenforscher, drinnen aufhalten, um sich warmzuhalten.

In den folgenden Jahren stiegen viele Forscher in Poochera ab und verhalfen diesem Weiler zu internationalem Ruhm (zumindest unter Insektenforschern). Ein Großteil sämtlicher Ameisenspezialisten hat dort in dem winzigen Hotel übernachtet. Die Balladonia-Population von *Nothomyrmecia*, falls sie 60 Jahre, nachdem die ersten Exemplare in

Sammelgefäße gesteckt wurden, überhaupt noch existiert, ist nicht ganz in Vergessenheit geraten, aber weitere Versuche, sie zu finden, blieben, auch bei kalter Witterung, erfolglos. Möglicherweise werden noch mehr Kolonien in den Sandebenen, der Malleebuschsteppe oder in den Eukalyptuswäldchen der Thomas River Station entdeckt. Mittlerweile sind die Freilandarbeiten in Poochera weit vorangeschritten, und Kolonien wurden mit ins Labor genommen, um sie dort näher zu untersuchen. Da praktisch jeder Aspekt ihres Lebenszyklus und ihrer allgemeinen Biologie erforscht wurde, ist *Nothomyrmecia macrops* heute eine der besterforschten Ameisen, über die man am meisten weiß.

Was wir über die Art herausgefunden haben, läßt sich dahingehend zusammenfassen, daß sie, wie erwartet, eine sehr einfache soziale Organisationsform besitzt. Vor allem sehen die Königinnen sehr ähnlich wie die Arbeiterinnen aus. Es gibt keine Unterkasten, wie z.B. Soldaten, die auf die Nestverteidigung spezialisiert sind, und jede Arbeiterin scheint die gleichen Aufgaben zu verrichten. Die Kolonien sind klein, und ihre Populationsgröße überschreitet nie 100 erwachsene Tiere. Die Eier, die von der Königin gelegt werden, bleiben einzeln verstreut auf dem Nestboden liegen und werden nicht wie bei den meisten weiterentwikkelten Ameisen zu Haufen gestapelt. Die Arbeiterinnen sammeln, wie die Wespen, zwei Arten von Futter: Nektar für die eigene Versorgung und erbeutete Insekten, um vor allem die Larven damit zu füttern.

Unter den erwachsenen *Nothomyrmecia* besteht wenig Kontakt. Im Gegensatz zu den meisten weiterentwickelten Ameisen tauschen sie untereinander kein hervorgewürgtes Futter aus. Die Königinnen, die normalerweise bei anderen Ameisenkolonien im Mittelpunkt stehen, werden mehr oder weniger ignoriert. Die Arbeiterinnen gehen alleine auf Futtersuche, und wenn sie außerhalb des Nestes Futter finden, bringen sie es auch alleine nach Hause, ohne dabei zu versuchen, Nestgenossinnen zu rekrutieren. Sie greifen Fliegen, Wanzen und eine ganze Reihe anderer Insekten an und stechen sie. Soweit wir wissen, benutzen Arbeiterinnen nur zwei Formen der chemischen Verständigung: Sie alarmieren ihre Nestgenossinnen, wenn sie Feinde entdecken, und sie können ihre eigenen Nestgenossinnen durch den gemeinsamen Körpergeruch von fremden *Nothomyrmecia* unterscheiden.

Die Nester dieser archaischen Ameise bestehen aus einfachen Erd-
kammern, die durch Tunnel miteinander verbunden sind. Der Lebenszyklus folgt auch einem sehr einfachen Schema: Unbegattete Königinnen verlassen ihr Nest, um sich zu paaren, graben danach ganz alleine
ein Nest und gehen dann, wie die Wespen, abseits vom Nest auf
Futtersuche. Manchmal arbeiten mehrere junge *Nothomyrmecia*-Königin-
nen ähnlich wie die Königinnen der Papierwespen und anderer ur-
sprünglicher sozialer Wespen zusammen, um ein Nest zu graben und
gemeinsam den ersten Schwung Arbeiterinnen aufzuziehen. Später jedoch dominiert eine der Königinnen ihre Partnerinnen, indem sie sich
regelmäßig über sie stellt. Irgendwann werden die Verliererinnen end-
gültig von den Arbeiterinnen der ersten Brut verjagt und aus dem Nest
geschleppt. Somit hatten die Kolonien in Poochera, die meistens schon
voll etabliert waren, wenn sie ausgegraben wurden, auch immer nur eine
einzige Königin. Es ist eigenartig, daß die Arbeiterinnen eine Vorliebe
für kalte Temperaturen haben, aber das mag nur eine Anpassung der Art
an das Leben in der kalt gemäßigten Zone Australiens sein.

Die *Nothomyrmecias* dürften mit ihrer durchgängig einfachen Organisationsform in etwa der Evolutionsstufe entsprechen, die die ersten
sozialen Ameisen aus dem Mesozoikum erreicht hatten. Sie besitzen nur
wenige der vertrauten Verhaltensweisen der weiterentwickelten Ameisenarten, wie beispielsweise das Putzen anderer Nestgenossinnen. In
vielerlei Hinsicht aber ähnelt ihr Verhalten eher dem, wie wir es von
solitär lebenden Wespen erwarten würden, bei denen es erstmals zur
Kooperation zwischen Schwestern kam, deren Körperbau sich etwas
veränderte und die sich somit zu den ersten Ameisen entwickelten. Wie
es scheint, entstanden die Ameisenstaaten aus nahe beieinanderleben-
den solitären Wespen des Mesozoikums, die schon damals Erdnester
bauten und Insektenbeute einbrachten, um ihre Larven damit zu füttern,
wie es heute noch viele solitäre Wespen tun. Der wesentliche erste
Schritt im weiteren Verlauf war der, daß die Mutter bei ihren Jungen
blieb, nachdem sie erwachsen geworden waren. Alles, was danach noch
nötig war, um zu einem Kolonieleben überzugehen, war, daß ihre
Töchter sich in ihrer eigenen Fortpflanzung einschränken und ihrer
Mutter bei der Aufzucht weiterer Schwestern helfen mußten.

Es sind noch zwei weitere Arten mit einem ursprünglichen Körperbau bekannt, die ähnlich einfache soziale Verhaltensweisen zeigen. Es handelt sich um die australischen Bulldoggenameisen, die zu der Gattung *Myrmecia* gehören und in ihrem Aussehen *Nothomyrmecia* ähneln, und um *Amblyopone*, die, evolutionär betrachtet, eine ganz eigene Gruppe bildet und weltweit verbreitet ist, jedoch am häufigsten und artenreichsten in Australien vorkommt. Bis *Nothomyrmecia* wiederentdeckt wurde, war *Myrmecia* das Paradebeispiel für eine „primitive", soziale Ameisenorganisationsform. Jetzt weiß man, daß sie in ihren Verhaltensweisen wesentlich weiterentwickelt ist als *Nothomyrmecia*.

Wir nehmen an, daß sich *Sphecomyrma*, die von allen bisher entdeckten Ameisen in ihrer Körperbauweise den Wespen am meisten ähnelt, fast wie *Nothomyrmecia* und die anderen heute lebenden primitiven Ameisen verhielt. Aber ganz sicher werden wir es nie wissen. Weil keine solitär lebenden Ameisen bekannt sind, die den Grundbauplan einer Ameisenkönigin besitzen, aber allein oder in kleinen Gruppen ohne Arbeiterinnen leben, haben wir kaum eine Möglichkeit, tiefer zu den Wurzeln der Evolution des Soziallebens vorzudringen. Schließt man mal Überraschungen aus, vor denen man in der Wissenschaft nie sicher ist, so glauben wir, daß die Geschichte, wie wir und andere Insektenforscher sie zusammengetragen haben, nahe an die Geschehnisse kommt, die sich vor mehr als hundert Millionen Jahren zugetragen haben.

Im Jahre 1950 wandte sich der 20jährige Wilson, der zum damaligen Zeitpunkt an der Universität von Alabama studierte, einer wichtigen Fragestellung bei der Untersuchung der Feuerameisen zu. Die aus Südamerika eingeschleppte Art begann, sich im südlichsten Teil der Vereinigten Staaten auszubreiten. Sie kam in zwei Farbvarianten vor: einer roten und einer dunkelbraunen. Mittlerweile weiß man, daß es sich bei diesen beiden Formen um völlig getrennte Arten handelt. Der wissenschaftliche Name für die rote Art ist *Solenopsis invicta* und für die dunkelbraune Art *Solenopsis richteri.* In den Vereinigten Staaten kreuzen sich die beiden Arten ungehindert, während sie in Südamerika nur in begrenztem Umfang hybridisieren. Sie unterscheiden sich nicht nur durch ihre Farbe, sondern auch durch eine für jede Art einmalige Kombination verschiedener anatomischer und biochemischer Merkmale. In diesem frühen Untersuchungsstadium im Jahre 1950 war es wichtig, erst einmal festzustellen, ob dieser Farbunterschied eine genetische Grundlage hat oder ob er einfach das Ergebnis unterschiedlicher Lebensbedingungen ist.

Feuerameisen lassen sich, anders als Fruchtfliegen, nicht so einfach im Labor züchten, um nach der Existenz von Farbgenen zu suchen: Die Paarungsbedingungen müssen genau stimmen, und ihr Lebenszyklus ist zu lang und zu komplex. Aber es ließe sich indirekt testen, so überlegte sich Wilson, ob es sich um den Einfluß der Gene oder der Umwelt handelte, indem man die Brut roter Königinnen mit braunen Arbeiterinnen und die Brut brauner Königinnen mit roten Arbeiterinnen aufzog, um zu sehen, ob sich die Farbe in der nächsten Generation änderte, so daß sie mit der der Ammenarbeiterinnen übereinstimmte. Wenn keine Farbänderung stattfinden würde und alle anderen Bedingungen in den Labornestern die gleichen wie für die Kontrollkolonien blieben (in denen die Königinnen und Arbeiterinnen dieselbe Farbe besaßen), würde man die Umwelthypothese verwerfen und die Genhypothese beibehalten.

Die Adoption der einen durch die andere Farbvariante erwies sich als durchführbar. Wilson fand heraus, daß er Arbeiterinnen der Feuerameise dazu bringen konnte, fremde Königinnen zu dulden, wenn er zuerst ihre Mutterkönigin entfernte, die Arbeiterinnen dann bis zur Unbeweglich-

keit herunterkühlte und währenddessen die fremde Königin zu ihnen
setzte. Sobald sich die Ameisen wieder erwärmten und aktiv wurden,
akzeptierten sie die fremde Königin und zogen die Eier auf, die sie legte.

Während der Experimente veränderte sich die Farbe der Ameisen
nicht, und so wurde die Genhypothese bestätigt. Die Existenz von
Farbgenen war damit zwar nicht völlig zweifelsfrei bewiesen, aber zumindest deutete viel darauf hin. Dann geschah etwas Merkwürdiges.
Wilson entschied sich, ein wenig mit seiner Adoptionstechnik herumzu-
spielen und bis zu fünf statt nur eine Königin zu den Arbeiterinnen zu
setzen, einfach um zu sehen, was passieren würde. All diese Versuche
waren erfolgreich, aber nur für eine Weile. Nach ein oder zwei Tagen
begannen die Arbeiterinnen, die überschüssigen Königinnen umzubringen, indem sie sie überwältigten und zu Tode stachen. Sie hörten erst auf,
als nur noch eine Königin übrig war. Die Gewinnerin wurde dann von
den Arbeiterinnen versorgt und gefüttert, als ob es sich um ihre eigene
Königin handeln würde. Die Arbeiterinnen begingen niemals einen
Fehler. Sie gingen nicht ein einziges Mal soweit, die letzte überlebende
Königin umzubringen, was das Ende der Kolonie bedeutet hätte.

Die Adoption bei den Feuerameisen war eine der ersten Untersuchungen, die darauf hindeutete, daß innerhalb der Ameisenkolonien
nicht nur Friede und Harmonie herrschen, nicht einmal bei den Arten,
die eine hochentwickelte Organisationsform besitzen. Aus irgendeinem
Grund konkurrierten die Königinnen untereinander um die Gunst der
Arbeiterinnen, und dabei ging es um Leben und Tod. Im Laufe der Jahre
häuften sich die Nachweise, daß Konflikte und Dominanzbeziehungen
zwischen Nestgenossinnen bei den Ameisen weit verbreitet sind. Und
was noch interessanter ist: Solche Zwistigkeiten unter Schwestern gehen
oft weit über bloße Kabbeleien hinaus. Bei vielen Arten sind diese
Auseinandersetzungen im Verlauf der Evolution stark ritualisiert worden und haben eine bedeutende Rolle in der Regulierung des Lebenszyklus einer Kolonie übernommen.

Ein besonders eindrucksvolles Beispiel dafür zeigte sich, als Hölldobler und sein Student Stephen Bartz eine eingehende Untersuchung der
Koloniegründung bei *Myrmecocystus mimicus* durchführten. Dies ist eine
in den Wüstengegenden Arizonas und Neumexikos weitverbreitete Art

Eine ausgewachsene Kolonie von Weberameisen besteht aus einer einzigen Königin und mehr als einer halben Million Arbeiterinnen. Auf dem hier gezeigten Ausschnitt sieht man die Königin, wie sie ständig von den großen Arbeiterinnen beleckt und gefüttert wird. Diese Arbeiterinnen beschaffen außerdem Futter, bauen und verteidigen das Nest und versorgen die größeren Larven. Im Vordergrund sieht man eine Gruppe kleiner Arbeiterinnen, die mit ihrer Hauptaufgabe, der Versorgung der Eier und jungen Larven, beschäftigt sind. (Bild von Turid Forsyth.)

Der Transport anderer Ameisen ist eine häufig angewandte Methode, um Nestgenossinnen zu einer neuen Neststelle zu rekrutieren. Wenn die getragene Ameise mit der neuen Neststelle „zufrieden" ist, kehrt sie unter Umständen selbst zum alten Nest zurück und beginnt, Nestgenossinnen abzutransportieren. Hier sieht man Roßameisen (*Camponotus perthiana*) aus Australien.

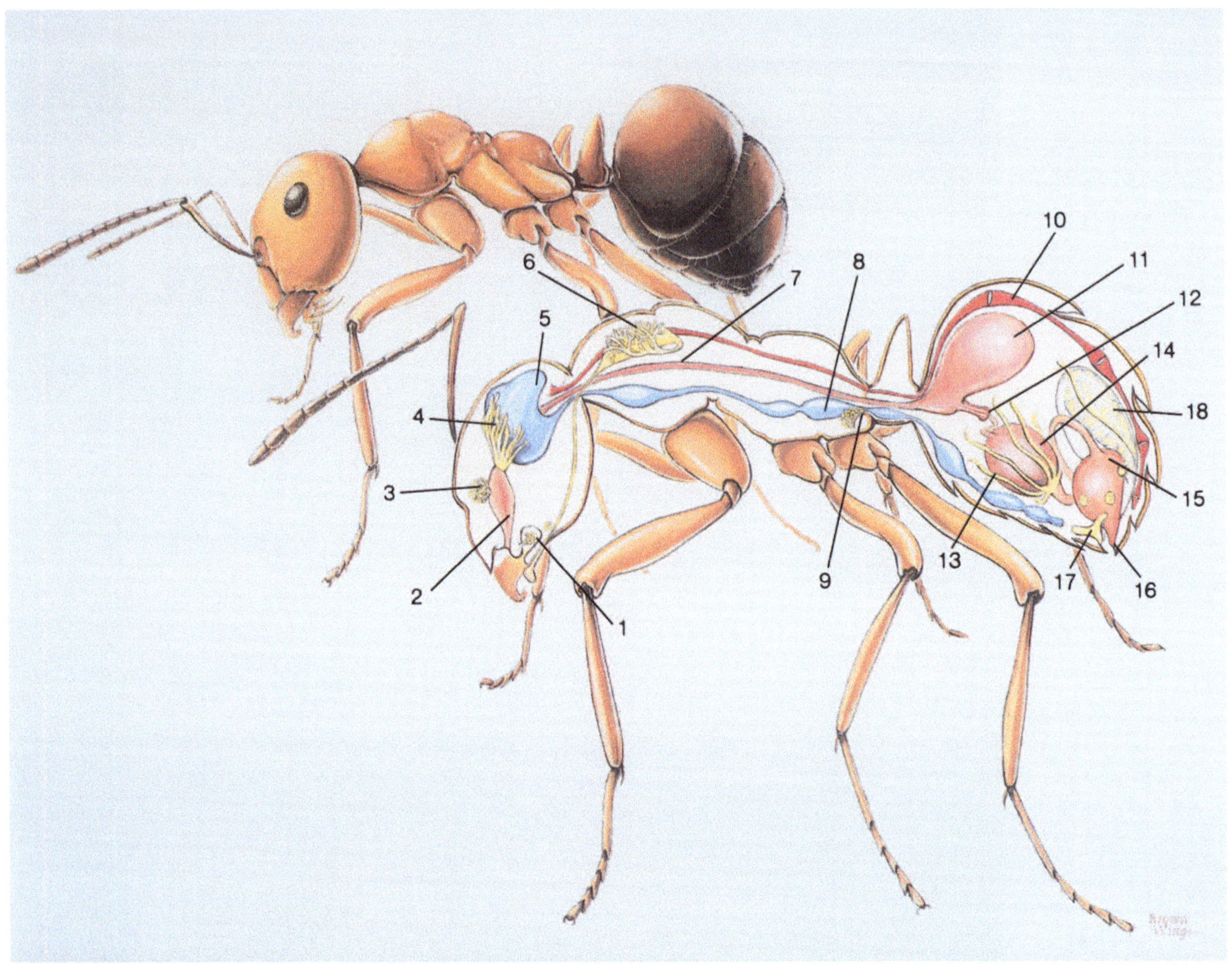

Ameisen sind vollgepackt mit Drüsenpaketen, in denen sie Abwehrsekrete und chemische Verständigungssignale produzieren. Ein solches Drüsensystem ist hier als Teil der inneren Anatomie einer *Formica*-Ameise dargestellt. Das Gehirn und das Nervensystem sind blau, der Verdauungstrakt rosa, das Herz in rot und die Drüsen und die damit verbundenen Strukturen gelb dargestellt: (1) Mandibulardrüse; (2) Schlund; (3) Propharyngealdrüse; (4) Postpharyngealdrüse; (5) Gehirn; (6) Labialdrüse; (7) Speiseröhre; (8) Nervensystem; (9) Metapleuraldrüse; (10) Herz; (11) Kropf; (12) Proventriculus; (13) Malpighische Gefäße; (14) Mitteldarm; (15) Enddarm; (16) After; (17) Dufoursche Drüse; (18) Giftdrüse mit Reservoir. (Bild von Katherine Brown-Wing.)

Gegenüberliegende Seite:
Ein Nest der Honigtopfameise *Myrmecocystus mimicus* aus dem Südwesten der Vereinigten Staaten. Die Honigtöpfe, die an der Decke des Nestes hängen, sind große Arbeiterinnen, deren Köpfe mit flüssigem Futter prall gefüllt sind. Wenn Futterknappheit herrscht, geben sie einen Teil dieser Flüssigkeit an ihre Nestgenossinnen ab; solch ein Futteraustausch findet gerade zwischen zwei Arbeiterinnen im Vordergrund ab. Die Königin ist hinter der Ansammlung von Puppenkokons und Larven zu erkennen. (Bild von John D. Dawson, mit freundlicher Genehmigung der National Geographic Society.)

Territoriale Turnierkämpfe von *Myrmecocystus mimicus*. Die Arbeiterinnen benachbarter Kolonien konfrontieren sich gegenseitig in rituellen Schaukämpfen, wobei sie mit hoch erhobenen Köpfen und Hinterleibern gestelzt umherschreiten. (Bild von John D. Dawson, mit freundlicher Genehmigung der National Geographic Society.)

Gegenüberliegende Seite:
Während der Schaukämpfe treffen die Arbeiterinnen gegnerischer Honigtopfameisenkolonien frontal aufeinander und versuchen sich gegenseitig seitlich abzudrängen (*oben*). Häufig bemühen sie sich, einen höheren Standpunkt einzunehmen (*unten*). Während solcher Auseinandersetzungen schätzen die Ameisen die Größe ihrer Gegner ab, die ausschlaggebend für den Ausgang dieser Turniere und gelegentlicher ernsthafter Kämpfe ist.

Territoriale Schauturniere
zwischen Honigtopfameisenkolo-
nien können sich gelegentlich zu
Überfällen entwickeln, in deren
Verlauf die stärkere Kolonie die
Königin der schwächeren Kolo-
nie tötet und ihre Brut *(oben)* und
Honigtöpfe raubt *(unten)*.

Manchmal werden siegreiche Honigtopfameisen selbst ihrer Beute beraubt – in diesem Fall eines Honigtopfes aus der besiegten Kolonie – durch Arbeiterinnen einer anderen Ameisenart, *Forelius pruinosus*. Obwohl die *Forelius* wesentlich kleiner als die Honigtopfameisen sind, gelingt es ihnen, ihre Opfer aufgrund ihrer großen Überzahl und durch den Einsatz hochwirsamer Giftsekrete zu überwältigen.

Forelius-Arbeiterinnen verspritzen Giftsekrete, um Honigtopfameisen in ihrem Nest festzuhalten. Das Sekret, das auf Ameisen wie eine chemische Keule wirkt, wird aus der Pygidialdrüse am Ende des Hinterleibes abgegeben.

In der Wüste Arizonas halten *Conomyrma bicolor*-Arbeiterinnen *Myrmecocystus mexicanus*-Arbeiterinnen von der Futtersuche ab, indem sie Steinchen in ihren Nesteingang werfen. (Zeichnung von Katherine Brown-Wing.)

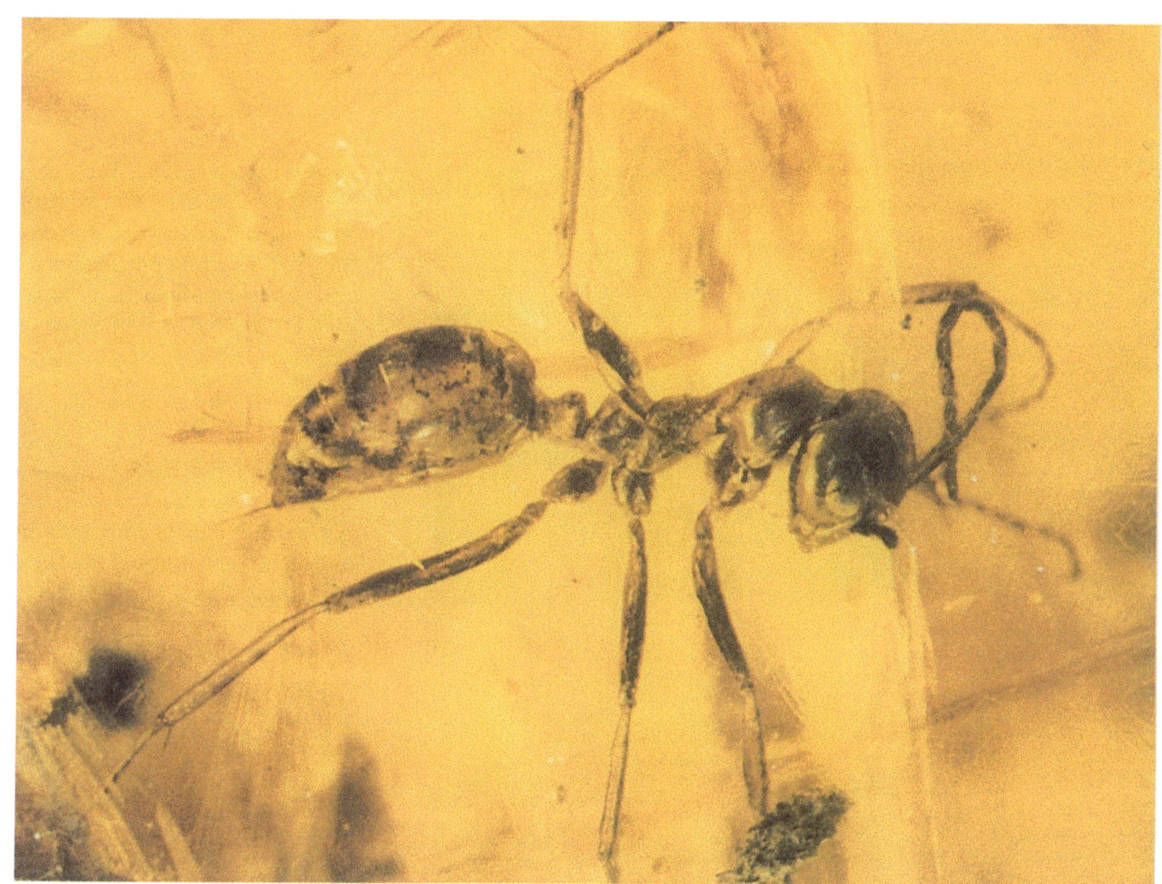

Eine Arbeiterin aus der Unterfamilie der Sphecomyrminae, der ältesten und ursprünglichsten Gruppe der Ameisen. Diese Arbeiterin ist das erste beschriebene Exemplar der Art *Sphecomyrma freyi* und wurde, wie die gesamte Unterfamilie der Sphecomyrminae, in von Sequoiabäumen stammendem Bernstein in New Jersey gefunden. Sie lebte zu Beginn der Oberen Kreidezeit und ist ungefähr 80 Millionen Jahre alt. (Aufnahme von Frank. M. Carpenter.)

Linke Seite:

Konkurrenz und Beuteraub. *Oben:* In der Wüste Arizonas entreißt eine Honigtopfameise (*Myrmecocystus mimicus,* blau gekennzeichnet) einer *Pogonomyrmex*-Arbeiterin eine Termite. Diese Arbeiterinnen lauern *Pogonomyrmex*-Arbeiterinnen oft in unmittelbarer Nähe ihres Nesteingangs auf. *Unten:* Wenn eine Honigtopfameise angegriffen wird, rennt sie schnell weg, dreht einen Kreis und nähert sich im Nu wieder dem Nesteingang.

Teil einer Kolonie der primitiven, australischen Ameise *Nothomyrmecia macrops.* Im Vordergrund sieht man die Königin. Außerdem erkennt man Arbeiterinnen, Larven, Puppenkokons und geflügelte Männchen. (Aufnahme von Robert W. Taylor, CSIRO, Canberra, Australien.)

Gegenüberliegende Seite:
Im oberen Bild trägt eine *Nothomyrmecia*-Arbeiterin eine erbeutete Wespe in das Nest. Diese Aufnahme wurde in der Nähe von Poochera im Süden Zentralaustraliens aufgenommen, wo die einzig bekannte Population dieser ursprünglichen Ameise vorkommt. Das untere Bild zeigt die Umgebung, in der *Nothomyrmecia* gefunden wurde.

Neben *Nothomyrmecia macrops* werden zwei weitere Ameisenarten als stammesgeschichtlich ursprünglich eingestuft: die Bulldoggenameise *Myrmecia pilosula* (*oben*) und *Amblyopone australis* (*unten*), beide aus Australien.

großer Honigtopfameisen, an der Hölldobler bereits territoriale Auseinandersetzungen zwischen Kolonien und die „Diplomatie" der Ameisen untersucht hatte. Jedes Jahr im Juli, wenn die ersten Sommerregen die harte, ausgetrocknete Erde aufgeweicht haben, kommt eine große Zahl junger Königinnen und Männchen aus dem Nest, um ihre Hochzeitsflüge durchzuführen. Nach der Begattung landen die Königinnen auf dem Boden, streifen ihre Flügel ab und graben Erdhöhlen, um dort ihre eigenen Kolonien zu gründen. Als Hölldobler eine große Anzahl dieser Gründungsnester aushob – was sich ganz leicht mit einer einfachen Gartenschaufel bewerkstelligen läßt –, stellte er fest, daß die meisten Nester von mehr als einer Königin bewohnt waren.

Zu dieser Zeit, in den späten 70er Jahren, wußte man bereits, daß sich bei vielen Ameisenarten mehrere Königinnen während der Koloniegründung zusammenschlossen. Insektenforscher haben dafür sogar einen Spezialausdruck geprägt: Pleometrosis. Aber es war auch bekannt, daß diese Allianzen kurzlebig sind. Sie führen nur selten zur Polygynie, d.h. einer ständigen oder zumindest lang anhaltenden Gemeinschaft von Königinnen in einer älteren Kolonie. Entweder bringen die Arbeiterinnen die überschüssigen Königinnen um, wie es bei den Feuerameisen der Fall ist, oder die Königinnen bekämpfen sich gegenseitig, wobei sie manchmal von aggressiven Arbeiterinnen unterstützt werden, die sich auf die Seite irgendeiner Königin stellen.

Evolutionär gesehen, scheint dieses Verhalten auf den ersten Blick nicht besonders sinnvoll zu sein. Warum sollte eine Königin kooperieren, wenn sie mit hoher Wahrscheinlichkeit dafür später umgebracht wird? Einer der Hauptvorteile, der durch weitere Untersuchungen in den 60er und 70er Jahren aufgedeckt wurde, besteht darin, daß mehrere Königinnen eine größere erste Arbeiterinnenbrut und zudem in kürzerer Zeit aufziehen als solitäre Königinnen. Somit haben Kolonien, die von mehreren Königinnen gegründet wurden, einen schnellen Start, zu einem Zeitpunkt, wo sie ihn am dringendsten brauchen. Dadurch können sie sich, sobald sie das mütterliche Nest verlassen, um auf Futtersuche zu gehen, in kürzerer Zeit gegen Feinde verteidigen und mit größerer Effektivität Territorien aufbauen. Dieser Vorteil überwiegt für eine kooperierende Königin offensichtlich das Risiko eines frühen Todes.

Walter Tschinkel, ein Forscher an der Staatsuniversität von Florida, stellte fest, daß bei Auseinandersetzungen zwischen Feuerameisenkolonien, die häufig und mit großer Heftigkeit stattfinden, die Größe der Kampftruppe entscheidend ist. Eine junge Kolonie, die nicht in der Lage ist, sich gegen ihre Nachbarn zu verteidigen, wird schnell ausgelöscht. Bartz und Hölldobler fanden in einer unabhängigen Untersuchung heraus, daß das gleiche Phänomen auch bei Honigtopfameisen auftritt. Wenn Arbeiterinnen das erste Mal aus dem Nest an die Oberfläche kommen, beginnen sie, sämtliche Gründungskolonien in ihrer Nachbarschaft anzugreifen, die sie finden können. Falls sie siegreich sind, bringen sie die Brut in ihre eigenen Nester. Somit hat die Kolonie, die bei der ersten Auseinandersetzung gewinnt, sofort eine größere Truppe und damit einen Vorteil über ihre verbleibenden Konkurrenten, die keinen erfolgreichen Überfall durchgeführt haben. Sieg reiht sich an Sieg, bis schließlich die gesamte Brut in der näheren Umgebung in einem einzigen Nest landet. Dabei verlassen Arbeiterinnen oft ihre eigenen Mütter zugunsten der siegreichen Eindringlinge, als ob sie nach dem Motto „besser rot als tot" handeln würden. In 23 solcher Auseinandersetzungen, die sich zwischen dicht beieinanderliegenden Laborkolonien abspielten, gewannen, wie Hölldobler und Bartz beobachteten, immer solche Kolonien, die von mehreren Königinnen gegründet worden waren. In 19 Fällen handelte es sich um die Kolonien mit der größten Anzahl von Königinnen aller benachbarter Kolonien.

Sobald eine Honigtopfameisenkolonie über eine ausreichende Anzahl von Arbeiterinnen verfügt, um sich vor ihren Nachbarn zu schützen, beginnt ein neuer Kampf, diesmal unter den Königinnen. In einer typischen Auseinandersetzung stellt sich eine Königin über bzw. manchmal auch auf ihre Rivalin, während ihr Kopf gleichzeitig nach unten gerichtet ist. Die Unterlegene kauert sich zusammen und hält still. Jede Königin, die gegenüber anderen immer wieder nachgibt, wird schließlich von den Arbeiterinnen aus dem Nest gejagt, auch wenn einige der Angreifer wahrscheinlich ihre eigenen Töchter sind.

Rangkämpfe um Fortpflanzungsrechte kommen auch zwischen Königinnen in älteren, ausgewachsenen Kolonien vor. Jürgen Heinze, ein Würzburger Mitarbeiter von Bert Hölldobler, entdeckte dieses Phänomen bei mehreren *Leptothorax*-Arten. Dominanzrituale zwischen den Königinnen führen zu der Errichtung einer funktionalen Monogynie, bei der sich nur die Königin fortpflanzt, die sich an der Spitze der sozialen Hierarchie befindet. Der brasilianische Insektenforscher Paulo Oliveira und seine Mitarbeiter stellten fest, daß diese Rituale bei der großen tropischen, in Mittel- und Südamerika lebenden Jagdameise *Odontomachus chelifer* besonders häufig vorkommen, bei der gewöhnlich mehrere eierlegende Königinnen nahe beieinanderleben. Wenn eine rangniedrige Königin von einer höherrangigen Königin herausgefordert wird, kauert sie sich zusammen, schließt ihre langen, kräftigen Kiefer und zieht ihre Antennen zurück, bis sie außer Reichweite sind. Sollte sie aber versuchen aufzustehen, wird sie von der dominanten Ameise am Kopf gepackt. Versucht sie gar freizukommen, wird sie von ihr hochgehoben. Daraufhin gibt sie völlig auf. Sie zieht ihre Beine in „Puppenhaltung" an ihren Körper, eine Haltung, in der sich Ameisen von einer Stelle zur anderen tragen lassen.

Die Königinnen einiger anderer Ameisenarten bedienen sich einer etwas subtileren Kontrollmethode. Sie fordern ihre Konkurrentinnen nicht zu Kämpfen heraus, sondern holen sich statt dessen deren Eier aus dem Bruthaufen und fressen sie auf. Diejenigen, die die meisten Eier ihrer Gegnerinnen zerstören und die geringste Anzahl eigener Eier verlieren, sind im Endeffekt, zumindest nach evolutionärem Maßstab, dominant: Ihre Töchter werden überproportional unter den Arbeiterinnen und Königinnen der nächsten Generation vertreten sein.

Die dominanten Königinnen anderer Ameisenarten handeln sogar noch raffinierter. Sie produzieren hemmende Pheromone, d.h. chemische Stoffe, die die Eiproduktion in den Eierstöcken unbegatteter Königinnen und der Arbeiterinnen unterdrücken. Wenn man die Königin der Weberameisen entfernt, beginnen einige der Arbeiterinnen, Eier zu legen. Wenn aber die Königin stirbt und ihr Körper im Nest bleibt, so daß auch nach ihrem Tod noch Pheromone abgegeben werden, bleiben die Arbeiterinnen unfruchtbar.

Je sorgfältiger Insektenforscher die feinen Details der Organisationsform einer Kolonie untersuchten, desto umfangreichere und komplexere Konflikte kamen zum Vorschein. Wenn man sich näher mit der Bezie-

Rangauseinandersetzung zwischen gemeinsam in einem Nest lebenden Königinnen der in den Tropen Südamerikas beheimateten Jagdameise *Odontomachus chelifer*. Im oberen Bild bedroht die dominante Königin mit gespreizten Kiefern ihre Schwester, die sich unterwürfig zusammenkauert. Im mittleren Bild eskaliert die Situation: Die höherrangige packt die rangniedrige Königin am Kopf und hebt sie hoch (unteres Bild). Die niederrangige Schwester signalisiert ihre Unterwürfigkeit, indem sie ihre Beine in Puppenhaltung an den Körper zieht. (Zeichnungen von Katherine Brown-Wing.)

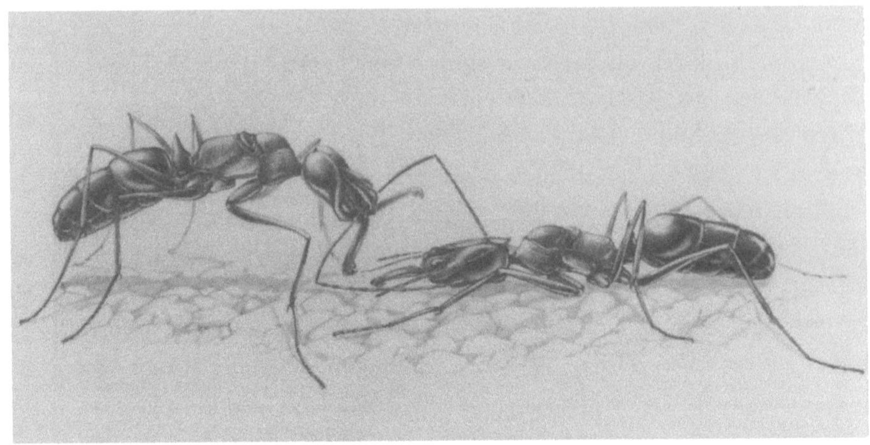

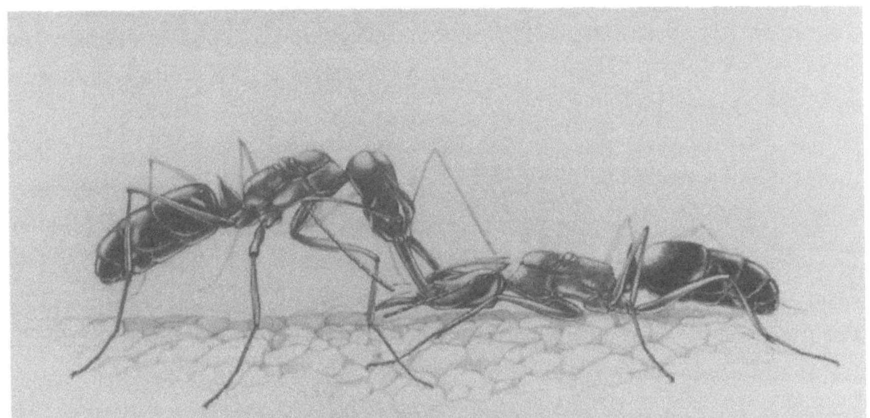

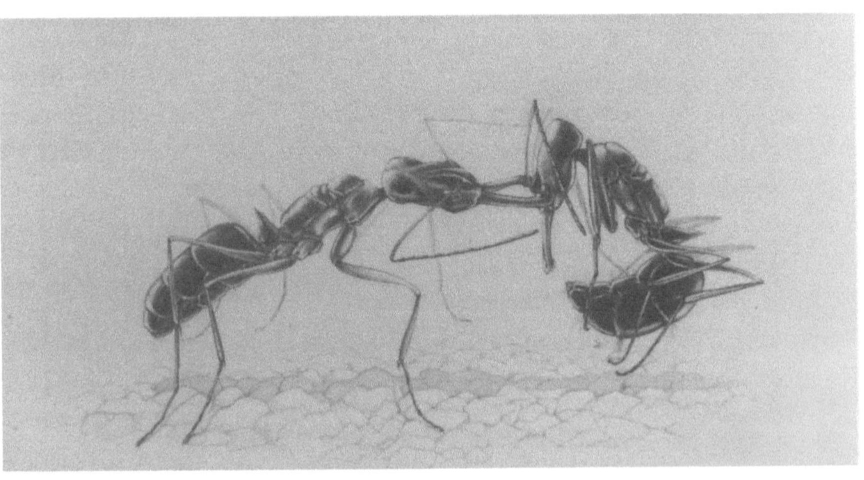

Konflikt- und Dominanzverhalten

hung zwischen bestimmten Individuen beschäftigt, dann ist es, als ob man in eine nach außen hin friedliche Stadt zieht und nach einer Weile feststellt, daß an diesem Ort Familienstreitigkeiten, Diebstahl, Straßenüberfälle und sogar Mord an der Tagesordnung sind. Rangordnungskämpfe kommen sogar zwischen Arbeiterinnen derselben Kolonie vor. Blaine Cole, ein amerikanischer Insektenforscher, konnte dieses Phänomen als erster eindeutig nachweisen, indem er Arbeiterinnen der in Florida beheimateten Art *Leptothorax allardycei* markierte, so daß man sie individuell verfolgen konnte. Wie er feststellte, erreichten Konflikte ihren Höhepunkt, nachdem die Königin entfernt wurde. Nach seinen Berechnungen verbrachten die am stärksten konkurrierenden Arbeiterinnen in diesen königinlosen Kolonien mehr Zeit damit, sich gegenseitig zu bedrohen und aufeinander einzudreschen, als die Brut zu versorgen. Die *Leptotho - rax*-Arbeiterinnen zeigen eine so starke Eigenständigkeit, daß die dominantesten unter ihnen selbst in Anwesenheit der Königin 20 Prozent der Eier legen. Solche Eier sind unbefruchtet und entwickeln sich daher zu Männchen, falls sie überhaupt überleben. Hochrangige Arbeiterinnen erhalten auch regelmäßig mehr Futter, und das ermöglicht ihnen, große, mit Eiern gefüllte Eierstöcke zu entwickeln.

Bei vielen Jagdameisen, die zur Unterfamilie der Ponerinen gehören, sind solche Auseinandersetzungen sehr stark ritualisiert. Die meisten von ihnen leben in entlegenen tropischen Gegenden und sind deshalb erst in letzter Zeit untersucht worden. Christian Peeters, der in Paris an Ameisen arbeitet, hat sich in seiner Forschung hauptsächlich auf ritualisierte Auseinandersetzungen und andere Verhaltensweisen konzentriert, die einen Einfluß auf die Fortpflanzung von Ponerinen haben. Zusammen mit seinem japanischen Kollegen Seigo Higashi fand er bei der Art *Diacamma australe* eines der überraschendsten Beispiele: Diese großen, schnellfüßigen Ameisen besitzen keine Königinnen. Alle Weibchen, die anatomisch gesehen Arbeiterinnen sind, schlüpfen aus ihren Kokons mit kleinen, knospenartigen, rudimentären Flügeln, die man Gemmae nennt. Die ranghöchste Arbeiterin, die die Eier legt, beißt die Gemmae ihrer Nestgenossinnen kurz nach deren Schlupf ab. Durch diese Verstümmelung wird die Entwicklung ihrer Eierstöcke unterdrückt, wodurch sie zeitlebens auf ihren Arbeiterinnenstatus festgelegt sind. Nur die ranghöchste Arbeiterin paart sich mit Männchen, und nur sie pflanzt sich fort. Wenn man ihre Gemmae jedoch operativ im Labor entfernt, verliert sie ihr dominantes Verhalten und verwandelt sich in eine funktionale Arbeiterin.

So merkwürdig das Rangordnungssystem der *Diacamma* auch erscheinen mag, es wird noch von einem anderen System übertroffen, das Christian Peeters und Bert Hölldobler vor kurzem bei der indischen ponerinen Ameise *Harpegnathos saltator* entdeckt haben. Bei dieser Art sind die Staaten großer Kolonien streng hierarchisch gegliedert und stehen durch interne Rangordnungskämpfe ständig unter sozialen Spannungen. Die Interaktionen zwischen den Koloniemitgliedern zeigen eine bemerkenswerte, wenn auch nur oberflächliche Ähnlichkeit mit einigen der Verhaltensweisen unserer Politiker.

Neue Kolonien der *Harpegnathos*-Ameisen werden offensichtlich auf herkömmliche Weise von begatteten Königinnen gegründet. Die Königin verschwindet jedoch, sobald die Größe der Kolonie zunimmt, und eine Gruppe begatteter, fortpflanzungsaktiver Arbeiterinnen, die man Gamergaten nennt, übernimmt die Herrschaft. Die Entwicklung einer Kolonie erfolgt demnach in drei Stufen: Kleine Kolonien, die sich in der Anfangsphase ihres Wachstums befinden, bestehen aus einer fortpflanzungsfähigen Königin und einigen sterilen Arbeiterinnen. Kolonien mittlerer Größe besitzen zwar immer noch eine Königin, aber zusätzlich begattete und unbegattete Arbeiterinnen. Große Kolonien schließlich, die aus 300 oder mehr erwachsenen Mitgliedern bestehen, haben keine Königin mehr, sondern setzen sich statt dessen nur noch aus begatteten und unbegatteten Arbeiterinnen zusammen.

Als Folge dieses Lebenszyklus gehören die Mitglieder einer großen *Harpegnathos*-Kolonie einer von drei sozialen Klassen an. Die dominanten Tiere, die vollentwickelte Eierstöcke besitzen und sämtliche Eier legen, stehen an der Spitze. Auf der untersten Stufe steht die Klasse der unbegatteten, rangniedrigen Tiere. Einige von ihnen rücken später in die oberste Klasse auf; während ihres Aufstiegs paaren sie sich mit Männchen und werden zu Geschlechtstieren. Andere jedoch bleiben in der untersten Klasse und verbringen ihr ganzes Leben damit, die Brut zu versorgen, das Nest zu reparieren und Futter zu sammeln. Die dritte

Klasse schließlich besteht aus begatteten subdominanten Tieren. Sie gehören wiederum zwei Kategorien an: Arbeiterinnen, die es trotz ihres niedrigen Status geschafft haben, sich zu paaren, und ehemals dominante Gamergaten, die durch konkurrenzstärkere Nestgenossinnen von ihrem hohen Rang verdrängt wurden. Das Schicksal der einzelnen Angehörigen dieser dritten Klasse hängt von dem weiteren Gesundheitszustand und Verhalten ihrer Konkurrentinnen ab.

Die Rangstellung in dieser vielschichtigen Klassengesellschaft wird in ritualisierten Duellen festgelegt, bei denen die Arbeiterinnen ihre Antennen wie Peitschen schwingen. Ein Schlagabtausch beginnt, wenn eine Ameise auf die andere einschlägt und dann mit ihrem Körper nach vorne stößt, so daß die Gegnerin zurückweichen muß. Nachdem das Paar ungefähr eine Körperlänge zurückgelegt hat, wobei die erste Ameise nach wie vor auf die andere einschlägt, wird der ganze Vorgang umgedreht. Die zweite Ameise zwingt nun die andere dazu zurückzuweichen. Während eine der Ameisen angreift, legt sie den ersten langen Abschnitt beider Antennen an ihrem Kopf an und streckt der Gegnerin statt dessen den beweglicheren äußeren Antennenabschnitt entgegen. Die Kraft, mit der jeder Schlag auf den Körper der Gegnerin niedergeht, ist so stark, daß die äußeren Antennenabschnitte beim Aufprall zurückgebogen werden.

Nachdem dieser eigenartige „pas de deux" bis zu 24mal wiederholt wurde, gehen die beiden Kontrahentinnen einfach auseinander. Es gibt keine klare Gewinnerin und die ganze Darbietung scheint nichts anderes als eine neue Bestätigung ihrer sozialen Gleichstellung gewesen zu sein. Die *Harpegnathos* bedienen sich jedoch manchmal einer weiteren Form der Auseinandersetzung, die viel entscheidender ist. Während sich eine Ameise einer anderen nähert, schlägt sie mit ihren Antennen hin und her. Mit diesem Verhalten versuchen vor allem niederrangige Arbeiterinnen ranghöhere Nestgenossinnen zu testen. Meistens ignoriert die herausgeforderte Arbeiterin diese Annäherung und macht einfach weiter, womit sie gerade beschäftigt ist. Sie kann aber auch den Anfang zu einem Schreit-Duell machen. Oder sie läßt den Schlagabtausch eskalieren, indem sie ihre Gegnerin rücksichtslos angreift, sie mit ihren langen Kiefern packt und gewaltsam zu Boden stößt.

Ritualisierter Zweikampf zwischen Nestgenossinnen der asiatischen Ameise *Harpegnathos saltator*. Ein typischer Schlagabtausch ist hier (von oben nach unten) dargestellt: Die sich vorwärts bewegende Arbeiterin schlägt mit ihren Antennen auf ihre zurückweichende Schwester ein. Nachdem das Paar auf diese Weise ungefähr eine Körperlänge zurückgelegt hat, wird der ganze Vorgang umgedreht, und die geschlagene Ameise schlägt nun ihrerseits ihre Schwester. (Zeichnungen von Malu Obermayer.)

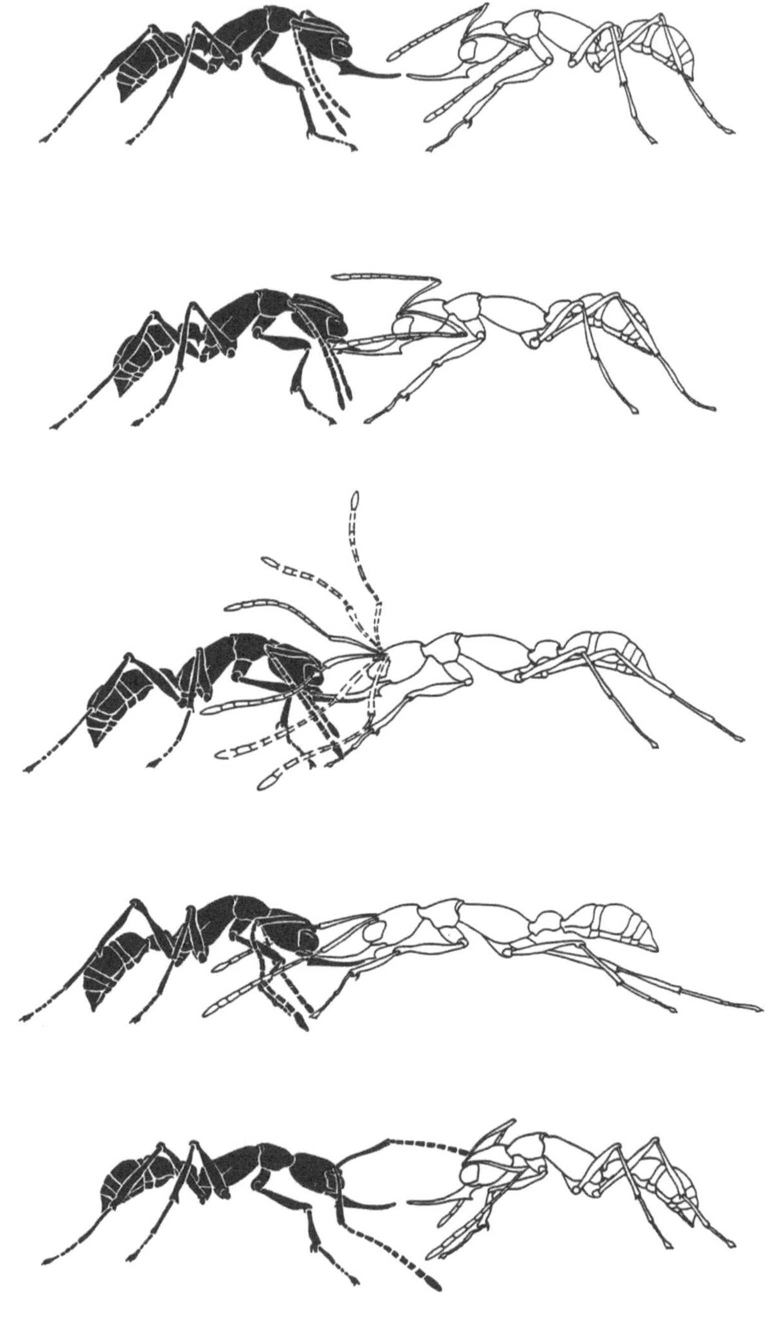

Die *Harpegnathos*-Nestgenossinnen sind jedoch meist viel maßvoller und zeigen Zurückhaltung und eine gewisse Zuvorkommenheit bei ihren Begegnungen. Wenn sich eine dominante Ameise nähert, duckt sich die rangniedrige Ameise einfach und legt ihre Antennen zurück. Die dominante Ameise steigt daraufhin auf den Kopf ihrer Nestgenossin und beknabbert dabei leicht ihren Körper. Danach trennen sich die beiden freundschaftlich.

Das Leben in einer *Harpegnathos*-Kolonie ist nicht immer konfliktgeladen. Es gibt offensichtlich Zeiten völliger Ausgeglichenheit, in denen man keinerlei Rangauseinandersetzungen beobachtet. Dieser Frieden wird jedoch spätestens dann gebrochen, wenn sich einige der Arbeiterinnen, die gerade in ihrem Rang aufsteigen, dazu entschließen, eine Angehörige der Spitzenklasse herauszufordern. Damit beginnt eine nicht enden wollende Flut ritualisierter Duelle zwischen den dominanten Arbeiterinnen, die ständig herumrennen, als ob sie damit ihren eigenen hohen Status unter ihresgleichen festigen wollten. Diese Arbeiterinnen greifen auch gleichzeitig jede Nestgenossin der unteren Ranggruppe an, die es wagt, sie herauszufordern. Dabei können sie sich aber nicht immer durchsetzen. Einige steigen zu der mittleren Ranggruppe begatteter Tiere ab, und ihre Plätze werden von ehemals subdominanten Tieren eingenommen. Und so entwickelt sich die Gesellschaft in heraklitischer Façon immer weiter, nach außen hin immer gleich, aber im Inneren in ständiger Veränderung begriffen.

Das meiste in der Biologie läßt sich auf zwei Fragen reduzieren: Wie funktioniert etwas und warum funktioniert es. Anders ausgedrückt: Wie verläuft ein Prozeß auf anatomischer und molekularer Ebene, und warum entwickelte er sich im Verlauf der Evolution in diese und nicht in eine andere Richtung? Biologen glauben, daß sie im Prinzip wissen, wie Ameisenstaaten funktionieren und wann sie ungefähr entstanden sind: nämlich vor 100 bis 120 Millionen Jahren. Jetzt ist es an der Zeit, sich zu fragen: *Warum* hat dieses wichtige Ereignis stattgefunden, und worin lag der Vorteil des sozialen Zusammenlebens, das die ursprünglichen Wespen eingeschlagen hatten, so daß sie sich zu Ameisen weiterentwickelt haben?

Das wichtigste Gut einer Ameisenkolonie ist der Besitz einer Arbeiterkaste, die aus lauter Weibchen besteht, die sich den Bedürfnissen ihrer Mutter unterordnen und bereitwillig ihre eigene Fortpflanzung aufgeben, um ihre Schwestern und Brüder großzuziehen. Ihr Instinkt führt bei ihnen nicht nur dazu, auf eigene Nachkommen zu verzichten, sondern auch ihr Leben für die Kolonie aufs Spiel zu setzen. Allein wenn sie die Sicherheit des Nestes verlassen, um auf Futtersuche zu gehen, setzen sie sich vielfältiger Gefahr aus. Forscher stellten z.B. fest, daß Ernteameisen der Art *Pogonomyrmex californicus*, die im Westen der Vereinigten Staaten vorkommt, während der Futtersuche 6 Prozent ihrer Futtersammlerinnen pro Stunde in Auseinandersetzungen mit benachbarten Kolonien verlieren. Andere Arbeiterinnen werden von Räubern gefressen oder verlaufen sich. Diese Verlustraten sind hoch, aber nicht einzigartig. Als regelrechten Selbstmord kann man das Schicksal von Arbeiterinnen der Art *Cataglyphis bicolor* bezeichnen, die tote Insekten und andere Gliedertiere in der nordafrikanischen Wüste sammeln. Die Schweizer Insektenforscher Paul Schmid-Hempel und Rüdiger Wehner fanden heraus, daß sich etwa 15 Prozent aller Arbeiterinnen ständig auf langen und gefährlichen Suchexpeditionen abseits des Nestes befinden und dabei viele von ihnen von Spinnen und Raubfliegen gefressen werden. Im Schnitt lebt keine der futtersuchenden Arbeiterinnen länger als eine Woche, aber in dieser kurzen Zeit gelingt es ihr, das 15- bis 20fache ihres eigenen Körpergewichtes an Futter zu sammeln.

Warum aber (um auf die zweite grundlegende Frage in der Biologie zurückzukommen) verhalten sich Ameisen so selbstlos? Zuerst muß man sich die übergeordnete Frage nach dem Ursprung *jeglichen* Sozialverhaltens stellen. Worin liegt der evolutionäre Vorteil, in einer Gruppe zu leben? Die richtige Antwort ist auch die naheliegendste. Wenn ein Tier in einer Gruppe grundsätzlich bessere Überlebenschancen hat und dort während seines Lebens mehr Nachkommen produziert, dann sollte es besser mit anderen kooperieren, als weiter alleine zu leben. Wie sich zeigt, ist das tatsächlich überall in der Natur der Fall. Beispielsweise haben Vögel, die in Schwärmen, oder Elefanten, die in Herden leben, eine höhere Lebenserwartung und mehr Nachkommen als einzeln lebende Vögel oder Elefanten. In der Gruppe finden sie schneller Futter und können sich mit einer größeren Erfolgschance gegen Feinde zur Wehr setzen.

Die Hypothese, daß die Gruppe durch ihre Größe Vorteile bringt, läßt sich am besten auf einfache Tiergesellschaften anwenden, deren Mitglieder zwar miteinander kooperieren, aber dennoch ihre eigenen Interessen verfolgen. Damit läßt sich jedoch die erstaunliche Opferbereitschaft von Ameisenarbeiterinnen nicht ausreichend erklären. Diese selbstlosen Weibchen sterben früh und hinterlassen selten Nachkommen.

In der Verhaltensforschung hat das Rätsel um die Selbstlosigkeit der Ameisen eine historische Rolle gespielt. Biologen haben über Generationen versucht, dieses Phänomen mit der Evolutionstheorie Darwins in Einklang zu bringen. Dabei greifen sie oft auf die kompliziertesten Erklärungen zurück. Die heute am stärksten favorisierte Theorie ist die der Verwandtenselektion, eine modifizierte Form der natürlichen Selektion, wie sie in ihren Grundzügen schon von Darwin erkannt wurde. Verwandtenselektion bedeutet, daß durch das Verhalten einzelner Tiere bestimmte Gene bei Verwandten begünstigt oder benachteiligt werden. Nehmen wir zum Beispiel einmal an, daß sich ein weibliches Familienmitglied dazu entschließt, unverheiratet zu bleiben und keine Kinder zu bekommen, sich aber um so mehr um das Wohlergehen seiner Schwestern kümmert. Wenn dieses Opfer dazu führt, daß die Schwestern mehr Nachkommen erzeugen und großziehen, als sie andernfalls in der Lage wären, dann werden solche Gene, die diese unverheiratete Frau und ihre

Schwestern gemeinsam haben, von der natürlichen Selektion begünstigt
und breiten sich rascher in der Population aus. Durch ihre gemeinsame
Abstammung haben Schwestern normalerweise im Tierreich (und auch
beim Menschen) durchschnittlich die Hälfte ihrer Gene gemeinsam.
Oder anders ausgedrückt: Dadurch, daß sie von denselben Eltern stammen, ist die Hälfte ihrer Gene identisch. Die Altruistin muß nur dafür
sorgen, daß sich die Anzahl der Kinder, die eine ihrer Schwestern
aufzieht, mehr als verdoppelt, um die Gene wettzumachen, die sie in
zukünftigen Generationen verliert, weil sie selbst keine Kinder hat. Das
ist im Prinzip die Verwandtenselektion. Wenn die Individuen außerdem
durch einige der Gene, die sich auf diese Weise ausbreiten, zu selbstlo-
sem Verhalten veranlaßt werden, kann diese Eigenschaft zu einem
allgemeinen Merkmal dieser Art werden.

Diese Hypothese wurde bereits von Charles Darwin in sehr allgemeiner Form in seinem Buch *Über die Entstehung der Arten* formuliert, ohne
daß er dabei Berechnungen über Genhäufigkeiten vornahm. Darwin
war sehr stark an Ameisen und anderen Insekten interessiert. Er beobachtete sie in der Umgebung seines Landhauses in Downs in der Nähe
von London und besuchte auch das Britische Museum für Naturgeschichte, um von dem Insektenforscher Frederick Smith mehr über sie
zu erfahren. Die Ameisen stellten für ihn eine besondere Hürde für seine
Selektionstheorie dar, die ihm anfangs unüberwindlich erschien. Wie
konnten sich, so fragte der große Naturforscher, die Arbeiterinnenkasten
der Insektengesellschaften in der Evolution entwickelt haben, obwohl
sie unfruchtbar sind und keine Nachkommen hinterlassen?

Um seine Theorie zu retten, entwickelte Darwin die Hypothese, daß
natürliche Selektion eher auf der Ebene der ganzen Familie als auf der
des einzelnen Organismus wirksam ist. Wenn einige Tiere der Familie
unfruchtbar sind, so überlegte er, aber dennoch eine wichtige Rolle für
das Wohlergehen der fruchtbaren Verwandten spielen, wie es bei Insektenkolonien der Fall ist, dann ist Selektion auf der Ebene der Familie
nicht nur möglich, sondern unvermeidlich. Wenn die ganze Familie als
Selektionseinheit dient, d.h. mit anderen Familien um das Überleben
und den Fortpflanzungserfolg konkurriert, wird die Fähigkeit, unfrucht-
bare, aber selbstlose Verwandte zu erzeugen, durch die Evolution gene-

tisch begünstigt. „Rindviehzüchter wünschen das Fleisch vom Fett gut durchwachsen", schrieb er, „ein durch solche Merkmale ausgezeichnetes Thier ist geschlachtet worden, aber der Züchter wendet sich voller Vertrauen wieder zur nämlichen Familie."* So könnten sterile Arbeiterinnenkasten von Kolonien produziert und geopfert werden, wie man einen Apfel von einem Baum erntet oder einen Stier aus einer Herde aussucht und schlachtet, und trotzdem würden ihre Gene in den überlebenden Verwandten weiterexistieren. Indem er sich auf Soldaten und kleinere Arbeiterinnen einer Ameisenkolonie bezog, schrieb Darwin weiter: „Mit diesen Thatsachen vor mir glaube ich, dass natürliche Zuchtwahl, auf die fruchtbaren Ameisen oder Eltern wirkend, eine Art zu bilden im Stande ist, welche regelmäßig auch ungeschlechtliche Tiere hervorbringen wird, die entweder alle eine ansehnliche Größe und gleichbeschaffene Kinnladen haben, oder welche alle klein und mit Kinnladen von sehr verschiedener Bildung versehen sind, oder welche endlich (und dies ist die Hauptschwierigkeit) gleichzeitig zwei Gruppen von verschiedener Beschaffenheit darstellen, wovon die eine von einer gewissen Größe und Structur und die andere in beiderlei Hinsicht verschieden ist."**

Darwin hatte das Prinzip der Verwandtenselektion in seinen Grundzügen definiert, um zu erklären, wie Selbstaufopferung durch natürliche Selektion entstehen kann. Er zeigte, was vielleicht noch wichtiger war, daß Ameisenarbeiterinnen kein Hindernis für seine Theorie darstellen. Er legte diesen Haupteinwand ad acta. Über hundert Jahre wähnten sich Insektenforscher sicher, daß sterile Kasten kein großes theoretisches Problem darstellen. Warum entstehen Insektengesellschaften? Ihrer Meinung nach lagen die Gründe in den Vorteilen, die ein soziales Leben mit sich brachte, und sterile Kasten schienen einfach die logische Konsequenz dieser Entwicklung zu sein. Es schien keinen Grund zu geben, sich weiter mit diesem Thema zu befassen.

* Charles Darwin: *Über die Entstehung von Arten durch natürliche Zuchtwahl oder die Erhaltung der begünstigten Rassen im Kampfe um's Dasein*, 9. Auflage, Wissenschaftliche Buchgesellschaft Darmstadt, 1992.
** ebd.

114*Vom Ursprung der Arbeitsteilung*

1963 aber gab der englische Insektenforscher und Genetiker William D. Hamilton der ganzen Sache eine überraschende Wendung, die das Thema auf aufsehenerregende Weise wiederaufleben ließ. Er sagte, kurz zusammengefaßt, daß die Hymenopteren, das ist die Ordnung der Insekten, zu der die Bienen, Wespen und Ameisen gehören, aufgrund der Art ihrer Geschlechtsbestimmung eine genetische Disposition besitzen, um eine soziale Lebensweise zu entwickeln. Verwandtenselektion ist, wie Darwin schon sagte, prinzipiell möglich, dank der eigenartigen Geschlechtsbestimmung aber wird sie bei den Hymenopteren zu einem wichtigen Selektionsfaktor. Um sich vorzustellen, wie das Ganze funktioniert, muß man zuerst das allgemeine mathematische Prinzip der Verwandtenselektion verstehen, das Hamilton erstellt hat. Er zeigte, daß sich nur dann ein altruistisches Merkmal entwickeln kann, wenn der Nutzen für die Verwandten größer als der Kehrwert des Verwandtschaftgrades zwischen dem Helfer und seinen Verwandten ist. Nehmen wir den Fall, wo der Helfer sein Leben verliert, oder zumindest ohne Nachkommen bleibt, um Verwandte zu unterstützen. Ein Individuum hat normalerweise die Hälfte seiner Gene mit seinem Bruder oder seiner Schwester gemeinsam; der Kehrwert von einhalb ist zwei; durch das Selbstopfer müssen sich demnach die Nachkommen des Bruders oder der Schwester mehr als verdoppeln, damit das Gen für Altruismus in der Population zunehmen kann. Der Altruist hat auch ein Viertel seiner Gene mit seinem Onkel gemeinsam; falls er sich für seinen Onkel opfert, muß sich dessen Fortpflanzungserfolg um mehr als das Vierfache erhöhen, damit sich das Gen ausbreiten kann. Der Altruist, um den Gedanken weiterzuverfolgen, hat ein Achtel seiner Gene mit einem Vetter ersten Grades gemeinsam; zur Verbreitung des Gens muß er den Fortpflanzungserfolg seines Vetters um mehr als das Achtfache steigern. Und so weiter. Die Vorteile können sich auf diese Weise auch auf mehrere Verwandte verteilen. Aber außerhalb des engsten Verwandtschaftskreises, der aus den direkten Nachkommen und Vettern und Basen ersten Grades besteht, fällt der Verwandtschaftsgrad so stark ab, daß man ihn kaum noch nachweisen kann. Echter Altruismus – instinktgeleitete Hilfs– und Opferbereitschaft, die keine persönliche Entschädigung erwartet – existiert wahrscheinlich nur unter engsten Familienmitgliedern. Erblicher Altruismus ist, kurz gesagt, ganz eng begrenzt.

Nun kommen wir zu der Besonderheit bei den Hymenopteren, auf die Hamilton aufmerksam gemacht hat. Mitglieder der Insektenordnung Hymenoptera, die die Ameisen, Bienen und Wespen umfassen, erben ihr Geschlecht über Haplodiploidie. Trotz der sehr technisch klingenden Bezeichnung handelt es sich um das einfachste Verfahren, das man kennt: Aus befruchteten Eiern, die diploid sind (d.h. einen doppelten Chromosomensatz besitzen), entwickeln sich Weibchen, aus unbefruchteten Eiern, die haploid sind (mit einem einfachen Chromosomensatz) werden Männchen. Weil Hymenopterenweibchen sowohl eine Mutter als auch einen Vater besitzen, von denen jeder die gleiche Anzahl von Genen beisteuert, haben Mütter, so stellte Hamilton fest, die Hälfte ihrer Gene mit ihren Töchtern gemeinsam. Das ist das Übliche im Tierreich. Aber Schwestern haben *drei Viertel* ihrer Gene gemeinsam. Diese außergewöhnlich nahe Verwandtschaftsbeziehung läßt sich auf die Tatsache zurückführen, daß sich ihr Vater aus einem unbefruchteten Ei entwickelt hat. Deshalb besitzt er nicht verschiedene Chromosome, wie es gewöhnlich der Fall ist, sondern trägt statt dessen nur einen einfachen Chromosomensatz, den er von seiner Mutter erhielt. Entsprechend ist das gesamte Sperma, das eine Wespe, Ameise oder eine andere männliche Hymenoptere an seine Töchter weitergibt, identisch. Schwestern sind demnach genetisch näher miteinander verwandt, als es sonst bei anderen Tierarten der Fall ist. Sie haben drei Viertel anstelle der sonst üblichen Hälfte ihrer Gene gemeinsam.

Um sich ein Bild von den Konsequenzen zu machen, muß man sich an die Stelle einer Wespe versetzen, die von Verwandten umgeben ist. Durch die Hälfte der Gene ist man mit seiner Mutter und im selben Maße auch mit seinen Töchtern verwandt. Der normale Grad an Fürsorge ist hier ausreichend. Aber mit seinen Schwestern hat man drei Viertel der Gene gemeinsam. Nun kommt ein anderer, äußerst merkwürdige Umstand zum Tragen: Um möglichst viele Gene, die mit den eigenen identisch sind, in die nächste Generation einzubringen, lohnt es sich eher, Schwestern statt Töchter aufzuziehen. Damit ist die Welt völlig auf den Kopf gestellt. Wie lassen sich denn jetzt die eigenen Gene am besten vervielfältigen? Die Antwort lautet: Werde Mitglied einer Kolonie. Hör auf, Töchter zu produzieren, und beschütze und füttere deine Mutter, damit sie möglichst viele Schwestern produzieren kann. Der beste, kurzgefaßte Ratschlag, der einer Wespe gegeben werden kann, ist: Werde eine Ameise.

Die Beziehung zu den eigenen Brüdern ist ebenfalls merkwürdig. Sie besitzen nicht den gleichen Vater; sie haben genaugenommen überhaupt keinen Vater. Entsprechend haben sie nur ein Viertel ihrer Gene mit einem selbst gemeinsam. Idealerweise sollten nicht mehr Brüder als nötig aufgezogen werden, und auch das nur zu Zeiten, in denen sie für die Begattung junger Königinnen gebraucht werden, um auf diese Weise einige der eigenen Gene zu verbreiten. Eine noch größere Gleichgültigkeit sollte man an den Tag legen, wenn man selbst ein Bruder ist. Man hat die Chance, Vater einer ganz neuen Kolonie zu werden. Es zahlt sich nicht aus, Zeit damit zu verbringen, Schwestern aufzuziehen, geschweige denn, sein Leben bei der Futtersuche aufs Spiel zu setzen. Man lebt besser auf Kosten der Kolonie und spezialisiert sich sowohl hinsichtlich seines Körperbaus als auch seines Verhaltens darauf, Weibchen zu begatten. Kurz, als Männchen in einer Hymenopterenkolonie sollte man eine Drohne sein.

Hamiltons Hypothese schien eine Reihe von Tatsachen zu erklären, die für Ameisen-, Bienen- und Wespengesellschaften charakteristisch und eigentlich völlig offensichtlich waren, aber von uns größtenteils übersehen worden waren. Ein Punkt betraf die phylogenetische Verteilung kolonialer Lebensformen. Höherentwickelte Sozialformen haben sich ein Dutzendmal unabhängig voneinander in der Ordnung der Hymenopteren entwickelt, obwohl die solitär- und kolonielebenden Formen dieser Ordnung nur 13 Prozent aller bekannten Insektenarten ausmachen. Die einzige andere Entwicklung sozialen Zusammenlebens hat unter den Insekten bei den Termiten stattgefunden, die sich früh im Mesozoikum aus schabenähnlichen Vorfahren entwickelt haben. Ein anderes Rätsel, das auf Aufklärung wartete, betraf die Rolle der Geschlechter in Insektenstaaten. Bei den Hymenopteren sind die Männchen immer Drohnen und die Arbeiterinnen immer Weibchen – im Gegensatz zu den Termiten, die die übliche Form der Geschlechtsbestimmung besitzen und, wie erwartet, sowohl männliche als auch weibliche Arbeiter produzieren. Hamilton schien mit seiner ursprünglichen Hypothese den Schlüssel zu vielen Besonderheiten der Ameisen und anderen Hymenopterengesellschaften gefunden zu haben.

Hier hört die Geschichte jedoch noch nicht auf, sie ist noch verwikkelter. Dem amerikanischen Soziobiologen Robert L. Trivers fiel auf, daß Hamiltons Schlußfolgerung nur dann stimmt, wenn Ameisenarbeiterinnen ihre Investitionen, die sie für die Kolonie aufwenden, so manipulieren, daß sie dreimal soviel Energie für die Produktion neuer Königinnen aufwenden, die dazu bestimmt sind, neue Kolonien zu gründen, als für die Produktion von Männchen. Der Grund liegt in der folgenden einfachen arithmetischen Beziehung (all diese wichtigen Ideen ließen sich in wenigen Minuten auf der Rückseite eines Briefumschlags niederschreiben): Wenn dieselbe Anzahl neuer Königinnen und Männchen produziert wird, ergibt sich ein allgemeiner genetischer Verwandtschaftsgrad zwischen den Arbeiterinnen und diesen fortpflanzungsfähigen Geschwistern von $\frac{1}{2}$, ganz als ob die Geschlechtsbestimmung auf normale Weise und nicht durch Haplodiploidie erfolgen würde. Die Rechnung lautet folgendermaßen: $\frac{3}{4}$ (Verwandtschaftsgrad zwischen den Schwestern) $\times$ $\frac{1}{2}$ (Anteil der jungen Königinnen, die Schwestern sind) $+$ $\frac{1}{4}$ (Verwandtschaftsgrad zu den Brüdern) $\times$ (Anteil der Männchen, die Brüder sind) $= (\frac{3}{4} \times \frac{1}{2}) + (\frac{1}{4} \times \frac{1}{2}) = \frac{1}{2}$. Die einzige Möglichkeit für die Arbeiterinnen, die Vermehrung ihrer eigenen Gene voranzutreiben, besteht darin, den Anteil der Schwestern zu erhöhen, und das beste Ergebnis ergibt sich, wenn der Anteil $\frac{3}{4}$ beträgt: $(\frac{3}{4} \times \frac{3}{4}) + (\frac{1}{4} \times \frac{1}{4}) = \frac{5}{8}$. Das 3:1-Verhältnis sollte ein evolutionäres Gleichgewicht darstellen, weil der erwartete Fortpflanzungserfolg der Männchen dann, auf das Gewicht bezogen, dreimal so groß wie der der Königinnen wäre.

Aber – können Arbeiterinnen tatsächlich „wissen", daß ihren Interessen am besten gedient ist, wenn sie dreimal soviel in neue Königinnen als in neue Männchen investieren? Die bisher gesammelten Daten deuten darauf hin, daß es den Arbeiterinnen tatsächlich irgendwie gelingt, diese Kontrolle auszuüben. Damit durchkreuzen sie aber die Interessen ihrer Mutter, die die Weitergabe ihrer eigenen Gene maximieren würde, wenn das Geschlechtsverhältnis 1:1 statt 3:1 wäre. Der

Grund, warum sie ein Verhältnis von 1:1 bevorzugen sollte, liegt darin, daß sie mit ihren Söhnen und Töchtern gleichermaßen verwandt ist; daher würde eine Veränderung des Geschlechtsverhältnisses einen Verlust für ihre Investitionen bedeuten. Demnach sind es die Arbeiterinnen, die das Sagen in einer Ameisenkolonie haben. Auch wenn sie bereit sind, sich selbst zu opfern, handeln sie dennoch egoistisch im Interesse ihrer Gene. Darwin hatte mit seiner Grundhypothese recht, aber welch gedankliche Umwege, voll neuer Überraschungen, zur Bestätigung seiner frühen Idee der Verwandtenselektion führen würden, konnte er nicht ahnen.

Die Hypothese hat auch ihre Schwachpunkte, wie sich bei ihrer praktischen Anwendung zeigt. Sie funktioniert z.B. am besten, wenn alle Koloniemitglieder vom gleichen Vater abstammen. Wir wissen aber mittlerweile, daß sich die Königin einer beachtlichen Minderheit von Ameisenarten mit zwei oder mehr Männchen paart, was dazu führt, daß die Arbeiterinnen nicht so eng miteinander verwandt sind. Trotzdem wäre es durchaus möglich, daß sich die für die Brut zuständigen Arbeiterinnen bevorzugt der Aufzucht solcher Königinnen und Männchen widmen, mit denen sie am nächsten verwandt sind. Das ist allerdings bisher noch nicht experimentell überprüft worden.

Weitere Konsequenzen ergeben sich, wenn man davon ausgeht, daß sich Insektengesellschaften im Laufe der Evolution durch natürliche Selektion entwickelt haben. Die Theorie des egoistischen Gens, die wichtig für das Verständnis der Evolution von Ameisenkolonien und anderen sozialen Tiergesellschaften ist, setzt voraus, daß sich Verwandte gegenseitig erkennen können und Fremde ausschließen. Tatsächlich stellt sich heraus, daß Ameisen diese Fähigkeit in einem besonders hohen Maße besitzen: Sie riechen den Unterschied. Um sich zu veranschaulichen, wie sie den Koloniegeruch überprüfen, muß man nur Arbeiterinnen beobachten, die zwischen dem Nest und einer Futterquelle hin- und herlaufen. Die Ameisen kommen aufeinander zu und untersuchen sich gegenseitig, meist ohne auch nur stehenzubleiben; dies alles geschieht im Bruchteil einer Sekunde. Wenn man sich das Ganze in Zeitlupe ansieht, erkennt man, daß beide Arbeiterinnen mit ihren Antennen bestimmte Körperteile der anderen Ameise betrillern. Damit erfährt sie sofort über das Geruchsorgan auf ihrer Antenne, ob es sich bei der anderen Ameise um einen Freund oder Feind handelt. Falls es ein Freund ist, rennt sie ohne anzuhalten weiter. Handelt es sich jedoch um einen Feind – d.h. um eine Ameise aus einer fremden Kolonie –, ergreift sie entweder die Flucht oder bleibt stehen, um den Fremden näher zu untersuchen. Dann greift sie möglicherweise an.

Wenn eine Arbeiterin einer Kolonie aus Versehen in das Nest einer anderen Kolonie gerät, wird sie von den dort lebenden Ameisen sofort als Fremde erkannt. Die Bewohner zeigen ein breites Spektrum verschiedener Reaktionsmöglichkeiten: Im günstigsten Fall wird der Eindringling aufgenommen, aber der fremden Ameise wird so lange weniger Futter angeboten, bis sie den Koloniegeruch angenommen hat. Im anderen Extremfall wird sie heftig angegriffen: Mit ihren Kiefern packen die Arbeiterinnen die Beine, Antennen oder andere Körperteile des Eindringlings und stechen oder bespritzen ihn mit giftigen Sekreten.

Der Koloniegeruch scheint sich bei den Ameisen über die ganze Körperoberfläche auszubreiten. Es gibt einige Hinweise, daß es sich dabei um eine ganz bestimmte Mischung von Kohlenwasserstoffen handelt. Diese Stoffe stellen die am einfachsten aufgebauten organischen Verbindungen dar: Sie bestehen ausschließlich aus Kohlenstoff- und Wasserstoffmolekülen, die kettenförmig miteinander verknüpft sind. Zu den einfachsten und bekanntesten Beispielen gehören Methan und Oktan. Aber Kohlenwasserstoffverbindungen lassen sich nahezu endlos variieren, indem man die Kohlenstoffkette verlängert, eine Seitenkette hinzufügt oder die üblichen Einfachbindungen zwischen den Kohlenstoffatomen durch Doppel- oder Dreifachbindungen ersetzt. Die Vielfalt der Verbindungen läßt sich noch steigern, indem man verschiedene Kohlenwasserstoffverbindungen mischt und ihr Verhältnis verändert – wodurch ein Bukett verschiedener Gerüche entsteht. Diese Mischung erinnert uns vielleicht entfernt an die Gerüche einer Tankstelle, aber für eine Ameise vermittelt sie eine angenehm-freundschaftliche Atmosphäre voller Sicherheit. Kohlenwasserstoffverbindungen haben noch einen weiteren, rein physikalischen Vorteil: Sie sind in der Epikutikula, der äußeren wachsähnlichen Schicht, die den Körper der Ameisen und anderer Insekten umgibt, gut löslich. Bis heute ist die Kohlenwasserstoffhypothese noch nicht eindeutig bewiesen, aber es gibt Hinweise, daß diese Stoffe zumindest eine unterstützende Rolle spielen.

Abgesehen von seiner genauen chemischen Zusammensetzung stellt sich die Frage, wo der Koloniegeruch überhaupt entsteht. Wenn jede Arbeiterin ihren eigenen Geruch produzieren würde, gäbe es im Nest ein solches Durcheinander von Gerüchen, daß es schwierig, wenn nicht sogar unmöglich wäre, eine enge soziale Organisation aufzubauen. Aber Kolonien funktionieren so gut, daß sie wohl doch eine allen gemeinsame, ganz bestimmte Mischung chemischer Komponenten aufbauen. Insektenforscher haben mehrere Möglichkeiten vorgeschlagen, wie die Ameisen ihren Nestgeruch erzeugen könnten. Der erste und naheliegendste Weg wäre, Gerüche über die Umwelt aufzunehmen, so wie sich der Geruch eines verrauchten Restaurants im Stoff eines Jacketts festsetzt. Angehörige derselben Ameisenkolonie reiben sich regelmäßig an ihren Nestgenossinnen und belecken ihre Körperoberfläche. Bei den meisten Arten würgen sie auch flüssiges Futter aus ihrem chitinisierten Kropf hervor, der als Speicher dient. Dadurch ließen sich nicht nur bestimmte Stoffgemische erzeugen, sondern sie könnten auch in einem solchen Umfang unter der gesamten Nestpopulation ausgetauscht werden, daß ein einziger koloniespezifischer Geruch entstehen könnte. Laut Theorie zumindest.

Eine andere mögliche Quelle eines Gemeinschaftsgeruches könnten vererbbare Stoffverbindungen sein, die von speziellen Körperdrüsen abgegeben werden. Diese Stoffe (falls es sie gibt) könnten wie Futtergerüche und andere Düfte über gegenseitige Körperpflege und Futteraustausch von einer Ameise zur anderen weitergegeben werden.

Unabhängig davon, ob der Geruch über die Umwelt aufgenommen oder erblich bedingt vom Körper produziert wird, stellt die ständig neue Herstellung dieses Stoffgemisches sicher, daß die Kolonie eine „Geruchsgestalt" besitzt, d.h. einen einzigartigen, allen gemeinsamen Geruch, der nur von dieser Kolonie ausgeht. Dieses Bukett kann sich mit den Umweltbedingungen oder der genetischen Zusammensetzung der Kolonie verändern. Kommt es mit der Zeit zu solchen Ungleichmäßigkeiten, führt das zu keinen ernsthaften Problemen. Experimente haben gezeigt, daß ausgewachsene Ameisen in der Lage sind, neue Koloniegerüche zu lernen, besonders, wenn sie noch relativ jung sind.

Bei Auseinandersetzungen
zwischen *Camponotus floridanus*-
Arbeiterinnen stellten Norman
Carlin und Bert Hölldobler drei
Aggressionsstufen fest (von oben
nach unten): Einfache Drohgebär-
den, Packen und Ziehen an den
Beinen und Antennen (hier den
Antennen) der Kontrahentin und
ernsthafte Angriffe, die meist mit
dem Tod einer oder beider Gegnerinnen enden.

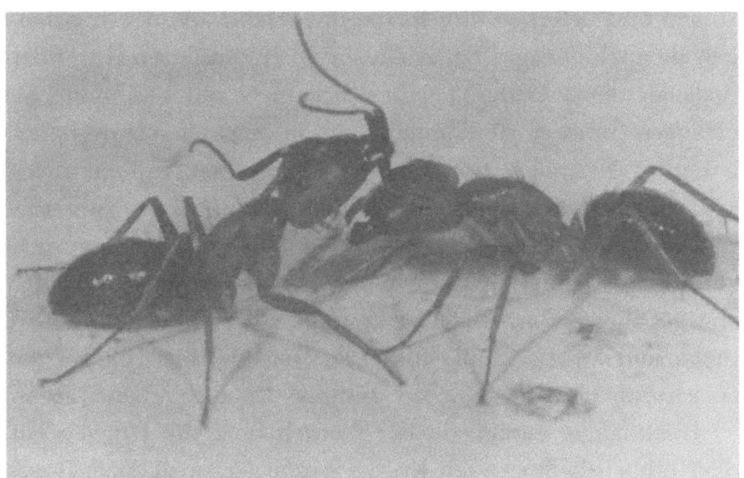

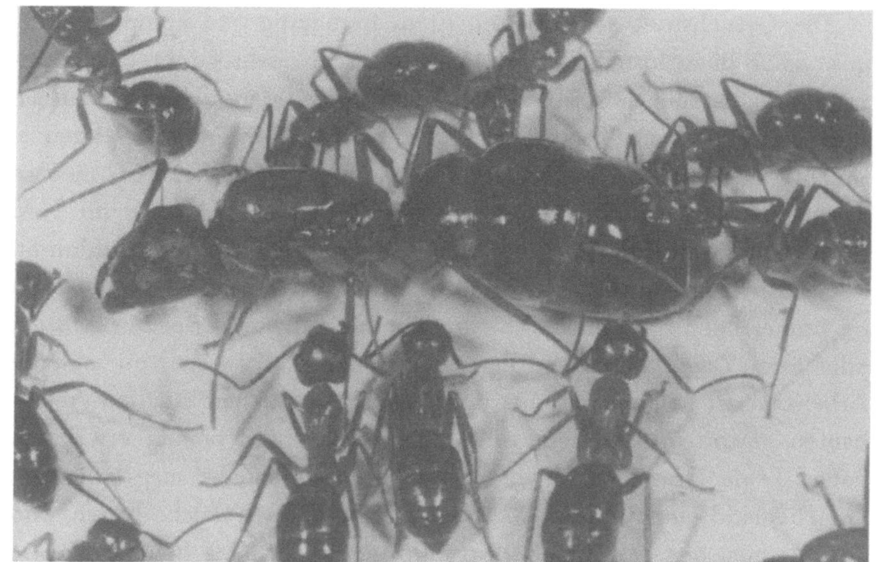

Camponotus floridanus-Arbeiterinnen umringen ihre Königin und belecken dabei fast ununterbrochen ihren Körper. Dadurch nehmen sie offensichtlich chemische Substanzen, die wichtige Komponenten des Koloniegeruchs darstellen, von der Königin auf.

Es gibt aber noch einen Weg, einen Koloniegeruch zu erzeugen, und dies ist sowohl der einfachste als auch der sicherste von allen: Man läßt die Königin die für die Erkennung wichtigen Geruchsstoffe produzieren und verläßt sich dann auf die Arbeiterinnen, die sie bei der gegenseitigen Körperpflege und beim Füttern weitergeben. Dieses System gibt es wirklich. Es wurde von Bert Hölldobler und seinem jungen Mitarbeiter, Norman Carlin, bei einer Roßameisenart aus der Gattung *Camponotus* entdeckt. Durch eine Serie komplizierter Experimente, in denen sie Königinnen und Arbeiterinnen verschiedener Laborkolonien immer wieder umsetzten, fanden sie heraus, daß die Roßameisen nicht nur den Geruch der Königin, sondern auch die anderen beiden möglichen Geruchsquellen benutzen, und zwar in hierarchischer Reihenfolge. Für die Arbeiterinnen spielen die Signalstoffe, die von der Königin ausgehen, mit Abstand die größte Rolle bei der Erkennung ihrer Nestgenossinnen, gefolgt von Geruchsstoffen, die von Arbeiterinnen stammen; erst dann kommen aus der Umwelt stammende Gerüche zum Tragen.

Die Geruchswelt der Ameisen ist so fremdartig und kompliziert für uns, als ob diese Insekten vom Mars kämen. Wie sehr sie ihrer Geruchswelt verhaftet sind, läßt sich vielleicht am besten daran ablesen, daß sie sogar mit Hilfe weniger chemischer Verbindungen ihre toten Nestgenossinnen erkennen und entfernen, während sie andere Zeichen, die auf deren Tod hindeuten, völlig übersehen. Wenn eine Ameise im Nest stirbt, fällt sie einfach um, ihre Beine unter ihrem Körper verkrümmt. Zuerst wird sie von ihren Nestgenossinnen überhaupt nicht beachtet, da sie immer noch so ähnlich wie eine lebende Arbeiterin riecht. Nach ein oder zwei Tagen, wenn die Zersetzung beginnt, wird sie von anderen Arbeiterinnen aufgehoben, aus dem Nest getragen und auf den Abfallhaufen geworfen. Ameisen, sollte man vielleicht nebenbei erwähnen, haben keine Friedhöfe, obwohl einige der Schriftsteller aus dem alten Griechenland und Rom der Meinung waren, daß sie welche hätten, und der Mythos, den sie damals begründeten, hat sich bis heute gehalten. Leichen werden einfach auf den Abfallhaufen der Kolonie geworfen oder ansonsten auf barer Erde irgendwo außerhalb des Nests fallen gelassen. Manchmal entreißen Raubameisen einer anderen Art den Arbeiterinnen die toten Tiere und tragen sie als Futter in ihr Nest.

Wilson machte sich 1958 mit zwei Kollegen daran herauszufinden, welche chemischen Verbindungen von den Ameisen benutzt werden, um ihre Toten zu identifizieren. Diese Zusammenarbeit stellte eine der ersten Anstrengungen dar, Geruchscodes dieser Insekten zu knacken; dabei benutzten sie eine äußerst einfache Methode. Als erstes kauften sie eine Auswahl chemischer Komponenten in rein synthetischer Form, von denen bekannt war, daß sie sich in toten Insekten ansammeln; zum Glück war dieser wenig bekannte Zweig der Chemie schon von anderen Wissenschaftlern gut untersucht worden. Wilson und seine Mitarbeiter bestrichen quadratische Papierblätter mit winzigen Mengen dieser Substanzen und legten sie in die Labornester von Ernte- und Feuerameisen. Dann beobachteten sie, welche Blätter draußen zum Abfallhaufen getragen wurden. Wochenlang stank das Labor nach fauligen Gerüchen, wie sie tote Tiere verbreiten, unter anderem nach unangenehm riechenden Fettsäuren, Aminen, Indolen und Schwefelmerkaptanen. Überraschenderweise reagierten die Ameisen nur auf eine kleine Gruppe dieser chemischen Verbindungen, während die Forscher den unangenehmen Geruch aller Substanzen wahrnahmen. Langkettige Fettsäuren, besonders die Ölsäure, ihre Ester bzw. beide zusammen, lösten eine vollständige Verhaltensreaktion aus, nämlich das „tote Tier" zu entfernen. Wenn man dagegen echte tote Tiere gründlich auslaugte und die Ölsäure mit Lösungsmitteln abwusch, wurden sie nicht mehr aus dem Nest getragen. Das beweist, daß sich ein totes Tier nicht allein durch seine Unbeweglichkeit auszeichnet, zumindest nicht in der Wahrnehmung der Ameisen.

Ein Tier wird demnach von Arbeiterinnen als tot eingestuft, wenn es Ölsäure oder eine sehr ähnliche chemische Verbindung auf seinem Körper trägt. Ihre Zuordnung zu toten Tieren betrifft sogar lebende Nestgenossinnen, wenn sie diesen Geruch tragen: Sobald man eine kleine Menge Ölsäure auf lebende Arbeiterinnen auftrug, wurden sie aufgehoben und, ohne Gegenwehr, zum Abfallhaufen getragen. Nachdem sie fallengelassen worden waren, säuberten sie sich und kehrten zum Nest zurück. Hatten sie sich aber nicht gründlich genug geputzt, wurden sie hinausgetragen und wieder „weggeworfen".

Folgende Lektionen haben die Insektenforscher aus diesen und verschiedenen anderen Freiland- und Laborversuchen an Ameisen gelernt: Erstens, die Fähigkeit der Ameisen, andere Individuen schnell und präzise einzuordnen, spielt eine entscheidende Rolle für ihr soziales Zusammenleben; und zweitens, das Verhalten der Ameisen beruht auf einigen wenigen einfachen Regeln, denn die Weiterverarbeitung einer riesigen Informationsmenge wahrgenommener Gerüche und Geschmäcker erfolgt in einem Gehirn, das nicht größer als ein Salzkorn – oder sogar noch kleiner – ist. Deshalb zeigen Ameisen eine fast automatische Verhaltensreaktion auf eine festgelegte Auswahl chemischer Verbindungen und scheinen die meisten der zahlreichen anderen Gerüche, die der Mensch wahrnimmt, völlig zu ignorieren. Dies mag vielleicht ein unerwartetes Ergebnis der Evolution sein, aber es hat vorzüglich funktioniert.

Mit bloßem Auge sehen alle Ameisen gleich aus, wie sich auch Vögel aus einem Kilometer Entfernung nur schwer voneinander unterscheiden lassen. Betrachtet man sie aber mit einer Lupe aus der Nähe, sagen wir aus 5 cm Entfernung, dann unterscheiden sich die in etwa 9 500 bekannten Ameisenarten so stark voneinander wie Elefanten, Tiger und Mäuse. Schon allein die Größenunterschiede sind sagenhaft. Eine gesamte Kolonie der kleinsten Ameisen, z.B. eine *Brachymyrmex*-Kolonie aus Südamerika oder eine *Oligomyrmex*-Kolonie aus Asien, könnte bequem in der Kopfkapsel eines Soldaten der größten Ameisenart, der Riesenameise Borneos *Camponotus gigas*, leben.

Entsprechend variiert die Größe des Gehirns der Ameisen bis um das Hundertfache von Art zu Art, wenn man alle bekannten Ameisenarten berücksichtigt. Bedeutet das jedoch auch, daß die größten Ameisen intelligenter sind oder zumindest von komplizierteren instinktiven Verhaltensmustern geleitet werden? Die Antwort auf die Frage nach den Verhaltensmustern lautet „ja", aber die Unterschiede sind gering (für Intelligenz gibt es keine präzisen Maßstäbe). Die Anzahl verschiedener Verhaltensweisen, wie Körperpflege, Versorgung der Eier, das Legen von Duftspuren usw., liegt bei all den Arten, die darauf untersucht wurden, zwischen 20 und 42. Die größten Ameisen zeigen nur ungefähr 50 Prozent mehr solcher Verhaltensweisen als die kleinsten Ameisen. Dieser Variabilitätsgrad läßt sich nur durch stundenlange, detaillierte Beobachtungen bestimmen.

Im Verlauf der Evolution hat die Leistungsfähigkeit des Gehirns einer einzelnen Ameise wahrscheinlich seine Grenzen erreicht. Die erstaunlichen Leistungen der Weberameisen und anderer hochentwickelter Arten werden nicht durch die komplexen Handlungen einzelner Koloniemitglieder vollbracht, sondern durch Gemeinschaftsaktionen, an denen viele Nestgenossinnen beteiligt sind. Wenn man eine einzelne Ameise getrennt vom Rest der Kolonie beobachtet, so sieht man höchstens eine Beutejägerin auf der Pirsch oder eine kleine, unauffällige Kreatur, die ein Loch in den Boden gräbt. Eine Ameise allein ist eine Enttäuschung; eigentlich ist sie gar keine richtige Ameise.

Die Kolonie ist der eigentliche Organismus, d.h. die Einheit, die man untersuchen muß, wenn man die Biologie kolonielebender Arten

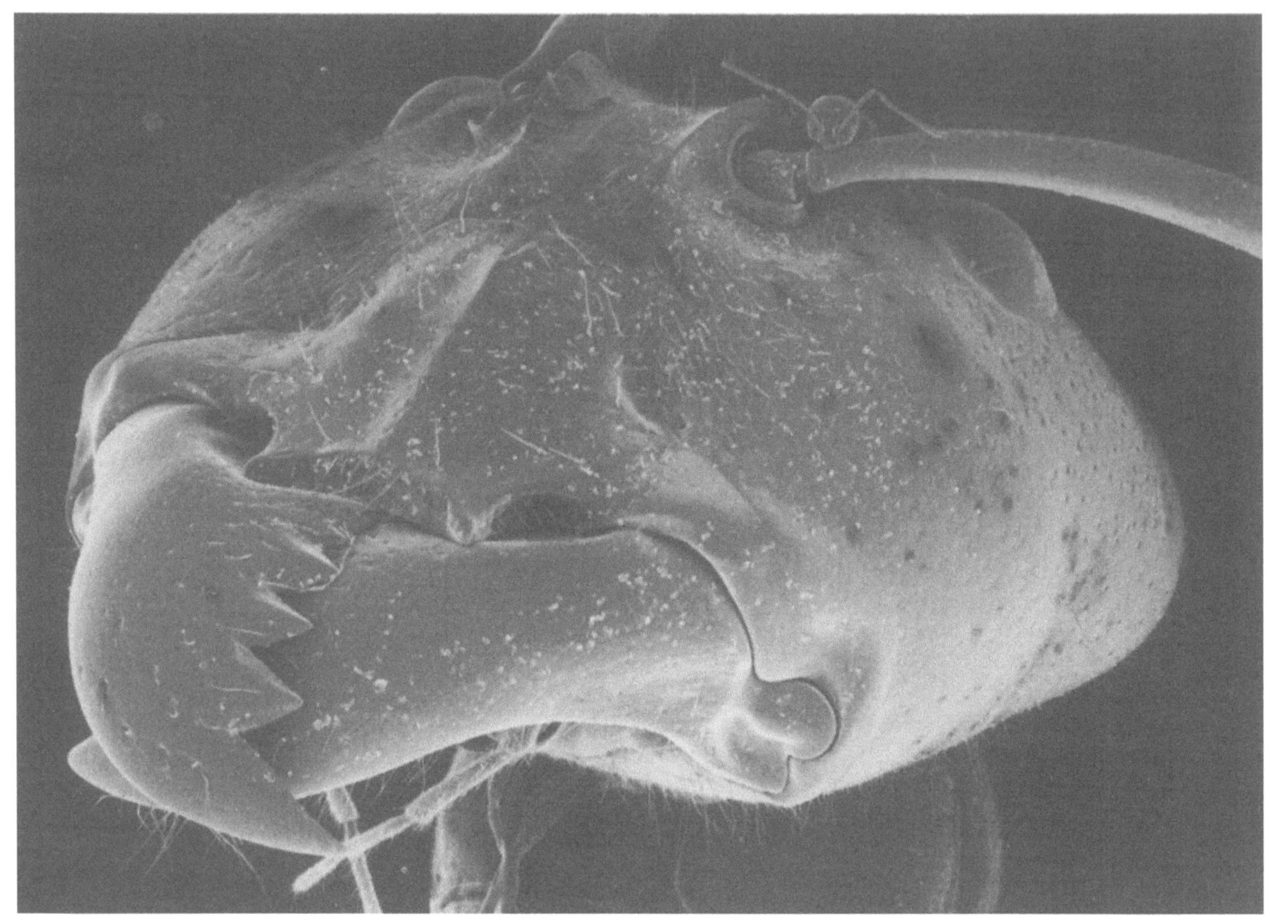

Die Größen der Ameisen und der Kolonien, d.h. der Superorganismen, die sie bilden, variieren enorm. Eine gesamte *Brachymyrmex*-Kolonie aus Südamerika (eine Arbeiterin sieht man hinter der Antenne einer Roßameise, *Camponotus gigas*, aus Borneo hervorspähen) hätte in dem Kopf der großen Arbeiterin Platz. (Rasterelektronenmikroskopische Aufnahme von Ed Seling.)

Der Treiberameisen-Superorganismus: ein Schwarm *Dorylus*-Treiberameisen auf Raubzug in Ostafrika. (Zeichnung von Katherine Brown-Wing.)

verstehen will. Stellen Sie sich die großen Kolonien der afrikanischen Treiberameisen vor, die von allen Insektenstaaten einem Organismus am nächsten kommen. Betrachtet man die räuberischen Kolonnen der Treiberameisenkolonie verschwommen aus der Ferne, so erscheinen sie einem wie ein einziges Lebewesen, das sich wie die Pseudopodien einer riesigen Amöbe hundert Meter über den Boden ausbreitet. Bei näherem Hinsehen zeigt sich, daß es sich um mehrere Millionen Arbeiterinnen handelt, die gemeinsam aus dem unterirdischen Nest, einem unregelmäßigen Netzwerk von unterirdischen Tunnels und Kammern, herauslaufen. Wenn die Kolonne aus dem Nest herauskommt, erscheint sie dem Beobachter zuerst wie ein sich ausbreitender Teppich und verwandelt sich dann in eine baumähnliche Formation, deren Stamm aus dem Nest horizontal herauswächst, während die Baumkrone, die ungefähr die Breite eines kleinen Hauses besitzt, aus der vorwärtsdrängenden Front der Arbeiterinnen besteht, die durch unzählige, sich verzweigende Äste mit dem Stamm verbunden ist. Dieser Schwarm hat keine Anführerin, sondern die Arbeiterinnen in der Vorhut laufen mit einer durchschnittlichen Geschwindigkeit von 4 cm pro Sekunde vor und zurück. Sie preschen für ein kurzes Stück voraus und kehren dann in das Gewühl der Menge zurück, um anderen Läuferinnen an der Spitze Platz zu machen. Die Kolonnen, die sich auf der Futtersuche befinden und wie dicke, schwarze, auf dem Boden liegende Seile aussehen, sind nichts anderes als Ströme kommender und gehender Ameisen. Die Vorhut, die sich mit 20 Metern pro Stunde vorwärtsbewegt, breitet sich flächendeckend auf dem Boden und der gesamten niedrigen Vegetation aus, wobei alle Insekten und sogar Schlangen und andere größere Tiere gesammelt und getötet werden, die nicht in der Lage sind, wegzukriechen (zu den Opfern gehört ganz selten auch ein unbeaufsichtigtes Kind). Nach einigen Stunden fließt der Ameisenstrom in umgekehrter Richtung zurück in die Nestlöcher.

Wenn man von einer Treiberameisenkolonie oder von anderen sozialen Insekten von mehr als nur einer dichten Ansammlung von Individuen spricht, bezeichnet man sie als einen Superorganismus und lädt damit zu einem ausführlichen Vergleich zwischen einem Insektenstaat und einem Organismus ein. Die Vorstellung – der Traum – von einem Superorganismus war Anfang dieses Jahrhunderts sehr populär. William Morton Wheeler kam, wie viele seiner Zeitgenossen, in seinen Veröffentlichungen immer wieder darauf zurück. In seinem berühmten Aufsatz von 1911, der die Überschrift trug „Die Ameisenkolonie als ein Organismus", stellte er fest, daß die Kolonie dieser Tiere wirklich einen Organismus darstellt und nicht nur eine Analogie dazu bildet. Die Kolonie, sagte er, verhält sich wie eine Einheit. Sie besitzt bestimmte Merkmale, die ihre Größe, ihr Verhalten und ihre Organisation betreffen, die von Kolonie zu Kolonie und von einer Generation zur nächsten weitergegeben werden. Die Königin ist das Fortpflanzungsorgan, und die Arbeiterinnen stellen das unterstützende Gehirn, das Herz, den Verdauungstrakt und andere Körpergewebe dar. Der Austausch von flüssigem Futter unter den Koloniemitgliedern entspricht dem Blutkreislauf und Lymphsystem.

Wheeler und anderen Theoretikern der damaligen Zeit war klar, daß sie einer wichtigen Sache auf der Spur waren. Sie lagen mit ihrer Ansicht auch durchaus auf der wissenschaftlichen Linie. Nur wenige erlagen dem Mystizismus von Maurice Maeterlincks Buch „Der Geist im Bienenstock", wonach eine übernatürliche Kraft aus den Insektengemeinschaften hervorgeht, die sie leitet und vielleicht für ihre Entstehung verantwortlich ist. Die meisten gingen jedoch nicht weiter, als naheliegende anatomische Analogien zwischen einem Organismus und einer Kolonie zu ziehen.

Dieser Ansatz, so tiefschürfend und anregend er auch war, hatte sich jedoch irgendwann in seinen Möglichkeiten erschöpft. Seine Grenzen wurden zunehmend ersichtlich, als Biologen immer feinere Details der Kommunikation und der Kastenbildung herausfanden, die den Kern der sozialen Organisation einer Kolonie bilden. Ab 1960 war der Ausdruck „Superorganismus" aus dem wissenschaftlichen Sprachgebrauch verschwunden.

Aber in der Wissenschaft werden alte Ideen selten ganz begraben. Sie kehren nur zur Mutter Erde zurück, wie der Riese Antaeus in den Mythen, um neue Kraft zu sammeln und wieder aufzuerstehen. Mit einer wesentlich besseren Kenntnis der Organismen und der Kolonien als noch vor 30 Jahren konnten neue Vergleiche auf diesen beiden Ebenen der biologischen Organisation in größerem Detail und mit mehr Präzision angestellt werden. Dieses neue Unterfangen hatte ein größeres Ziel, als sich nur den intellektuellen Freuden von Analogschlüssen hinzugeben. Man zielte nun darauf ab, Informationen aus der Entwicklungsbiologie mit Erkenntnissen aus der Erforschung von Tiergesellschaften in Verbindung zu bringen, um allgemeingültige Prinzipien der biologischen Organisation aufzudecken. Auf der Ebene des Organismus wird heute die Morphogenese als einer der wichtigsten Entwicklungsprozesse betrachtet. Es handelt sich um Entwicklungsschritte, in deren Verlauf die Zellen ihre Gestalt und ihre Chemie verändern und Massenbewegungen durchführen, um den Organismus aufzubauen. Der wichtigste Entwicklungsprozeß auf der Ebene der Kolonie ist die Soziogenese, d.h. Entwicklungsschritte, die dazu führen, daß Individuen durch Veränderungen ihrer Kastenzugehörigkeit und ihres Verhaltens den Insektenstaat aufbauen. Es stellt sich die für Biologen allgemein interessante Frage, inwieweit Ähnlichkeiten – gemeinsame Regeln und Algorithmen – zwischen der Morphogenese und Soziogenese bestehen. Soweit sich solch allgemeine Regeln klar definieren lassen, haben sie gute Aussichten, als langgesuchte, allgemeingültige Gesetzmäßigkeiten in der Biologie anerkannt zu werden.

Daraus läßt sich leicht ablesen, daß der Wissenschaftler weit mehr als nur ein vorübergehendes Interesse an Ameisenkolonien haben. Wie weit die Entwicklung eines Superorganismus gehen kann, zeigt sich vielleicht noch besser an den ebenso spektakulären Blattschneiderameisen der Gattung *Atta* als an den Treiberameisen. Fünfzehn Arten sind bekannt, die sich alle auf die Neue Welt zwischen Louisiana bzw. Texas und den Süden Argentiniens beschränken. Zusammen mit der nahverwandten Gattung *Acromyrmex* (sie umfaßt 24 Arten, die auch auf die Neue Welt beschränkt sind) besitzen die *Atta*-Arten die unter Tieren seltene Fähigkeit, Pilze auf frischem Pflanzenmaterial zu züchten, das sie in ihr Nest eintragen. Sie sind richtige Gärtnerinnen. Sie ernten „Pilze", die aus vielen fadenförmigen Hyphen bestehen und unserem Brotschimmel ähneln. Ihre Kolonien, die sich an diesem ungewöhnlichen Material gütlich tun, erreichen eine gewaltige Größe und zählen im Reifestadium mehrere Millionen Arbeiterinnen. Jede Kolonie ist in der Lage, täglich

Ameisenarbeiterinnen zeigen normalerweise weder Dominanz- noch Agressionsverhalten; sie versorgen gemeinsam die Nachkommen ihrer Mutter, der Königin, wie in diesem Bild an Hand der neotropischen, ponerinen Art *Ectatomma ruidum* gezeigt wird. Dennoch kann es unter den Nestgenossinnen zu Konflikten kommen, wenn die Königin stirbt und die Arbeiterinnen fruchtbar werden.

In der oberen Abbildung sieht
man eine Rangauseinandersetzung zwischen zwei *Myrmecocystus
navajo*-Königinnen. Das hochrangige Tier stellt sein Bein auf den
Rücken der rangniederen Rivalin, die ihre Unterwürfigkeit dadurch zeigt, daß sie sich zusammenkauert und ihre Kiefer öffnet.
Meist gelingt es nur einer Königin, Mutter einer ausgewachsenen Kolonie zu werden. Das untere Bild zeigt eine erfolgreiche
Koloniegründerin der Art *Myrmecocystus mexicanus* mit ihren ersten
Nachkommen, die Larven, Puppen und junge Arbeiterinnen umfassen.

Die Nestkammer einer Kolonie der ponerinen Ameisenart *Harpegnathos saltator*. Das Bild wurde in der Nähe der Jog Wasserfälle in Indien aufgenommen, wo Kolonien dieser ungewöhnlichen Art recht häufig vorkommen.

Linke Seite:
Zur genaueren Untersuchung des individuellen Verhaltens wurden *Harpegnathos saltator*-Kolonien ins Labor gebracht und sämtliche Tiere mit individuellen Farbcodes markiert. Das obere Bild zeigt mehrere Individuen, die sich eine Beute teilen. Auf dem unteren Bild befinden sich zwei Ameisen (in der Mitte) in einer Rangauseinandersetzung, wobei sie frontal aufeinandertreffen und gegenseitig mit ihren Antennen aufeinander einschlagen.

Die Arbeiterinnen benachbarter Ernteameisenkolonien (*Pogonomyrmex barbatus*) geraten bei der Verteidigung ihrer Territorien oft in heftige Kämpfe (*oben rechts*). Die Ameisen kämpfen normalerweise bis zu ihrem Tod, wie das Bild einer *P. barbatus*-Arbeiterin zeigt, die noch den Kopf ihrer früheren Gegnerin, von ihren Kiefern wie in einem Schraubstock eingespannt, an ihrer Taille trägt (*unten rechts*).

Ein Universalmerkmal des Soziallebens der Ameisen ist die Brutfürsorge. Hier säubern, füttern und beschützen *Campono-tus planatus*-Arbeiterinnen die Larven und Puppen der Kolonie.

Gegenüberliegende Seite:
Gegenseitige Körperpflege (*oben*) und Futteraustausch (*unten*) sind selbstlose Verhaltensweisen, die fast in allen Ameisenge-sellschaften vorkommen. Hier werden sie von Arbeiterinnen der südamerikanischen Jagdameise *Daceton armigerum* ausge-führt.

Bei vielen Ameisenarten sind die schlüpfenden Ameisen nicht in der Lage, sich selbst aus ihrer Puppenhülle zu befreien. Auf dieser Abbildung hilft eine *Camponotus ligniperda*-Arbeiterin einer jungen Nestgenossin beim Schlüpfen.

soviel Vegetation wie eine ausgewachsene Kuh zu fressen. Mehrere Arten, darunter die berüchtigte *Atta cephalotes* und *Atta sexdens,* sind die schlimmsten Insektenschädlinge Süd- und Mittelamerikas, die jährlich Ernten im Werte von mehreren Milliarden Dollar zerstören. Aber gleichzeitig gehören sie auch zu den wichtigsten Grundbausteinen des Ökosystems. Sie bewegen und belüften enorme Mengen Erdreich in den Wäldern und Steppen und bringen dabei Nährstoffe in Umlauf, die lebenswichtig für die meisten dort lebenden Tiergesellschaften sind.

Die Blattschneiderameisen erhalten ihre Gärten durch kleine, fast wie durch ein Wunder genau aufeinander abgestimmte Schritte, die sie in ihren unterirdischen Kammern durchführen. Alle Arten folgen einem ähnlichen Lebenszyklus, mit dem sie Pilzzuchttechniken von Generation zu Generation weitergeben. Er beginnt mit den Hochzeitsflügen. Einige Arten, wie *Atta sexdens,* führen ihre Hochzeitsflüge nachmittags durch, während andere Arten, wie z.B. *Atta texana* aus dem Südwesten der Vereinigten Staaten, ihre Flüge in der Dunkelheit der Nacht ausführen. Die schweren, jungfräulichen Königinnen schlagen wie wild mit ihren Flügeln und mühen sich ab, in die Luft aufzusteigen, wo sie auf Männchen treffen und sich nacheinander mit mindestens fünf von ihnen paaren. Jede Königin erhält noch in der Luft von ihren Freiern (die Männchen sterben danach alle innerhalb von ein bis zwei Tagen) über 200 Millionen Spermien und speichert sie in ihrer Spermatasche. Dort werden die Spermien bis zu 14 Jahren, der längsten bisher bekannten Lebensspanne einer Königin, in inaktivierter Form aufbewahrt, oder vielleicht sogar noch länger. Ein Spermium nach dem anderen wird zur Befruchtung der Eier auf ihrem Weg durch die Eileiter nach außen abgegeben.

Eine Königin der Blattschneiderameisen kann während ihrer langen Lebenszeit bis zu 150 Millionen Töchter produzieren, von denen die überwiegende Mehrheit aus Arbeiterinnen besteht. Erst wenn sich ihre Kolonie dem ausgewachsenen Zustand nähert, wachsen einige dieser Weibchen nicht zu Arbeiterinnen, sondern zu Königinnen heran; jede von ihnen ist dann in der Lage, selbst eine neue Kolonie zu gründen. Andere ihrer Nachkommen entwickeln sich aus unbefruchteten Eiern zu kurzlebigen Männchen. Diese ganze gewaltige Produktion beginnt, sobald eine frisch begattete Königin anfängt, ein Nest zu bauen und den ersten Schwung Arbeiterinnen aufzuziehen. Sie landet auf dem Boden und bricht ihre vier Flügel an der Basis ab, so daß sie von nun an zu einem erdgebundenen Leben gezwungen ist. Dann gräbt sie einen 12 bis 15 Millimeter breiten Schacht senkrecht in die Erde. Nach ungefähr 30 Zentimetern erweitert sie den Schacht zu einer Kammer mit 6 Zentimetern Durchmesser. Schließlich läßt sie sich in dieser Kammer nieder, um einen neuen Pilzgarten anzulegen und ihre Brut aufzuziehen.

Aber halt – wie kann die Königin einen Pilzgarten anlegen, wenn sie den symbiotischen Pilz im mütterlichen Nest zurückgelassen hat? Kein Problem – sie hat ihn gar nicht zurückgelassen! Kurz vor ihrem Hochzeitsflug hat sie sich ein Polster der fadenförmigen Hyphen in eine kleine Tasche am Boden ihrer Mundhöhle gesteckt. Jetzt spuckt sie das Paket auf den Boden ihrer Kammer. Ihr Garten ist nun angelegt, und kurz darauf beginnt sie, 3 bis 6 Eier zu legen.

Zuerst hält sie die Eier und den kleinen Pilzgarten getrennt, aber am Ende der zweiten Woche, nachdem sich mehr als 20 Eier angesammelt haben und die Pilzmasse das Zehnfache ihrer ursprünglichen Größe erreicht hat, legt sie beide zusammen. Gegen Ende des ersten Monats befindet sich die Brut, die nun aus Eiern, Larven und den ersten Puppen besteht, inmitten eines ständig wachsenden Pilzrasens. Die ersten Arbeiterinnen schlüpfen 40 bis 60 Tage nach der ersten Eiablage. Während dieser gesamten Zeit bearbeitet die Königin den Pilzgarten ganz alleine. In Abständen von ein bis zwei Stunden reißt sie ein kleines Stück ihres Garten heraus, biegt ihren Hinterleib zwischen ihren Beinen nach vorne, berührt das Stück mit der Spitze ihres Hinterleibs und tränkt es mit einem durchsichtigen, gelblichen oder bräunlichen Tropfen Kotflüssigkeit. Danach setzt sie das Stück in den Garten zurück. Die Königin opfert ihre eigenen Eier zwar nicht als Substrat für den Pilz, aber sie selbst frißt 90 Prozent ihrer Eier. Und wenn die ersten Larven schlüpfen, werden sie mit Eiern gefüttert, die ihnen direkt in den Mund gestopft werden.

Während dieser ganzen Zeit lebt die Blattschneiderameisenkönigin ausschließlich vom Abbau ihrer Flugmuskulatur und ihrem gespeicherten Körperfett. Sie verliert täglich an Gewicht, gefangen in einem Wettlauf zwischen Verhungern und der Aufzucht einer genügend großen Gruppe von Arbeiterinnen, die ihr Überleben sichert. Sobald die ersten

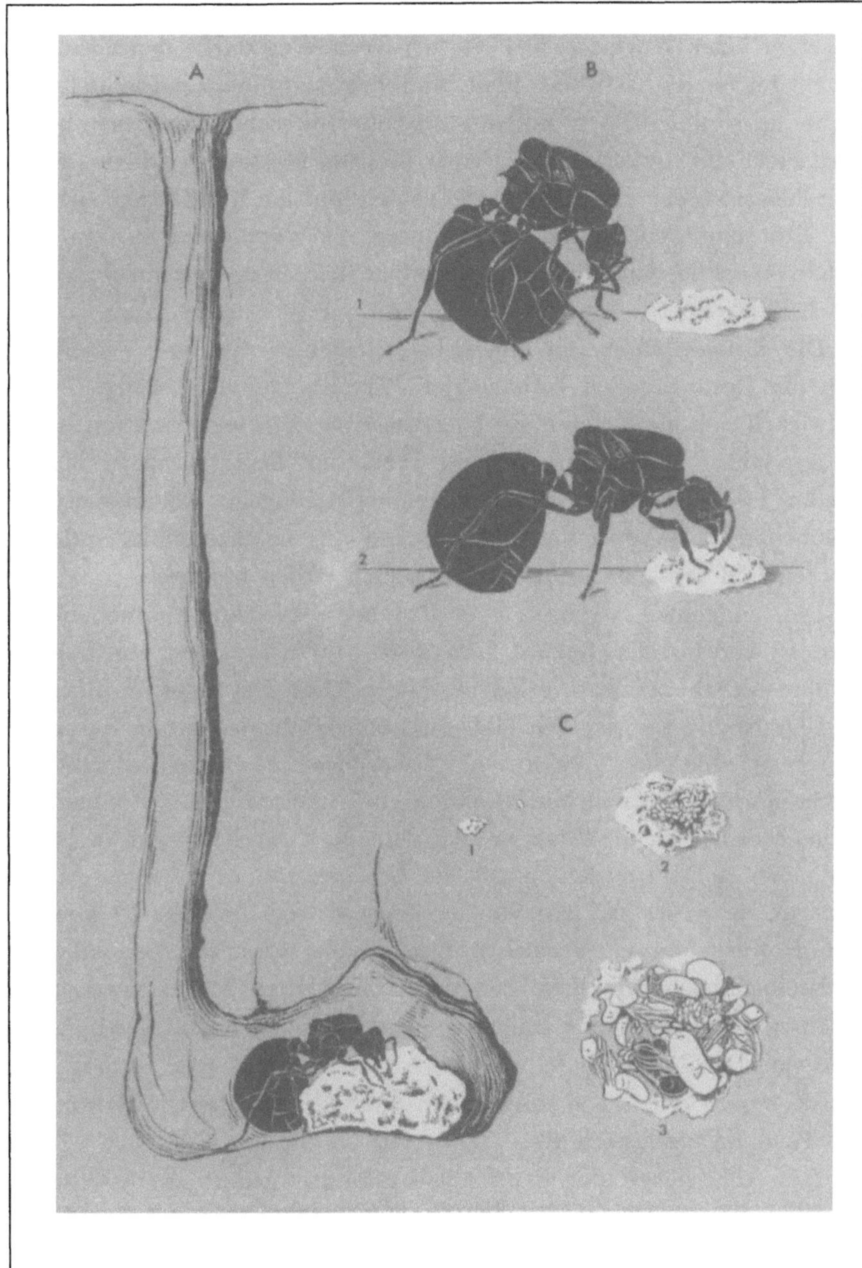

Eine frisch begattete Blattschneiderameisenkönigin der Gattung *Atta* beginnt mit der Nestgründung, indem sie einen senkrechten Schacht in die Erde gräbt (A). In ihrem ersten Pilzgarten düngt sie das Polster der fadenförmigen Hyphen mit Tropfen ihrer Kotflüssigkeit (B). Unter C sind drei weitere Entwicklungsstadien des Gartens und der Arbeiterinnenbrut dargestellt. (Zeichnung von Turid Forsyth.)

Arbeiterinnen erscheinen, fangen sie an, von dem Pilz zu fressen. Nach ungefähr einer Woche graben sie sich ihren Weg durch den verschlossenen Eingangsschacht ins Freie und beginnen in der unmittelbaren Nähe des Nestes auf dem Boden nach Futter zu suchen. Sie tragen kleine Blattstücke ein, zerkauen sie zu einer breiigen Masse und arbeiten sie in den Pilzgarten ein. Ungefähr zu dieser Zeit hört die Königin auf, sich um die Brut und den Garten zu kümmern. Sie verwandelt sich in eine regelrechte Eilegemaschine und verbringt in diesem Zustand ihr weiteres Leben.

Die Kolonie kann sich nun selbst erhalten, wobei ihre Versorgung von der Ernte draußen vorhandenen Pflanzenmaterials abhängt. Zuerst entwickelt sich die Kolonie nur langsam. Aber während des zweiten und dritten Jahres beschleunigt sich ihr Wachstum deutlich. Später läßt es wieder nach, wenn die Kolonie anfängt, geflügelte Königinnen und Männchen zu produzieren, die während der Hochzeitsflüge entlassen werden und somit nichts zur gemeinsamen Arbeit beitragen.

Die endgültige Größe ausgewachsener Blattschneiderameisenkolonien ist enorm. Der Rekord wird wohl von *Atta sexdens* mit 5 bis 8 Millionen Arbeiterinnen gehalten. Ein solches Nest, das in Brasilien ausgegraben wurde, enthielt über tausend verschieden große Kammern von der Größe einer geschlossenen Faust bis zu der eines Fußballs; 390 dieser Kammern waren mit Pilzgärten und Ameisen gefüllt. Als man die lockere Erde, die die Ameisen aus dem Nest geschafft und zu einem Erdhaufen aufgetürmt hatten, mit der Schaufel entfernte und die Menge vermaß, nahm sie 22,7 Kubikmeter ein und wog ungefähr 40 Tonnen. Die Konstruktion eines solchen Nestes läßt sich nach menschlichen Maßstäben leicht mit dem Bau der Chinesischen Mauer vergleichen. Dazu sind ungefähr eine Milliarde Ameisenladungen nötig, von denen jede vier- bis fünfmal soviel wie eine Arbeiterin wiegt. Jede Ladung Erde wurde, wiederum nach menschlichem Maßstab, aus über einem Kilometer Tiefe hochtransportiert.

Das Alltagsleben der Blattschneiderameisen gehört zu den großen Naturschauspielen in den Tropen der Neuen Welt. Obwohl die Akteure winzig klein sind, ist jeder Freilandbiologe zutiefst davon beeindruckt. Wilson war völlig gebannt, als er auf seiner ersten Reise in das brasilianische Amazonasgebiet, einem Regenwaldgebiet in der Nähe von Manaus, eine Futtersuchexpedition von *Atta cephalotes* zu Gesicht bekam. In der Dämmerung des ersten Tages draußen im Lager, als das Licht so schwach wurde, daß Wilson und seine Gefährten Schwierigkeiten hatten, kleine Gegenstände auf dem Boden zu unterscheiden, kamen die ersten Arbeiterinnen zielstrebig aus dem umgebenden Wald herbeigerannt. Sie hatten eine ziegelrote Färbung, waren ungefähr 6 Millimeter lang und strotzten vor kurzen, scharfen Stacheln. Innerhalb weniger Minuten waren mehrere hundert Arbeiterinnen ins Zeltlager eingedrungen und bildeten zwei ungleichmäßige Kolonnen, die an jeder Seite des Lagers der Biologen vorbeizogen. Sie rannten in nahezu geraden Linien über die Lichtung und tasteten dabei mit ihren Antennen nach rechts und links, als ob sie durch irgendeinen gerichteten Strahl auf der anderen Seite der Lichtung angezogen würden. Innerhalb einer Stunde schwoll das Rinnsal zu parallelen Flüssen aus Zehntausenden Ameisen an, die zu zehnt oder mehr nebeneinander herliefen. Mit einer Taschenlampe ließen sich die Kolonnen leicht zu ihrem Ursprung zurückverfolgen. Die Ameisen kamen aus einem riesigen Erdnest, das hundert Meter vom Lager entfernt auf einem ansteigenden Hang lag, überquerten die Lichtung und verschwanden wieder im Regenwald. Wilson und seine Gefährten kämpften sich durch dichtes und undurchdringliches Gestrüpp und konnten eines der Hauptziele der Ameisen, einen großen Baum, ausfindig machen, der hoch oben in der Krone weiße Blüten trug. Die Ameisen strömten den Baumstamm empor, schnitten mit ihren scharf gezähnten Kiefern Stücke aus den Blättern und Blüten und machten sich dann damit auf den Heimweg, wobei sie sie wie kleine Sonnenschirme über ihren Köpfen trugen. Einige Arbeiterinnen ließen ihre Blattstücke scheinbar absichtlich auf den Boden fallen, wo sie von neu ankommenden Nestgenossinnen aufgehoben und weggetragen wurden. Kurz nach Mitternacht, als der Höhepunkt ihrer Aktivität erreicht war, herrschte auf den Ameisenstraßen ein hektisches Durcheinander von Ameisen, die mit ihren ruckartigen und zickzackförmigen Bewegungen an kleines mechanisches Blechspielzeug erinnerten.

Viele Regenwaldbesucher sogar erfahrene Naturforscher, interessieren sich nur für diese Futtersuchexpeditionen, und einzelne Blattschnei-

Der Nestaufbau einer ausgewachsenen Kolonie der Blattschneiderameise *Atta vollenweideri* in
Paraguay. In den Kammern mit
den Gärten befinden sich die heranwachsenden Pilzkulturen, von
denen sich die Ameisen ernähren, während die Abfallkammern
mit verbrauchtem Pflanzensubstrat gefüllt sind, auf dem der Pilz
heranwuchs. (Abbildung von N.
A. Weber, in Anlehnung an die
Zeichnung von J. C. M. Jonkman
aus L. A. Batra (Hrsg.): *Insect-
Fungus Symbiosis: Mutualism and
Commensalism*, Montclair, N. J.,
Allanheld and Osman, 1979.)

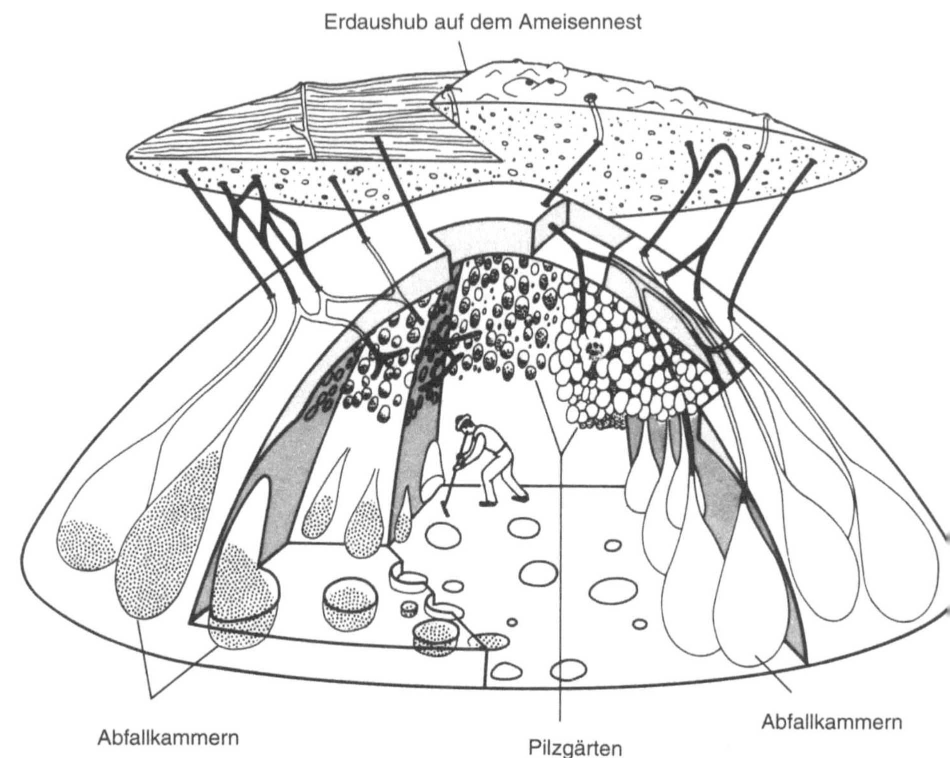

derameisen sind für sie nicht mehr als belanglose, rötliche Punkte, die
ziellos umherlaufen. Aber bei näherer Betrachtung verwandeln sich
diese Punkte in erstaunlich komplexe Lebewesen. Nach menschlichen
Maßstäben, d.h. wenn man eine Ameise von 6 Millimeter auf anderthalb
Meter vergrößert, läuft eine futtersuchende Ameise ungefähr 15 Kilometer mit einer Geschwindigkeit von 26 Kilometern pro Stunde. Jeder
Kilometer wird in 2 Minuten und 21 Sekunden zurückgelegt; das entspricht ungefähr unserem derzeitigen Weltrekord. Die Arbeiterin trägt
eine Last von mindestens 300 Kilogramm und rennt so mit 24 Kilometern pro Stunde zum Nest zurück. Dieser schnelle Marathon wird während der Nacht viele Male wiederholt und in vielen Gegenden auch
tagsüber fortgesetzt.

Um den Ablauf vollständig verfolgen und den *Atta*-Superorganismus detaillierter untersuchen zu können, stellte Wilson im Labor Kolonien in Plastikkammern auf, die untereinander in Reihen verbunden waren, so daß er tief in die Pilzgärten hineinschauen konnte. Er stellte fest, daß der Pilzanbau über eine fein aufeinander abgestimmte Fließbandkolonne erfolgt, von der die Blätter und Blüten verarbeitet und der Pilz schrittweise gezüchtet wird.

Jeder dieser Schritte wird von einer anderen Kaste durchgeführt. Am Ende des Pfades lassen die beladenen Arbeiterinnen ihre Blattstücke fallen, wo sie von etwas kleineren Arbeiterinnen aufgehoben werden, die sie dann in kleinere Stücke von einem Millimeter Durchmesser zerschneiden. Innerhalb weniger Minuten werden sie von noch kleineren Arbeiterinnen übernommen, zerkaut, zu kleinen feuchten Kügelchen geformt und vorsichtig zu einem Haufen ähnlichen Materials hinzugefügt. Diese Masse bildet für sich einen Garten, ist von Tunnelröhren durchzogen und sieht wie ein grauer Badeschwamm aus. Er ist weich und zart in seiner Konsistenz und bricht in den Händen leicht auseinander. Der symbiotische Pilz wächst auf der Oberfläche seiner gewundenen Tunnels und Stege und stellt, neben dem Saft der Blätter, die ausschließliche Ernährung der Ameisen dar. Der Pilz breitet sich wie Brotschimmel auf der durchgearbeiteten Pflanzenmasse aus und dringt mit seinen Hyphen in sie ein, um die reichlich vorhandene Zellulose und die teilweise gelösten Proteine zu verdauen.

Der Anbauzyklus geht noch weiter. Arbeiterinnen, die noch kleiner als die eben beschriebenen sind, rupfen Pilzfäden an schwächer bewachsenen Stellen heraus und setzen sie auf frisch hergestelltes, durchgekautes Pflanzensubstrat. Die Beete mit den Pilzfäden werden schließlich von den allerkleinsten Arbeiterinnen kontrolliert, die am häufigsten vorkommen. Mit ihren Antennen betasten sie vorsichtig die Oberflächen des Pilzgeflechtes und säubern sie von Sporen und Hyphen fremder Schimmelpilzarten. Diese Zwergarbeiterinnen sind in der Lage, die engsten Tunnelröhren tief im Inneren der Gärten zu passieren. Ab und zu rupfen sie ein loses Stück Pilzrasen heraus und bringen es ihren größeren Nestgenossinnen als Futter.

Die Versorgung der Blattschneiderameisen ist auf dieser größenab-
hängigen Arbeitsteilung aufgebaut. Die futtersuchenden Arbeiterinnen,
die so groß wie Hausfliegen sind, können Blätter zerschneiden, aber sie
sind zu kräftig, um die fast mikroskopisch kleinen Pilzfäden zu bearbeiten. Die kleinen Gartenarbeiterinnen hingegen, die etwas kleiner als der
Großbuchstabe I auf dieser Seite sind, können zwar Pilzkulturen anbau-
en, aber sind zu schwach, um Blätter zu zerschneiden. So bilden die
Ameisen ein Fließband, wobei jeder weitere Schritt von entsprechend
kleineren Arbeiterinnen ausgeführt wird: von der Sammlung der
Blattstücke draußen über die Herstellung der breiähnlichen Blattmasse
bis zum Anbau der als Futter dienenden Pilzkulturen tief im Inneren des
Nestes.

Auch die Verteidigung der Kolonie ist entsprechend der Ameisen-
größe organisiert. Unter den herumlaufenden Arbeiterinnen kann man
ein paar wenige Soldaten sehen, die das 300fache der Gartenarbeiterinnen wiegen und eine Kopfbreite von 6 Millimetern haben. Diese Riesen
benutzen ihre scharfen Kiefer wie die *Pheidole*-Soldaten, die wir vorher
beschrieben haben, um damit feindliche Insekten in Stücke zu schneiden. Sie können durch Leder schneiden und schlitzen mit der gleichen
Leichtigkeit menschliche Haut auf. Wenn Insektenforscher in ein Nest
graben und dabei keine Vorsichtsmaßnahmen treffen, sind ihre Hände
überall zerkratzt, als ob sie in einen Dornenbusch gefaßt hätten. Manchmal mußten wir unterbrechen, um das Blut von einem einzigen Biß zu
stillen, und waren beeindruckt, daß uns eine Kreatur, die nur ein Millionstel unserer Größe besitzt, mit ihren bloßen Kiefern aufhalten konnte.

Die Kolonie der Blattschneiderameisen entwickelt sich über verschiedene Lebensstadien auf einer genau festgelegten Entwicklungsbahn
zu ihrer gewaltigen Größe mit sämtlichen Kasten, angefangen von den
Riesensoldaten bis zu den Scharen der Miniaturgärtnerinnen. Unter den
ersten Arbeiterinnen, die die Königin aufzieht, gibt es keine Soldaten
oder größere Arbeiterinnen, sondern nur die kleinsten, futtersuchenden
Arbeiterinnen und noch kleinere Arbeiterinnen, die für die Verarbeitung des Pflanzenmaterials und für die Pilzzucht benötigt werden. Wenn
die Kolonie wächst und gedeiht, nimmt der Umfang der Größenklassen
der Arbeiterinnen zu und umfaßt immer größere Formen. Erst wenn das

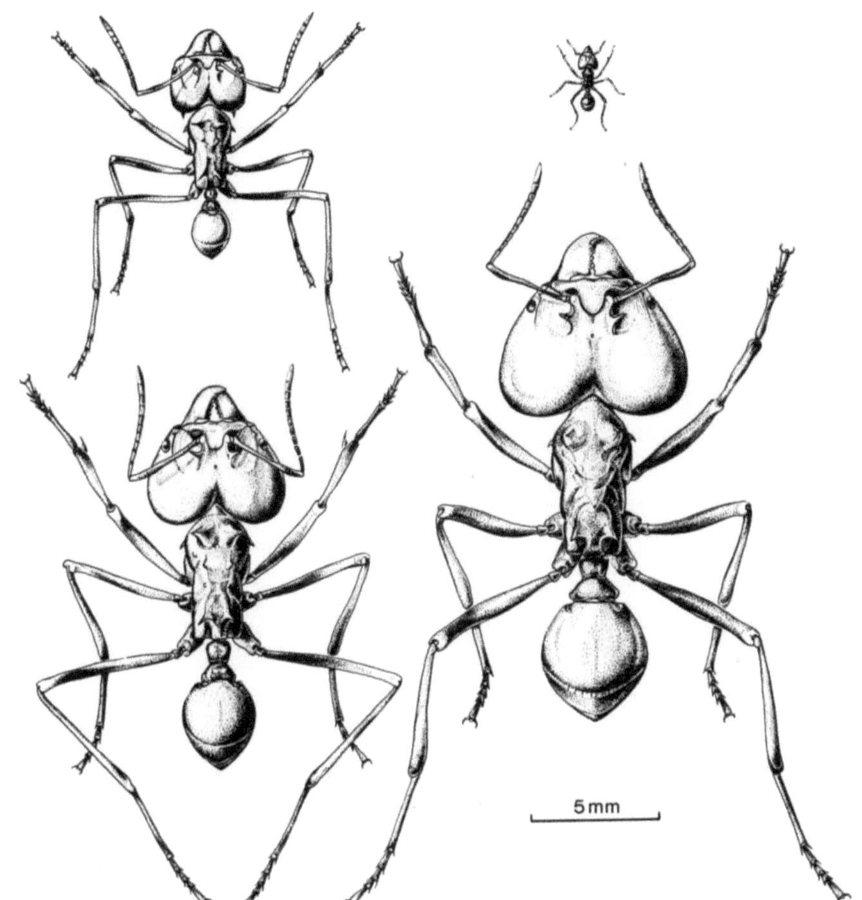

Das Kastensystem der *Atta*-Blatt-schneiderameisen gehört zu den vielschichtigsten unter den sozialen Insekten. Die Arbeiterinnen, die hier dargestellt sind, von der Miniaturgärtnerin bis zu dem riesigen Soldaten, stammen alle aus einer einzigen *Atta laevigata*-Kolonie. (Zeichnung von Turid Forsyth.)

Volk eine Größe von ungefähr hunderttausend Arbeiterinnen erreicht hat, werden die ersten Riesensoldaten produziert.

In der Regelmäßigkeit, mit der Blattschneiderameisenkolonien wachsen, sah Wilson eine Möglichkeit, die Hypothese vom Superorganismus zu überprüfen. Er konzentrierte seine Aufmerksamkeit vor allem auf die mißliche Lage, in der sich eine koloniegründende Königin befindet. Diese große Ameise lebt von der Energie, die durch die Umwandlung ihres Fettdepots und ihrer Flugmuskulatur entsteht, und sie zieht damit die erste Brut von Arbeiterinnen groß. Da ihre Reserven nach wenigen Wochen erschöpft sind, muß sie auf Anhieb eine richtig zusammengesetzte Gruppe von Arbeiterinnen hervorbringen. Fehler kann sie sich nicht erlauben. Damit die erste Gruppe von Arbeiterinnen in der Lage ist, sämtliche gärtnerischen Aufgaben zu übernehmen und der körperlich erschöpften Königin Futter zu bringen, müssen folgende Größenklassen vertreten sein: mehrere der winzigen Pilzgärtnerinnen, einige Tiere der verschiedenen Zwischengrößen, die für das Anlegen der Gärten aus der breiähnlichen Blattmasse benötigt werden, und ein paar Arbeiterinnen, die groß genug sind, um außerhalb des Nestes auf Futtersuche zu gehen und Blätter zu schneiden.

Wenn es der Königin nicht gelingt, Arbeiterinnen von jeder dieser wichtigen Größenklassen aufzuziehen, geht die kleine Kolonie zugrunde. Wenn sie beispielsweise einen Soldaten aufzieht oder auch nur eine etwas zu große, für die Futtersuche bestimmte Arbeiterin, wird ein so großer Anteil ihrer Energiereserven aufgebraucht, daß sie nicht mehr für alle der kleineren Kasten ausreichen, und die Kolonie geht ein. Wilson stellte fest, daß die kleinsten der erfolgreichen, futtersuchenden Arbeiterinnen (d.h. solche, die in der Lage sind, Blätter durchschnittlicher Dicke zu durchschneiden) eine Kopfbreite von 1,6 Millimetern haben. In größeren Kolonien haben viele der futtersuchenden Arbeiterinnen doppelt so große Köpfe und sind dementsprechend auch um einiges schwerer (und energetisch aufwendiger in der Herstellung), als absolut notwendig wäre. Die minimale Kopfbreite der Gärtnerinnen beträgt 0,8 Millimeter.

Somit ist klar, was eine Gründerkönigin zu tun hat: sie muß in ihrer ersten Brut Arbeiterinnen aufziehen, deren Kopfbreite zwischen 0,8 und 1,6 Millimetern liegt, und die Arbeiterinnen ziemlich gleichmäßig auf die dazwischenliegenden Größenklassen verteilen. Sie muß aufpassen, daß sie keine dieser Größenklassen ausläßt und nicht über die 1,6-Millimeter-Grenze hinausgeht. Und genau das tut sie auch. Unabhängig davon, ob man junge Kolonien im Freiland für Untersuchungszwecke ausgräbt oder im Labor hält, sie ziehen immer (zumindest in den Fällen, die Wilson untersucht hat) eine Schar Arbeiterinnen auf, deren Kopfbreiten gleichmäßig zwischen 0,8 und 1,6 Millimetern verteilt sind. Gelegentlich produziert eine Königin eine Arbeiterin mit 1,8 Millimetern Kopfbreite, ein gewisses Überlebensrisiko, das sich aber nicht verhängnisvoll auswirkt. Größere Arbeiterinnen tauchten in den untersuchten Fällen nie auf.

Auf welche Weise wird dieser Superorganismus reguliert? Ist das Alter der Königin und der Kolonie oder die Populationsgröße der Kolonie ausschlaggebend? Um dies herauszufinden, ließ Wilson vier Blattschneiderameisenkolonien über drei bis vier Jahre im Labor heranwachsen, bis sie eine Größe von ungefähr 10 000 Arbeiterinnen erreicht hatten. Große futtersuchende Arbeiterinnen und sogar ein paar kleinere Soldaten hatten sich entwickelt. Als nächstes reduzierte er die Arbeiterinnen in den Kolonien auf ungefähr 200 Tiere und änderte die Zusammensetzung der Größenklassen, so daß ihre relativen Häufigkeiten denen sehr junger Kolonien entsprachen. Auf diese Weise waren nun die Königin und die Koloniemitglieder, altersmäßig betrachtet, alt, der Superorganismus dagegen – mit seiner Größe und Zusammensetzung – jung. Er war sozusagen „wiedergeboren". In welcher Zusammensetzung würde die nächste Gruppe Arbeiterinnen produziert werden? Würden die Größen der Arbeiterinnen denen einer kleinen Kolonie entsprechen, oder würde es wie in der großen Kolonie weitergehen, bevor sie verkleinert worden war?

Die Antwort lautet: Der darauffolgende Aufbau der Größenklassen entsprach dem einer kleinen Kolonie. Mit anderen Worten, die Größe der Kolonie und nicht ihr Alter bestimmt die Kastenverteilung. Die Versuchskolonien, die in gewissem Sinne wirklich neu entstanden waren, fingen auf ihrem stark kontrollierten Wachstums- und Entwicklungsweg wieder von vorne an. Wenn sie es nicht getan hätten, wären sie vielleicht zugrunde gegangen. Der Rückkopplungsmechanismus, der sich hinter dieser bemerkenswerten Regulation verbirgt, muß noch erforscht werden.

Die Verjüngung der Blattschneiderameisenkolonie und weitere Experimente, die von anderen Forschern mit verschiedenen Arten durchgeführt wurden, bestärken das Konzept des Superorganismus. Sie haben die Vorstellung bestätigt, daß eine Ameisenkolonie eine stark regulierte Einheit bildet, die in ihrem Ganzen tatsächlich mehr als ihre Teile darstellt. Andererseits wiederum hat der Superorganismus neue Forschungsrichtungen angeregt. Bei der Untersuchung biologischer Organisationsformen bieten Ameisenkolonien gegenüber gewöhnlichen Organismen gewisse Vorteile. Man kann sie im Gegensatz zu einem Organismus in kleinere Gruppen zerlegen, die sich in ihrem Alter oder ihrer Größe unterscheiden. Diese Teile kann man für sich allein untersuchen und dann wieder zu einem Ganzen zusammenfügen, ohne dabei Schaden angerichtet zu haben. Am nächsten Tag kann man dieselbe Kolonie auf wieder eine andere Weise zerlegen, sie dann in ihrer ursprünglichen Form wiederherstellen – usw. Dieses Verfahren hat enorme Vorteile. Erstens ist es im Vergleich zu analogen Experimenten an Organismen sehr schnell und technisch einfach durchzuführen. Außerdem bietet es seine eigene, elegante Versuchskontrolle: Forscher schalten von vornherein jede Variabilität aus, die sich aus genetischen Unterschieden oder früheren Erfahrungen ergeben könnten, indem sie immer wieder dieselbe Kolonie benutzen.

Der Vorteil, eine Kolonie mehrfach auseinandernehmen und wieder zusammensetzen zu können, läßt sich vielleicht damit vergleichen, eine menschliche Hand wiederholt lebend zu zerteilen und ohne Schmerzen oder Unannehmlichkeiten wiederzuherstellen, um ihren idealen anatomischen Aufbau herauszufinden. Genauer gesagt, ließe sich auf diese Weise experimentell herausfinden, ob die fünffingerige Hand des Menschen die bestmögliche Anordnung darstellt. An einem Tag würde man den Daumen (schmerzlos) entfernen und die Person bitten, mit der Hand einige Aufgaben wie Schreiben oder Flaschenöffnen auszuführen, und am Ende des Tages würde der Daumen wieder angefügt, damit er seine frühere Funktion wieder aufnehmen kann. Am nächsten Tag würden die letzten Fingerglieder abgenommen, und am darauffolgenden Tag würden zusätzliche Finger hinzugefügt, und so ließe sich das in einer großen Anzahl weiterer Versuchsansätze fortführen.

Wilson betrachtete die Kasten der Blattschneiderameisen, als ob es sich um die Finger einer Hand handeln würde. Ihm fiel auf, daß die Gruppe von Arbeiterinnen, die außerhalb des Nestes auf Futtersuche gingen, um Blätter und Blüten zu ernten, meistens eine Kopfbreite von 2,0 bis 2,4 Millimetern hatten. Ist dies die geeignetste Kaste für diese Aufgabe, die das meiste Pflanzenmaterial mit dem geringsten energetischen Aufwand sammelt? Wilson überprüfte diese Hypothese und damit gleichzeitig die stillschweigende Annahme, daß das Kastensystem durch natürliche Selektion entstanden war, indem er die Kolonie auf folgende Weise zerlegte: Jeden Tag verließen futtersuchende Arbeiterinnen das Labornest und liefen in eine Arena, in der frische Blätter angeboten wurden. Während sich die Kolonne emsiger Arbeiterinnen durch den Nestausgang drängte, entfernte Wilson alle bis auf eine ganz bestimmte Größenklasse, z.B. die Klasse mit den 1,2, 1,4 oder 2,8 Millimeter breiten Köpfen, oder irgendeine andere, in dem Moment zufällig gewählte Größenklasse. Die Kolonie wurde dadurch in eine Pseudomutante verwandelt, d.h. eine fingierte Mutante des Superorganismus, die sonst in jeder Hinsicht mit einer „normalen" Kolonie übereinstimmte, außer daß sie eine eingeschränkte, oft ganz besondere Kolonne futtersuchender Arbeiterinnen ausschickte. Von jeder dieser Pseudomutanten wurden die geernteten Blätter gewogen und der Sauerstoffverbrauch der Ameisen während der Ernte gemessen. Anhand dieser Kriterien stellte sich heraus, daß die Arbeiterinnen mit einer Kopfbreite von 2,0 bis 2,2 Millimetern die effizienteste Gruppe darstellten, genau die Größenklasse also, die in der Kolonie mit der Futtersuche betraut ist. Die Kolonien der Blattschneiderameisen tun, kurz gesagt, genau das Richtige für ihr eigenes Überleben. Der Superorganismus passt sich instinktiv an seine Umwelt an.

Die große Stärke der Ameisen liegt darin, daß sie trotz ihres winzigen Gehirns fähig sind, enge soziale Bande zu knüpfen und komplexe Sozialstrukturen aufzubauen. Dies haben sie dadurch erreicht, daß sie ihr Verhalten auf eine beschränkte Anzahl sehr spezifischer Reize abgestimmt haben: Eine Duftspur wird durch ein ganz bestimmtes Terpen gebildet, durch Betrillern der unteren Mundpartien wird um Futter gebettelt, über eine Fettsäure wird eine tote Ameise erkannt, usw.; jede Ameise kommt mit einigen Dutzend solcher Signale täglich über ihre Runden.

Die Organisation des Superorganismus einer Ameisenkolonie ist beeindruckend, aber das Fundament ihrer Stärke – nämlich die Verkettung einfacher Signale – ist gleichzeitig auch ihre größte Schwachstelle. Ameisen lassen sich leicht hereinlegen. Andere Organismen können ihren Code brechen und ihre sozialen Bande ausnutzen, indem sie lediglich einen oder mehrere Schlüsselreize nachahmen. Soziale Parasiten, denen dies gelingt, sind wie Einbrecher, die leise in ein Haus gelangen, indem sie die richtigen vier oder fünf Ziffern eingeben und dadurch das Alarmsystem ausschalten.

Menschen lassen sich von Angesicht zu Angesicht nur sehr schwer täuschen. Sie erkennen einen Freund oder ein Familienmitglied an einer breiten Palette detaillierter Charakteristika, unter anderem daran, ob die Größe, die Körperhaltung, die Gesichtszüge, die Stimmlage und die beiläufige Erwähnung eines gemeinsamen Bekannten genau stimmen. Eine Ameise erkennt ein Familienmitglied – eine Nestgenossin – einzig und allein an ihrem Geruch, der häufig nur aus einer Mischung weniger Kohlenwasserstoffe auf ihrer Körperoberfläche besteht. Vielen sozialen Parasiten unter den Käfern und anderen Insekten, von denen sich die meisten in ihrer Körperform und Größe drastisch von den Ameisen unterscheiden, ist das Kunststück gelungen, sich den Koloniegeruch oder den anziehend wirkenden Geruch der Ameisenlarven anzueignen. Obwohl sie keinen anderen Erkennungstest bestehen würden, werden sie von den Ameisen bereitwillig aufgenommen, von denen sie dann auch noch gefüttert, gewaschen und von einer Stelle zur anderen getragen werden. Es ist, um mit William Morton Wheelers Worten zu sprechen, so, als ob eine Familie Riesenhummer, Zwergschildkröten

Der hochspezialisierte Sozialparasit *Teleutomyrmex schneideri* auf seinem Wirt *Tetramorium caespitum.* Bei den beiden *Teleutomyrmex*-Königinnen zur Linken, die auf dem Vorderkörper der Wirtskönigin sitzen, sind die Eierstöcke noch nicht gereift, entsprechend flach und kaum entwickelt sind ihre Hinterleiber. Eine der beiden trägt noch ihre Flügel und ist höchstwahrscheinlich unbegattet. Die dritte *Teleutomyrmex-Königin,* die auf dem Hinterleib der Wirtskönigin sitzt, hat einen angeschwollenen Hinterleib mit vollentwickelten Eierstöcken. Im Vordergrund steht eine Arbeiterin der Wirtskolonie. (Zeichnung von Walter Linsenmaier.)

und ähnliches Getier zum Essen einladen würde, ohne jemals zu bemerken, daß es sich gar nicht um Menschen handelt.

Zu den raffiniertesten sozialen Parasiten gehören Ameisen, die andere Ameisenarten ausnutzen. Das extremste Beispiel ist wohl *Teleutomyrmex schneideri,* eine seltene Art, die von dem bekannten Ameisenforscher Heinrich Kutter entdeckt wurde. Dieser außergewöhnliche Parasit kommt ausschließlich als Untermieter einer anderen Ameisenart, *Tetramorium caespitum,* in den Französischen und Schweizer Alpen vor. Das Wort *Teleutomyrmex* kommt aus dem Griechischen und bedeutet sehr treffend „die letzte Ameise". Diese Art besitzt keine Arbeiterinnenkaste und ist von der Fürsorglichkeit der Arbeiterinnen ihres Wirtes abhängig. Die Königinnen, die mit ihrer durchschnittlichen Körperlänge von 2,5 Millimetern im Vergleich zu anderen Ameisenarten winzig klein sind, tragen in keiner Weise zu der Versorgung der Wirtskolonien bei. In einer Hinsicht sind sie einzigartig unter allen bekannten soziallebenden Insekten: Sie leben nicht nur parasitisch, sondern ektoparasitisch, d.h. sie verbringen die meiste Zeit auf dem Rücken ihrer Wirte. Dieses ungewöhnliche Verhalten wird nicht nur durch die geringe Größe der *Teleutomyrmex,* sondern auch durch ihre Körperform ermöglicht. Die Unterseite des Abdomens (der große Hinterleib) ist stark nach innen gewölbt, so daß die Parasiten ihren Körper eng an den ihres Wirtes pressen können. Die Tarsalsohlen und Klauen ihrer Füße sind verhältnismäßig groß und ermöglichen den *Teleutomyrmex* einen festen Halt auf der glatten, chitinisierten Körperoberfläche anderer Ameisen. Die Königinnen verspüren einen instinktiven Drang, sich an irgend etwas festzuklammern, mit Vorliebe an der Königinmutter der Wirtskolonie. Bis zu acht von ihnen sind schon auf einer einzelnen Wirtskönigin beobachtet worden, so daß die Wirtskönigin von ihren dichtgedrängten Körpern und ihren festgekrallten Beinen völlig bedeckt und ihr dadurch jede Bewegungsmöglichkeit genommen war.

Diese hochspezialisierten Parasiten haben die *Tetramorium*-Staaten völlig infiltriert. Sie werden von den Arbeiterinnen mit hochgewürgtem Futter gefüttert und dürfen sogar an der Flüssigkeit, die an die Wirtskönigin weitergegeben wird, teilhaben. Da sie so bevorzugt behandelt werden, sind die *Teleutomyrmex*- Königinnen ungeheuer fruchtbar. Ältere Individuen, deren Hinterleiber durch ihre riesigen Eierstöcke aufgebläht sind, legen im Durchschnitt zwei Eier pro Minute.

Das Volk der Wirtsarbeiterinnen wird durch die Bürde der Parasitenpopulation geschwächt. Trotzdem sorgen die Arbeiterinnen in jeder Hinsicht für die *Teleutomyrmex* und ziehen so viele Tiere auf, daß auch andere Kolonien in der Umgebung von den Parasiten befallen werden. Die *Teleutomyrmex* geben in jedem Lebensstadium, vom Ei bis zum erwachsenen Tier, Signale ab, die vor allem chemischer Natur sind und ihre Wirte veranlassen, sie wie echte Koloniemitglieder zu behandeln.

Allerdings haben die *Teleutomyrmex* im Laufe der Evolution einen Preis für ihre außergewöhnliche Lebensart bezahlt: Der Makel des Parasitismus haftet an ihnen; ihre Körper sind schwach und degeneriert. Ihnen fehlen einige Drüsen, die andere Ameisen brauchen, um Futter für die Larven herzustellen und Bakterien abzuwehren. Ihr Außenskelett ist dünn und kaum pigmentiert, ihr Stachel und ihre Giftdrüse sind zurückgebildet, und ihre Kiefer sind zu klein und zu schwach, um mit irgend etwas anderem als flüssiger Nahrung zurechtzukommen. Ihr Gehirn und ihr zentraler Nervenstrang sind klein und vereinfacht; vieles deutet darauf hin, daß die erwachsenen Tiere sich nur paaren, über kurze Entfernungen fliegen, sich an ihre Wirte klammern und betteln können. Wenn man sie von ihren Wirten trennt, überleben sie nur wenige Tage.

Teleutomyrmex schneideri, das europäische, symbiotisch lebende Wundertier, ist auch eine der seltensten Ameisen, die es gibt. Andere Extremfälle unter den Parasiten der Ameisen, d.h. solche, die mit ihrer Versorgung vollständig von ihrem Wirt abhängig sind, kommen ebenfalls sehr selten vor. Da gibt es keine Ausnahmen. Vielmehr ist die Entdeckung solcher Parasiten in einer Wirtskolonie, ob es sich dabei nun um eine neue oder eine schon von früheren Sammlungen bekannte Art handelt, ein besonderes Ereignis für Ameisenforscher. Sie schreiben einen kurzen Artikel über ihren Fund oder geben die Neuigkeit zumindest mündlich an Fachkollegen weiter. Der unbestrittene Rekordhalter bei der Entdeckung sozialer Parasiten ist Alfred Buschinger aus Deutschland. Mit seinen Studenten und seinem Mitarbeiterteam ist er ihnen auf der ganzen Welt auf der Spur gewesen und hat die tiefsten Geheimnisse ihrer versteckten Lebensweise gelüftet.

Buschinger und anderen zufolge läßt sich nicht nachweisen, daß parasitische Arten kurzlebig und zum schnellen Untergang verurteilt sind, sobald sie einer anderen Art zur Last fallen. Aber sie kommen sicherlich seltener vor und sind oft in ihrer geographischen Verbreitung so eingeschränkt, daß sie kurz vor dem Aussterben stehen. Es ist wie bei uns Menschen: Es muß immer weniger Schurken als Dumme geben, sonst ist ihnen ihre Lebensgrundlage entzogen.

Eine andere wohlbekannte Form des Parasitismus bei den Ameisen ist die Versklavung anderer Ameisen. Die Abhängigkeit von deren Zwangsarbeit ist beträchtlich, aber in ihrer Anatomie und ihrem Verhalten sind die Sklavenhalter weit weniger verkümmert. In einem früheren

Kapitel haben wir beschrieben, wie Honigtopfameisenkolonien häufig schwächere Kolonien überrennen, ihre Königin umbringen und jüngere Arbeiterinnen und Angehörige der Honigtopfkaste gefangennehmen, die dann im Nest der Eroberer weiterleben und arbeiten. Das ist echte Sklaverei, auch nach strengster Definition: nämlich die Unterwerfung und Zwangsarbeit von Mitgliedern derselben Art. Viel häufiger findet man bei Ameisen die Versklavung Angehöriger anderer Ameisenarten. Hier lassen sich die Begriffe Sklaverei und Versklavung nur im übertragenen Sinne verwenden. Dieses Verhalten ist eher mit der Domestizierung von Hunden und Vieh durch uns Menschen zu vergleichen. Der Begriff „Sklaverei" hat sich jedoch so eingebürgert, und das Verhalten der Sklavenhalterameisen ist für die Insektenforscher so bezeichnend und so geläufig, daß wir diesen Begriff hier weiterverwenden werden. Auch Spezialisten, die sich mit dem Verhalten der Ameisen beschäftigen, ziehen ihn dem technischen Ausdruck Dulosis vor, der eingeführt wurde, um die Versklavung zwischen Arten abzudecken, und der gelegentlich in entomologischen Zeitschriften auftaucht.

Die Sklavenraubzüge der sogenannten Amazonenameisen aus der Gattung *Polyergus* gehören zu den beeindruckendsten *Schauspielen* in der Ameisenwelt. Sie sind rot oder schwarz glänzend, von stattlicher Größe und draufgängerisch bei ihren Raubzügen; mithin, sie haben den Gipfel der sklavenhaltenden Lebensweise erreicht. Die Raubzüge werden gegen Kolonien der Gattung *Formica* durchgeführt. Diese Ameisen sind häufig und weitverbreitet, und sie sehen den Amazonenameisen ähnlich. Die europäische Art *Polyergus rufescens* kommt in der Nähe von Würzburg auf den Kalksteinflächen entlang des Mains recht häufig vor. Als Gymnasiast im Alter von 15 Jahren beobachtete Bert Hölldobler viele Raubüberfälle der Amazonenameisen und machte sich detaillierte Notizen von dem Verhalten der Räuber und ihrer Sklavenameisen. Später erfuhr er, daß die meisten seiner Entdeckungen schon 1810 von dem Schweizer Insektenforscher Pierre Huber und von dem großen Schweizer Neuroanatomen, Psychiater und Ameisenforscher Auguste Forel in seinem Hauptwerk *Le monde social de fourmis* beschrieben worden waren.

Polyergus ist eine echte Parasitenart. Kämpfen ist das einzige, was sie wirklich beherrschen, wie schon William Morton Wheeler beschrieb:

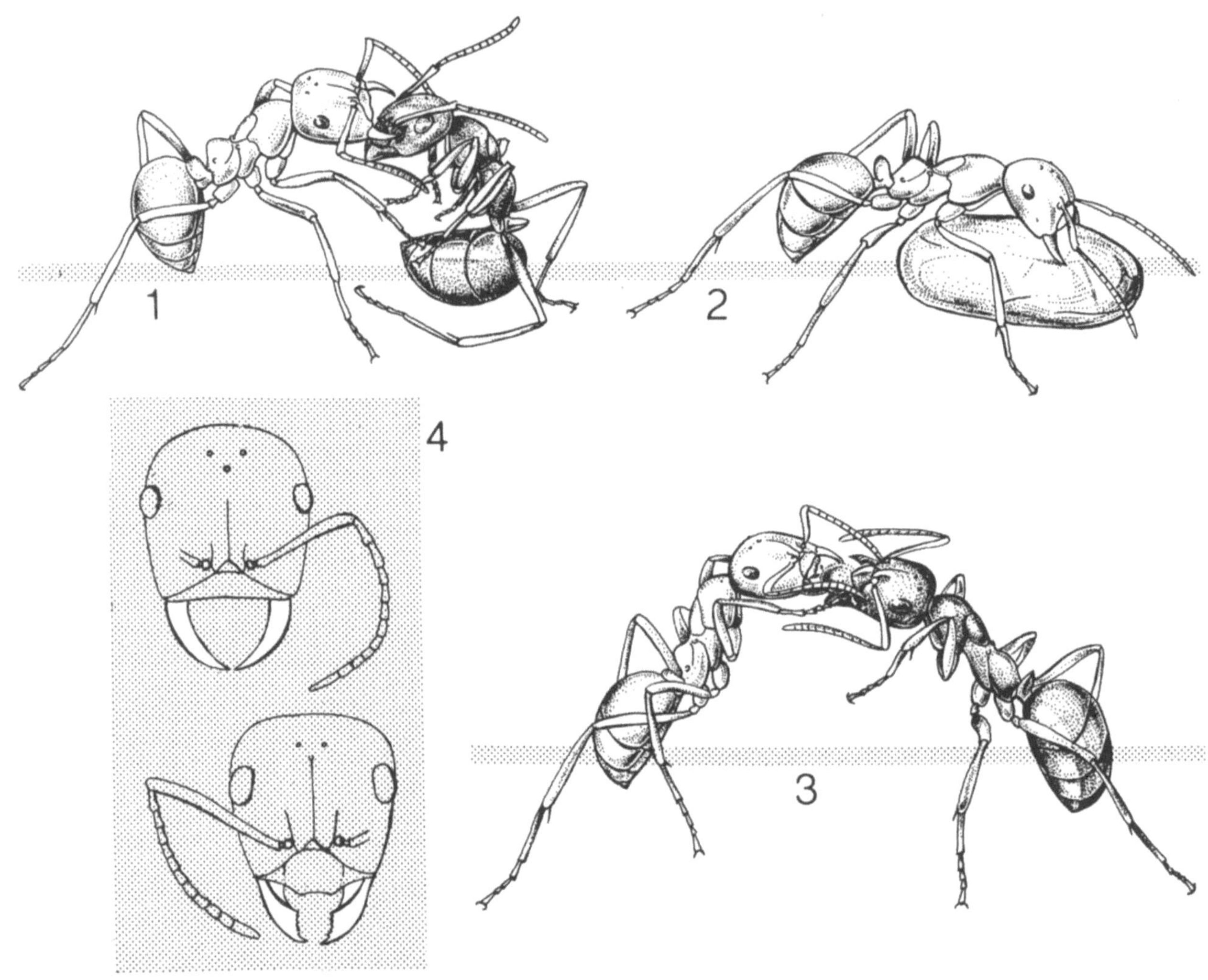

Alltagsszenen aus dem Leben der europäischen Amazonenameise *Polyergus rufescens*. (1) Eine *Polyergus*-Arbeiterin greift während eines Sklavenraubzugs eine *Formica fusca*-Arbeiterin an, die ihr Nest verteidigt, (2) und kehrt anschließend mit einer *Formica*-Puppe (in einem Kokon) in ihr eigenes Nest zurück. (3) Eine *Polyergus*-Arbeiterin wird von einer *Formica*-Sklavin gefüttert, die aus einer geraubten Puppe geschlüpft ist. In Abbildung (4) sind die sichelförmigen Kiefer von *Polyergus* (*oben*) den normalen, breiten Kiefern von *Formica subintegra* gegenübergestellt, die Giftsekrete zur Unterwerfung ihrer Gegner einsetzt statt sie mit ihren Kiefern zu durchbohren (siehe Abbildung auf Seite 156). (Zeichnung von Turid Forsyth.)

„Die Arbeiterin ist äußerst kampflustig, und kann, wie das Weibchen, leicht an ihren sichelförmigen, ungezähnten, aber sehr fein gezackten Kiefern erkannt werden. Solche Kiefer sind nicht daran angepaßt, in der Erde zu graben oder mit dünnhäutigen Larven oder Puppen umzugehen und sie in den engen Nestkammern herumzutragen, aber sie sind in bewundernswerter Weise dafür geeignet, den Panzer erwachsener Ameisen zu durchbohren. Deshalb sehen wir die Amazonen niemals Nester graben oder sich um ihre eigene Brut kümmern. Sie können sich nicht einmal ihr eigenes Futter verschaffen, obwohl sie in der Lage sind, Wasser oder flüssiges Futter aufzulecken, wenn sie zufällig mit ihren kurzen Zungen damit in Berührung kommen. In allen lebenswichtigen Dingen wie Futter, Behausung und Aufzucht sind sie völlig von ihren Sklaven abhängig, die aus den Arbeiterinnenkokons schlüpfen, die sie aus fremden Kolonien geraubt haben. Ohne ihre Sklaven können sie kaum überleben und deshalb findet man sie immer in gemischten Kolonien, wo sie Nester bewohnen, deren Bauweise ausschließlich der der Sklavenart entspricht. So zeigen die Amazonen zwei gegensätzliche instinktgesteuerte Verhaltensweisen: im häuslichen Nest sitzen sie in gleichmütiger Untätigkeit herum oder verbringen die langen Stunden damit, von Sklaven Futter zu erbetteln oder sich selbst zu säubern und ihren rötlichen Panzer zu polieren, aber außerhalb des Nestes zeigen sie erstaunlichen Wagemut und die Fähigkeit, gemeinsam vorzugehen" (aus: *Ants: Their Structure, Development, and Behavior*, New York, Columbia University Press, 1910).

Dieses gemeinsame Vorgehen, nämlich ein Überfall der Amazonenameisen, ist ein großartiges Schauspiel. Arbeiterinnen strömen aus dem Nest und bilden eine dichte Kolonne, die sich mit 3 cm pro Sekunde fortbewegt – das entspricht der Marschgeschwindigkeit einer menschlichen Brigade von 26 Kilometern pro Stunde. Wenn sie ihr Ziel, d.h. ein Nest der *Formica*-Ameisen, oft in einer Entfernung von über 10 Metern, erreichen, stürmen sie ohne zu zögern in den Eingang, packen die in Kokons versponnenen Puppen, rennen wieder heraus und kehren in ihr eigenes Nest zurück. Sie attackieren und töten jede Arbeiterin, die sich ihnen in den Weg stellt, indem sie die Köpfe und Körper der Verteidigerinnen mit ihren säbelförmigen Kiefern durchbohren. Wieder zu Hause, übergeben sie die Puppen den Sklaven zur weiteren Versorgung und fallen in ihre übliche Trägheit zurück.

Über viele Jahre war es eine der klassischen Fragen in der Ameisenforschung, wie es den *Polyergus*-Arbeiterinnen gelingt, auf direktem Wege zu der Kolonie des Opfers zu finden. Mary Talbot stellte 1966 bei der Beobachtung von Amazonennestern in Michigan fest, daß vor dem Beginn eines jeden Überfalls mehrere Späherinnen die Umgebung des bestimmten *Formica*-Nestes auskundschafteten, das später überfallen wurde. Der Beginn jedes Überfalls wurde durch das Auftauchen einer Späherin signalisiert, die aus der Richtung des Zielnestes zurückkehrte. Da die Überfälle der Amazonenameisen allem Anschein nach nicht von Späherinnen angeführt wurden, schloß Talbot, daß wohl eine Späherin ihren Nestgenossinnen den Weg mit einer Duftspur vom Ziel bis zum eigenen Nest weisen mußte. Es war, als ob die Späherin sagte: „Hört her, da draußen ist ein Nest. Ihr müßt nur der Spur folgen." Wie kann man solch eine Hypothese testen? Talbot entschied sich dafür, direkt zu den Amazonenräubern zu sprechen und ihnen ihre eigenen Anweisungen zu geben. Zu einer Tageszeit, zu der normalerweise Überfälle stattfinden, legte sie mit einem Pinsel mit Dichlormethanextrakten aus ganzen *Polyergus*-Körpern künstliche Duftspuren, die von den Amazonennestern wegführten. Dieser Versuch war unerwartet erfolgreich. *Polyergus*-Arbeiterinnen strömten gehorsam aus dem Nest und folgten den Spuren bis zu ihrem Ende. Auf diese Weise konnte Talbot Überfallkommandos in Bewegung setzen und sie zu Bestimmungsorten ihrer Wahl leiten. Schließlich löste sie einen richtigen Überfall auf eine *Formica*-Kolonie aus, indem sie diese zwei Meter entfernt von einer *Polyergus*-Kolonie in einen Behälter setzte und für die Amazonenameisen eine künstliche Duftspur zum Rand dieses Behälters legte.

Mary Talbot war der Ansicht, daß keine Späherinnen an der Spitze der Front vorauslaufen, um ihren Schwestern den Weg zum Zielnest zu weisen. Das ist vielleicht nicht ganz richtig. Obwohl es stimmt, wie sie zeigte, daß erregte Arbeiterinnen dieser Art aus Michigan fähig sind, Duftspuren ohne weitere Anleitung zu folgen, werden wahrscheinlich noch andere Signale eingesetzt. Der Insektenforscher Howard Topoff vom Amerikanischen Museum für Naturgeschichte, der eine andere

Amazonenameisenart aus Arizona untersuchte, fand, daß die Geschichte noch etwas komplizierter war. Nach seinen Beobachtungen führten bei natürlich stattfindenden Raubzügen stets Späherinnen die Spitze an. Er versetzte auffällige Landmarken, wie beispielsweise Büsche und Steine, in der Umgebung der Ameisen und konnte zeigen, daß die visuellen Signale für die Anführerinnen wichtiger als die chemischen Duftspuren sind. Nach dem Angriff jedoch orientierten sich die Arbeiterinnen auf ihrem Heimweg sowohl mit Hilfe von visuellen Wegweisern als auch an Duftspuren, die von den Späherinnen gelegt worden waren.

Amazonenameisen rauben die Brut anderer Arten, indem sie sich ins Gefecht stürzen und ihre tödlichen Waffen einsetzen, mit denen sie jede Ameise, die ihnen in die Quere kommt, umbringen. Dies mag einem als der einfachste und wirkungsvollste Weg erscheinen, um zum Ziel zu kommen. Aber es gibt noch raffiniertere Methoden, Sklaven zu rauben. Als Wilson mit Fred Regnier von der Purdue Universität zusammenarbeitete, stellte er an einer anderen, in den Vereinigten Staaten beheimateten, sklavenhaltenden Ameise, *Formica subintegra*, fest, daß sie auch ohne großen Einsatz, wie ihn die *Polyergus* auf dem Schlachtfeld zeigen, äußerst erfolgreich sind. Ihre Arbeiterinnen besitzen statt der gekrümmten, säbelförmigen Waffen, die charakteristisch für die Amazonenameisen sind, ganz normal geformte Kiefer, scheinen aber trotzdem genauso effizient beim Fang von Sklaven zu sein. Wie die Amazonenameisen bevorzugen sie andere *Formica*-Arten. Auf der Suche nach dem Schlüssel ihres Erfolgs entdeckten Wilson und Regnier, daß jede *subintegra*-Arbeiterin eine stark vergrößerte Dufoursche Drüse besitzt, die nahezu die Hälfte ihres Hinterleibes füllt. Wenn die Ameisen eine Kolonie angreifen, spritzen sie „Propagandasubstanzen" aus dieser Drüse auf und um die verteidigenden Ameisen. Diese Stoffe, ein Gemisch aus Decyl-, Dodecyl- und Tetradecylacetaten, wirken anziehend auf die angreifenden *subintegra*-Arbeiterinnen, aber alarmierend auf die Verteidigerinnen, so daß sie ziellos durcheinanderlaufen. Diese drei Acetatverbindungen kopieren die echten Alarmpheromone ihrer *Formica*-Opfer, lösen allerdings ein stark übertriebenes Alarmverhalten bei den überfallenen Ameisen aus. Die hochgradig konzentrierten Pseudopheromone werden sofort von ihren Opfern entdeckt; gleichzeitig hält sich der Geruch noch

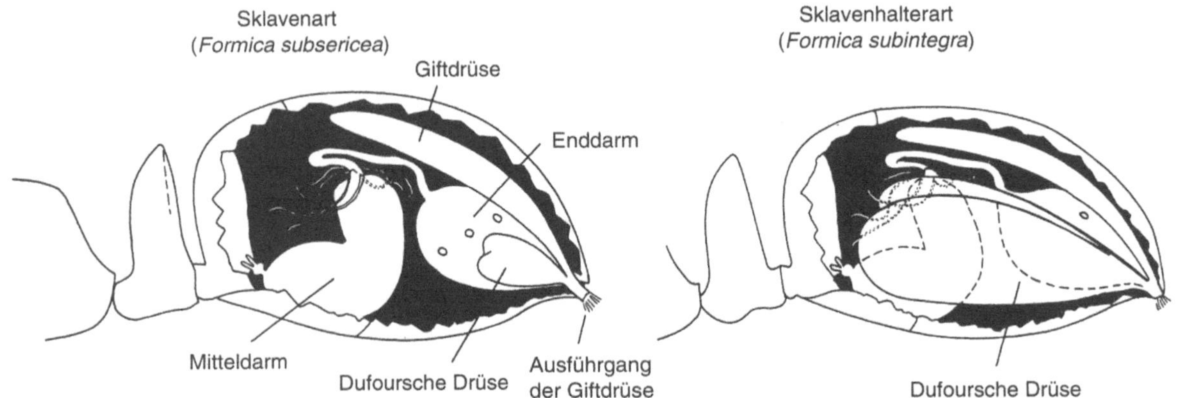

Die amerikanische Sklavenhalterameise *Formica subintegra* setzt „Propagandasubstanzen" ein, die sie in großen Mengen in ihrer stark vergrößerten Dufourschen Drüse produziert. Diese Substanzen, die Alarmpheromonen ähneln, verwirren die verteidigenden Ameisen, so daß sie ziellos durcheinanderlaufen. Die Dufoursche Drüse der *F. subintegra* ist einer normal großen Drüse von *Formica subsericea* gegenübergestellt, die keine sklavenhaltende Art ist. (Aus: F. E. Regnier und E. O. Wilson, *Science*, 172, S. 267–269, 197.)

lange im Nest, nachdem sich normale Alarmsubstanzen (wie z.B. Undecan) längst zu nicht mehr wahrnehmbaren Konzentrationen verflüchtigt haben.

Uns Beobachtern erscheinen die gefangenen Arbeiterinnen wie Sklaven; aber sie selber handeln, als seien sie „frei". Sie verhalten sich genau so, als ob sie Schwestern der Sklavenhalter seien und führen dieselben Aufgaben durch, die sie in der Sicherheit ihres Nestes in ihrer eigenen Kolonie ausführen würden. Das sollte uns nicht überraschen. Freilebende Ameisen sind im Laufe der Evolution darauf programmiert worden, so zu handeln, wo auch immer sie sich befinden mögen. Die Sklavenhalter sind ihrerseits darauf programmiert, dieses starre, instinktive Verhalten der Sklavenameisen auszunützen. Wilson fand eine sklavenhaltende Ameisenart, *Formica wheeleri*, in Wyoming, die Sklaven mehrerer Arten hält, von denen jede ein etwas unterschiedliches Verhaltensprogramm besitzt. Das führt zu einer Art Arbeitsteilung, die einem Kastensystem ähnelt. Eine dieser Sklavenarten, *Formica neorufibarbis*, ist aggressiv und erregbar. Auf einem Sklavenüberfall, den Wilson beobachtete, begleiteten Arbeiterinnen ihre *Formica wheeleri*-Herrinnen als Handlanger. Sie halfen den *wheeleri* auch dabei, den oberen Teil des gemischten Nestes zu verteidigen, wenn es aufgegraben wurde. Die andere Art, die zu der

Formica fusca-Gruppe gehört, blieb im unteren Teil des Nestes und versuchte zu fliehen und sich zu verstecken, wenn das Nest offenlag. Ihre Hinterleiber waren mit flüssiger Nahrung prall gefüllt, und sie schienen für die Versorgung der *wheeleri*-Brut zuständig zu sein.

Man weiß, daß weltweit mehrere hundert Arten zu sozialen Parasiten anderer Ameisen geworden sind, und es haben schätzungsweise ein paar weitere hundert Arten das Potential, diesen evolutionären Weg einzuschlagen. Daneben haben sich auch Tausende von Milben, Silberfischchen, Tausendfüßern, Fliegen, Käfern, Wespen und anderen kleinen Kreaturen dieser Lebensweise verschrieben. Wegen der Einfachheit der Verständigungssignale der Ameisen ist eine Kolonie sehr anfällig für dieses Konglomerat von Täuschungskünstlern. Aus der Sicht der sogenannten „Gäste" ist eine Ameisenkolonie eine ökologische Insel, die, mit reichlich Nahrung ausgestattet, nur darauf wartet, ausgebeutet zu werden. Die Kolonie und ihr Nest bieten vielerlei Nischen, in denen sich Räuber und Schmarotzer niederlassen können. Die Ausbeuter können zwischen den Futterstraßen der Ameisen, ihren äußeren Nestkammern oder den Kasernennestern, den Vorratskammern, den Königinkammern oder den Brutkammern wählen – letztere lassen sich weiter in Räume für Puppen, Larven und Eier unterteilen.

Häufig kommen Gäste vor, die noch dreister sind und sogar auf den Körpern der Ameisen selbst leben können. Ein Extremfall in dieser Richtung sind bestimmte Milbenarten, die sich auf den Treiberameisen in den tropischen Regenwäldern Südamerikas aufhalten. Einige dieser Arten sind winzig und erinnern in ihrem Aussehen vage an Spinnen; sie sitzen auf den Köpfen der Arbeiterinnen und stehlen ihnen das Futter direkt von ihrem Mund weg. Andere Arten lecken ölige Sekrete vom Körper der Ameise oder saugen ihr Blut. Diese parasitischen Arten sind aber nicht nur beim Futter wählerisch, sie spezialisieren sich häufig auch auf bestimmte Körperteile, auf denen sie leben. Einige verbringen die meiste oder ihre gesamte Zeit an den Kiefern, andere auf dem Kopf, dem Brustabschnitt oder dem Hinterleib. Eine ganze Milbengruppe, die zu der Familie *Coxequesomidae* gehört, klammert sich ausschließlich an den Antennen oder den Coxae, den obersten Beinsegmenten, fest. Einen solchen Besucher zu ertragen, bedeutet ungefähr das gleiche, als ob Sie eine Vampirfledermaus an ihrem Ohr hängen oder eine Schlange wie ein Strumpfband um Ihren Oberschenkel gewickelt haben.

Unserer Meinung nach zeigt jedoch eine macrochelide Milbe *(Macrocheles rettenmeyeri)* die außergewöhnlichste aller Anpassungen: Sie verbringt ihr Leben damit, das Blut aus dem Hinterfuß der Soldatenkaste einer Treiberameisenart *(Eciton dulcius)* zu saugen. Die Milbe hat ungefähr die gleiche Größe wie ein ganzer Fußabschnitt der Ameise, so als ob sich ein pantoffelgroßer Blutegel an der Fußsohle eines Menschen anheften würde. Doch trotz ihrer Größe behindert die Milbe ihren Wirt in keiner Weise. Der Soldat kann ihren ganzen Körper als eine Verlängerung seines Fußes benutzen und läuft auf ihr scheinbar ohne Beschwerden. Aber das ist noch nicht alles. Wie der amerikanische Insektenforscher Carl Rettenmeyer beobachtete, der diese Art entdeckte, bilden rastende Treiberameisen traubenförmige Gebilde, indem sie sich mit ihren Fußklauen an den Beinen oder anderen Körperteilen benachbarter Arbeiterinnen einhaken. Wenn sich eine *Macrocheles*-Milbe am Fuß eines Soldaten anklammert, läßt sie ihn ihre Hinterbeine statt seiner Klauen benutzen. Um diese Ersatzfunktion zu ermöglichen, bringt die Milbe ihre Beine in genau die richtige Krümmung und verharrt jedesmal steif in dieser Position, wenn sich der Soldat an einer anderen Ameise festhakt. Rettenmeyer konnte keinen Unterschied zwischen dem Verhalten von Ameisen sehen, die an ihren eigenen Klauen hingen, und solchen, die an den Hinterbeinen des Parasiten aufgehängt waren.

Es gibt unzählige Methoden, mit denen Insekten und andere Gliedertiere Ameisen täuschen und ausrauben. Eine außergewöhnliche List, die Bert Hölldobler in Deutschland untersucht hat, wird von dem Glanzkäfer *Amphotis marginata* angewendet. Dieses listige Insekt, das wie eine kleine, platte Schildkröte aussieht, ist der „Straßenräuber" der dort lebenden Ameisenwelt. Tagsüber verstecken sich die Käfer an geschützten Stellen entlang der Futterstraßen der glänzend schwarzen Holzameise *Lasius fuliginosus*. Nachts patrouillieren sie an diesen Wegen, halten gelegentlich Arbeiterinnen, die auf dem Rückweg sind, an und nehmen ihnen Futter weg. Ameisen, deren Kröpfe prall mit flüssiger Nahrung gefüllt sind, lassen sich leicht täuschen. Die Käfer bringen sie dazu, einen flüssigen Tropfen hervorzuwürgen, indem sie mit ihren kurzen, keulen-

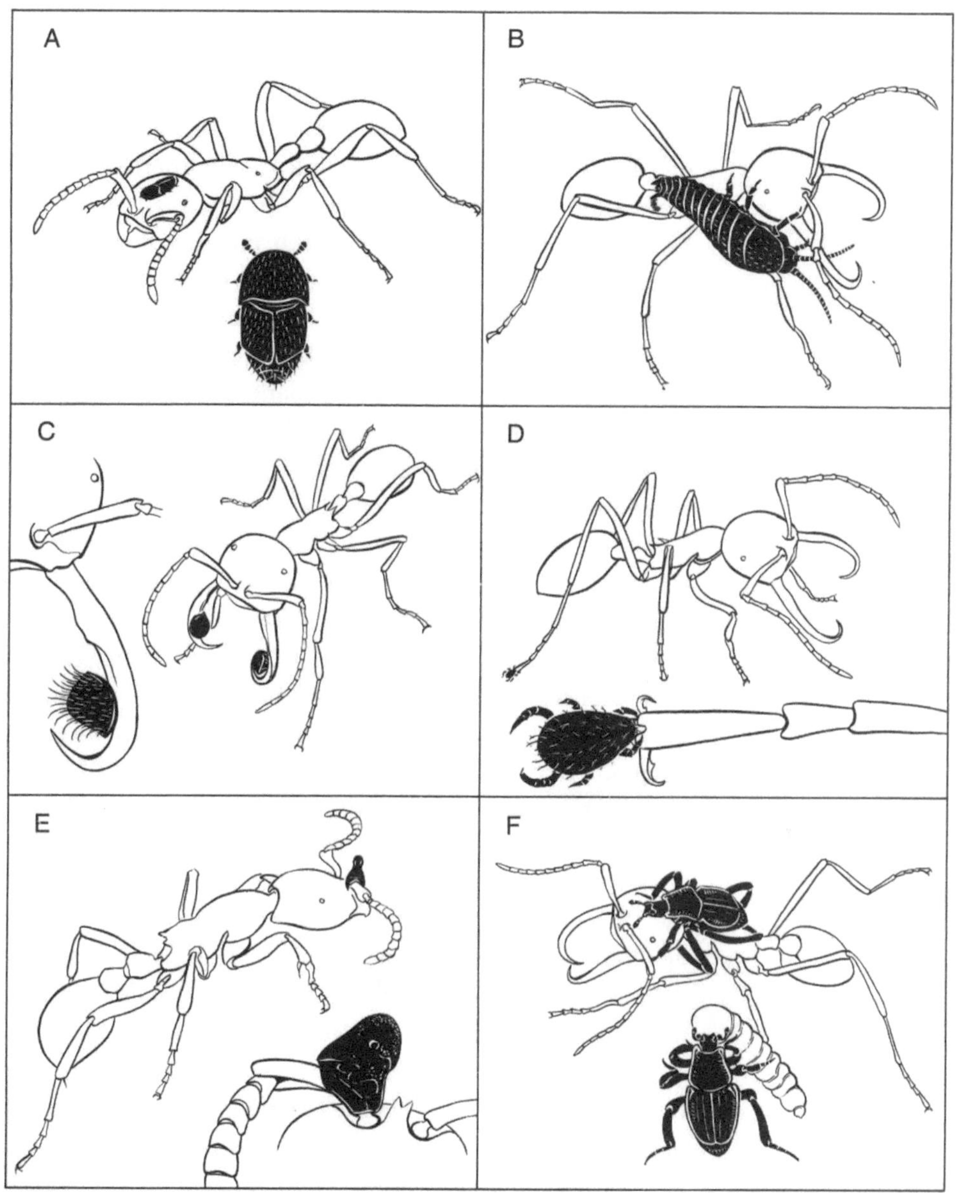

Sechs Parasiten (schwarz dargestellt) der Treiberameisen, die beispielhaft einige der vielen symbiotischen Anpassungen an ihre Wirte zeigen. (A) *Paralimulodes wasmanni* ist ein Käfer aus der Familie der Federflügler, der sich die meiste Zeit auf dem Rücken seines Wirtes (*Neivamyrmex nigrescens*-Arbeiterinnen) aufhält. (B) *Trichatelura manni* ist ein Silberfisch, der die Körpersekrete seiner Wirte (*Eciton*-Arten) abkratzt und aufleckt und von deren Beute frißt. (C) Die *Cirocylliba*-Milbe gehört zu einer Art, die sich darauf spezialisiert hat, auf der Kieferinnenseite von *Eciton*-Soldaten zu sitzen. (D) *Macrocheles rettenmeyeri* ist eine andere Milbenart, die normalerweise an der gezeigten Stelle gefunden wird, wo sie den *Eciton dulcius*-Arbeiterinnen als zusätzlicher „Fuß" dient. (E) *Antennequesoma* ist eine Milbengattung, deren Arten sich völlig darauf spezialisiert haben, sich auf dem ersten Antennensegment von Treiberameisen festzusetzen. (F) Der Stutzkäfer *Euxenister caroli* betrillert *Eciton burchelli*-Arbeiterinnen und frißt ihre Larven. (Zeichnungen von Turid Forsyth.)

förmigen Antennen auf den Kopf und die Kieferunterseite der Ameisen trommeln, dasselbe Signal, das auch von den Ameisenarbeiterinnen selber verwendet wird. Sobald die *Amphotis* mit dem Fressen beginnen, merken die Ameisen jedoch, daß sie hereingelegt wurden, und greifen den Dieb an. Die *Amphotis* befinden sich aber in keiner großen Gefahr. Sie ziehen einfach ihre Beine und Antennen unter ihre breiten Rückenschilder und drücken sich flach auf den Boden. Mit Hilfe spezieller Beinhaare krallen sie sich an der Erdoberfläche fest. Die Ameisen sind nicht in der Lage, die Käfer anzuheben oder sie auf den Rücken zu drehen. Die kleinen Straßenräuber warten einfach ab, bis die Ameisen von ihnen ablassen, und laufen dann gemächlich den Pfad entlang, auf der Suche nach einem neuen Opfer.

Viele räuberische Insektenarten lassen sich in der Nähe von Ameisenstraßen nieder, nicht um die vorbeikommenden Arbeiterinnen auszurauben, sondern um sie zu töten und zu fressen. Dennoch wenden sie selten rohe Gewalt an, um an ihr Ziel zu kommen, denn die Ameisen sind schwer mit Stacheln oder Giftsekreten bewaffnet, bewegen sich in Gruppen und sind durchaus in der Lage, einen Gegenangriff durchzuführen und den Spieß gegenüber ihren Peinigern umzudrehen. Deshalb bedienen sich die Räuber unauffälligerer Methoden, um Ameisen zu fangen, ohne dabei bemerkt und selbst angegriffen zu werden. Eine Täuschungsmethode, die von der Raubwanze *Acanthapsis concinnula* angewendet wird, ist, sich wie der Wolf im Schafspelz zu verhalten. Dieses Insekt, dessen langer, bedrohlich aussehender Stechrüssel wie die Klinge eines Taschenmessers aufklappt, jagt in der Nähe von Feuerameisennestern. Die Wanze isoliert und fängt immer nur eine Ameise, macht sie, indem sie ihr mit ihrem Stechrüssel Gift einspritzt, bewegungsunfähig und saugt ihr Blut aus. Dann hievt sie den ausgemergelten Körper der Ameise auf ihren Rücken und befestigt ihn dort. Dieser Schild aus angesammelten toten Opfern bildet einen ausgezeichneten Deckmantel und zieht sogar andere Feuerameisen an, die durch die Anwesenheit ihrer toten Nestgenossinnen neugierig geworden sind. Wenn Ameisen wie wir Unterhaltungsfilme drehen würden, wäre ihr bevorzugtes Horrorfilmmonster sicher die Raubwanze *Acanthapsis concinnula*.

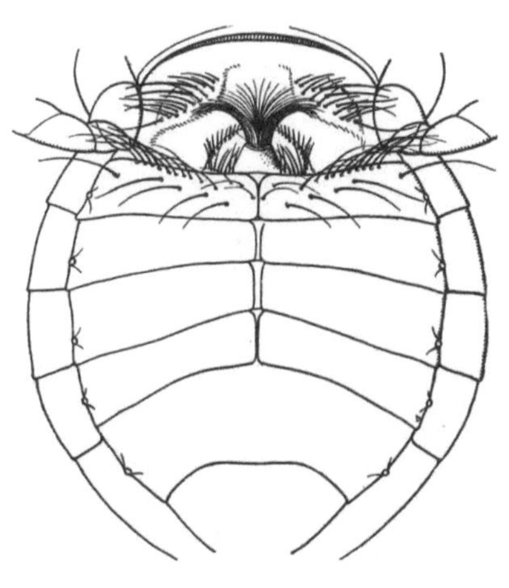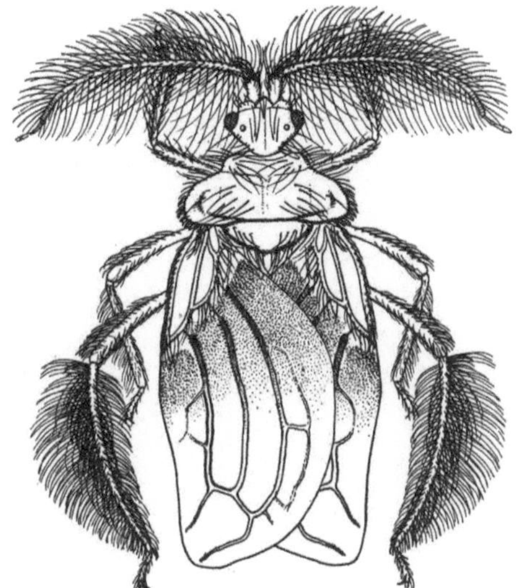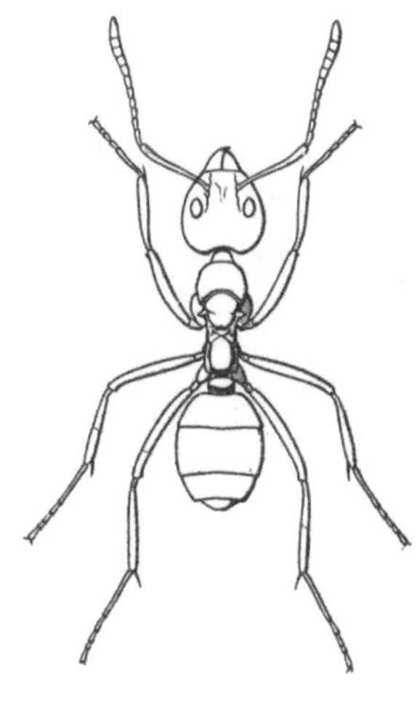

Eine andere Raubwanze, *Ptilocerus ochraceus*, eine Art Dracula der Insektenwelt, ist ein nahezu ebenbürtiger Rivale um diese Auszeichnung. Sie ernährt sich von *Dolichoderus bituberculatus*, einer Ameisenart, die in Südostasien sehr häufig vorkommt. Diese Räuber halten sich in der Nähe von Ameisenstraßen auf und geben aus Drüsen, die sich auf der Unterseite ihres Hinterleibes befinden, eine giftige Substanz ab, die anziehend auf die Ameisen wirkt. Wenn sich eine Arbeiterin *Ptilocerus* nähert, stellt sich die Wanze auf ihre Mittel- und Hinterbeine und bietet ihre Drüsenoberfläche zur näheren Untersuchung an. Die Ameise kommt ganz nah heran und beginnt, die Sekrete abzulecken. Die Wanze legt ihre Vorderbeine sacht um den Körper der Ameise und bringt die Spitze ihres Stechrüssels am Nacken der Ameise in Position. Aber sie sticht die Arbeiterin noch nicht und drückt sie nicht einmal fest mit ihren Beinen. Die Ameise frißt weiter und zeigt nach wenigen Minuten Lähmungserscheinungen. Erst wenn sie völlig hilflos geworden ist, sich krümmt und ihre Beine anzieht, durchbohrt die Wanze sie mit ihrem Stechrüssel und saugt ihr Blut aus. Auf diese Weise ist ein *Ptilocerus* in der Lage, eine Arbeiterin nach der anderen zu töten, ohne den Strom vorbeilaufender Nestgenossinnen zu unterbrechen.

In der Mitte die räuberische indonesische Wanze *Ptilocerus ochraceus* und rechts die Ameise *Dolichoderus bituberculatus*, von der sie sich ernährt. Links ist die Unterseite des Hinterleibes der Wanze mit den spezialisierten Borsten dargestellt, aus denen sie eine betäubende Substanz abgibt, die anziehend auf die Ameisen wirkt. (Zeichnungen in abgeänderter Form nach W. E. China.)

Im oberen Bild gibt eine *Formica*-Arbeiterin Futter an eine *Atemeles*-Larve ab. Die Drüsen, von denen man annimmt, daß sie für den irreführenden Bruterkennungsgeruch zuständig sind, befinden sich auf der Oberfläche sämtlicher Körpersegmente der *Atemeles*-Larve. Im unteren Bild frißt eine *Atemeles pubicollis*-Larve eine Larve einer ihrer Wirtsameisen (*Formica*).

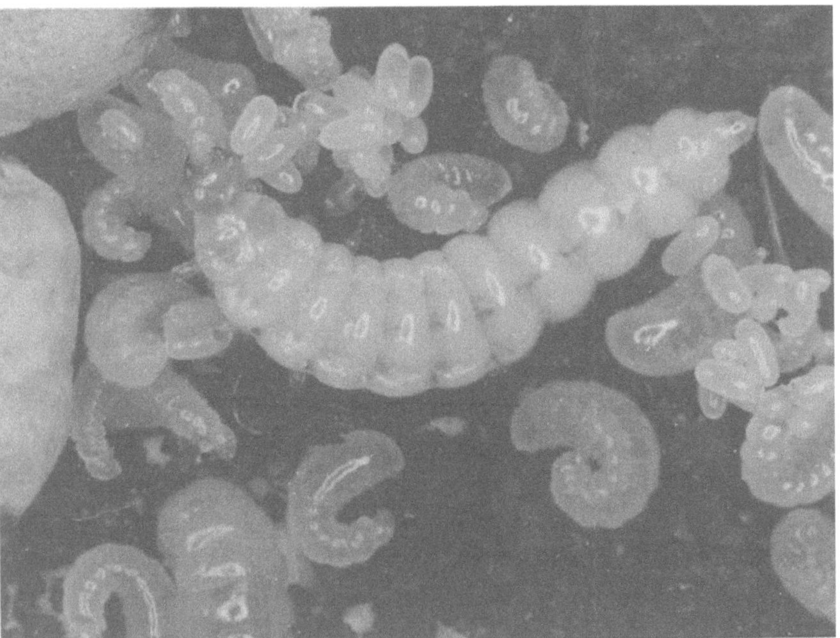

Solche Trickmittel wie die der *Ptilocerus*-Raubwanzen, gehören zur Grundausstattung der meisten raffinierteren Räuber und sozialen Parasiten. Das Hauptziel dieser Eindringlinge sind die Brutkammern der Ameisennester, in denen die Königin und ihre Brut leben. In diesen zentralen Bereich werden die größten Futtermengen gebracht, und hier können die Räuber auch ungeschützte Fettmassen, nämlich hilflose Larven und Puppen, finden. Allerdings ist es schwer, in die Brutkammern einzudringen, denn sie werden von den Ameisen heftig verteidigt. Die Brutkammern stellen sowohl das Hauptquartier als auch die Verteidigungszentrale des Nestes dar. Nur Tiere, die ganz spezielle Tricks anwenden, sind in der Lage, sich bis dorthin einzuschleichen und dabei auch noch länger als ein paar Minuten zu überleben.

Solch eine List ist einigen der evolutionär höherentwickelten Käfern aus der Familie der Kurzflügler *(Staphylinidae)* gelungen. Unter ihnen gehören die europäischen Arten *Atemeles* und *Lomechusa* zu den geschicktesten Spezialisten. Bert Hölldobler lernte diese Insekten bereits als Junge durch die Untersuchungen seines Vaters kennen, und er erfuhr noch mehr über sie aus den frühen Veröffentlichungen des berühmten deutschen Priesters und Insektenforschers Erich Wasmann. Noch während seiner Assistenzzeit in Frankfurt machte sich Hölldobler daran, das Leben dieser Kurzflügler so gründlich wie möglich zu untersuchen. Als erstes bestätigte er, daß sie in den Nestern der *Formica*-Ameisen leben, großen, aggressiven rotschwarzen Insekten, die in ganz Europa weit verbreitet sind. Einige dieser Käferarten verbringen einen Teil des Jahres auch bei den Knotenameisen aus der Gattung *Myrmica*, die in Europa ebenfalls sehr häufig, aber kleiner und schlanker in ihrer Körperform als die *Formicas* sind.

Ein wohlbekanntes Beispiel für solch eine Käferart ist *Atemeles pubicollis*. Seine Larvalzeit verbringt er im Nest der hügelbauenden Waldameisenart *Formica polyctena*. Die Ameisen tolerieren die parasitischen Larven in ihren Brutkammern und behandeln sie wie ihre eigene Brut. Hölldobler gelang es zu zeigen, daß den Käferlarven die täuschende Nachahmung über die Abgabe mechanischer und chemischer Signale gelingt. Sie erbetteln Futter mit ähnlich stereotypen Bewegungen, wie sie auch von den Ameisenlarven verwendet werden. Wenn eine vorüberkommende Arbeiterin die Larve berührt, richtet sich der Parasit auf, um mit dem Kopf der Ameise in Berührung zu kommen. Daraufhin stößt die Käferlarve mit ihren Mundwerkzeugen gegen die Kieferunterseite der Ameise. Dieser Ablauf entspricht im wesentlichen dem Verhalten einer Ameisenlarve, außer daß die Käferlarve energischer vorgeht. Hölldobler bot einer Ameisenkolonie flüssige Nahrung an, die mit radioaktivem Material markiert war, und konnte auf diese Weise die Futtermenge messen und die Richtung, in der das Futter floß, verfolgen, während es von den Koloniemitgliedern in der Folge immer wieder hervorgewürgt und weitergegeben wurde. Er stellte fest, daß die Parasitenlarven einen größeren Futteranteil als die Ameisenlarven des Wirtes erhalten. Sie verhalten sich im wesentlichen wie Kuckucksvögel, deren Junge als Parasiten in den Nestern anderer Arten aufwachsen, indem sie die Wirtsameisen dazu bringen, sie selbst gegenüber der eigenen Art zu begünstigen. Dieser Fehler führt für die Wirte zu einer doppelten Belastung, weil die Käfer nämlich auch noch deren Larven auffressen. Das einzige, was die Parasiten davon abhält, die gesamte Kolonie zu zerstören, ist die Tatsache, daß sie Kannibalen sind: Wenn sie so überhand nehmen, daß sie untereinander in Kontakt kommen, fangen sie an, sich gegenseitig aufzufressen.

Die Ameisenarbeiterinnen säubern auch die Parasiten mit ihren feuchten Zungen und zeigen dabei dasselbe Verhalten wie beim Säubern ihrer eigenen Larven. Offensichtlich geben die Käfer eine anziehend wirkende Substanz ab, die den Larvenstoffen der Ameisen ähnelt, die diese auf ihrer Körperoberfläche tragen. Um diese Hypothese zu testen, wandte Hölldobler ein klassisches experimentelles Verfahren an, das der Aufdeckung chemischer Signale dient. Er bestrich die Körper frisch getöteter Käferlarven mit Schellack, um die Abgabe von Sekreten zu verhindern. Dann legte er die toten Larven vor den Nesteingang der *Formica*-Kolonie und daneben ebenfalls frisch getötete, aber ansonsten unbehandelte Käferlarven, die als Kontrolle dienten. Die Ameisen trugen die Kontrollarven schnell in die Brutkammern, als ob sie noch am Leben und für sie anziehend wären (es sei daran erinnert, daß Ameisen tote Tiere nur an dem Geruch von Zersetzungsprodukten erkennen, die sich über mehrere Tage ansammeln). Die mit Schellack überzogenen

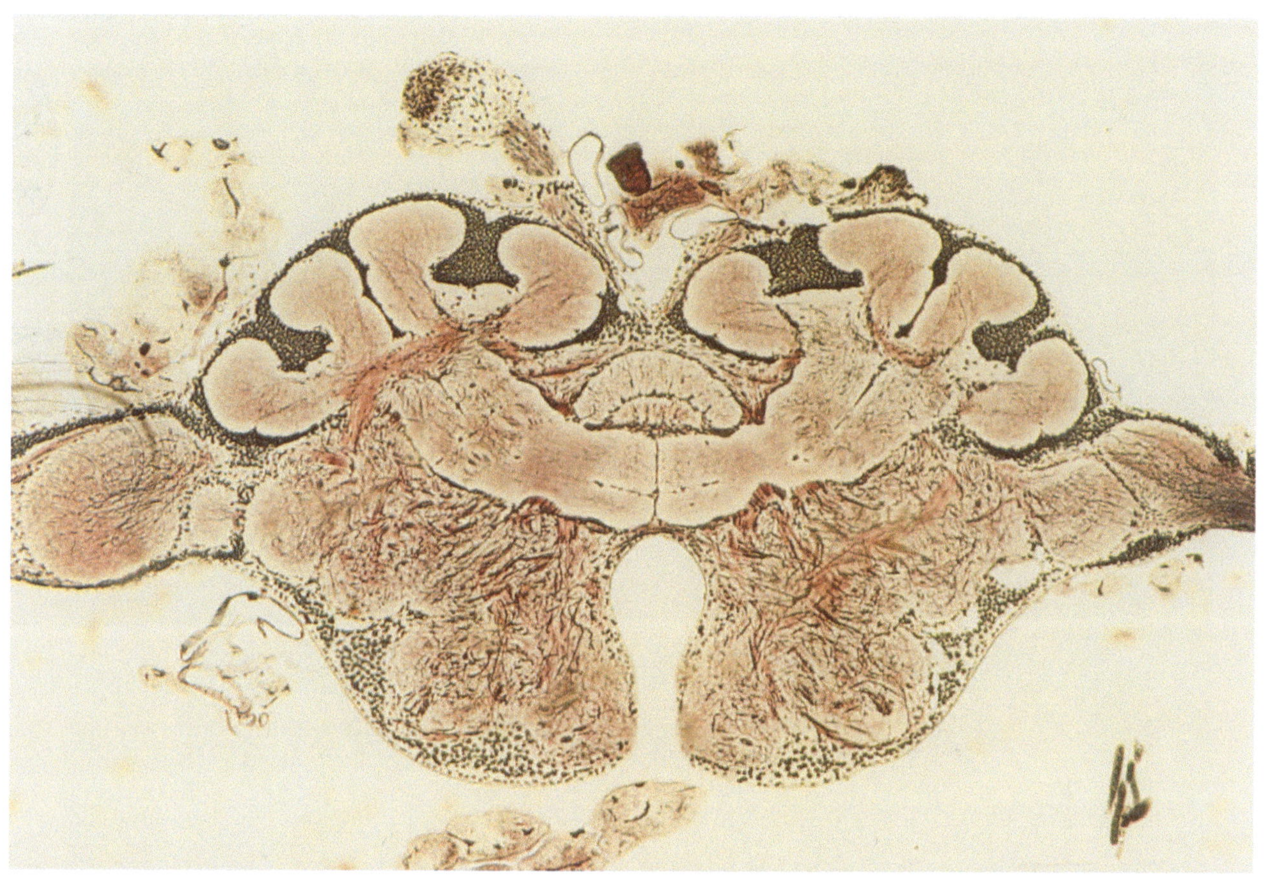

Das Gehirn einer Ameise ist für so ein winziges Organ außerordentlich komplex aufgebaut. Dieser Querschnitt durch das Gehirn einer Roßameisenkönigin von *Camponotus ligniperda* zeigt im oberen Bereich die feinstrukturierten „Pilzkörper", paarige Gebilde aus dicht gepackten Nervenzellansammlungen, die Sinnesinformationen weiterleiten und verarbeiten. Das Gehirn ist so komplex aufgebaut, daß Ameisen einfache Informationen wie z. B. ihren Koloniegeruch oder verschiedene Landmarken außerhalb des Nestes erlernen können. (Histologisches Präparat und Aufnahme von Malu Obermayer.)

Als ersten Schritt zur Verarbeitung des Pflanzenmaterials, das zum Anbau eines Pilzgartens benötigt wird, schneidet eine mittelgroße Arbeiterin der Blattschneiderameisen *Atta sexdens* am Baum ein Stück aus einem Blatt heraus.

Eine Blattschneiderameise mittlerer Größe trägt das herausgeschnittene Blattstück ins Nest. Manchmal lassen sich Mitglieder einer kleineren Kaste auf dem Blatt mittragen (*unten*); ihre Hauptaufgabe scheint es zu sein, die Trägerin vor parasitischen Buckelfliegen zu schützen.

Zwei mittelgroße Blattschneiderameisen schneiden gemeinsam einen Blattstiel durch, den sie anschließend ins Nest zum Pilzgarten tragen.

Im Inneren des Nestes der Blattschneiderameisen verarbeiten Arbeiterinnen die Blattstücke zu Pflanzensubstrat, auf dem sie einen flaumigen, weißen Pilz züchten. Diese Pilzart findet man ausschließlich in Ameisennestern.

Jeder einzelne Schritt bei der Bearbeitung und dem Anbau der Pilzgärten wird von einer spezialisierten Arbeiterinnenkaste durchgeführt, die sich in ihrer Größe und einer Vielzahl anderer anatomischer Merkmale voneinander unterscheiden.
(Bild von John D. Dawson, mit freundlicher Genehmigung der National Geographic Society.)

Die Königin der Blattschneiderameisenkolonie, die man hier auf einem Teil der Pilzkultur sieht, ist riesig im Vergleich zu ihren Töchtern, den Arbeiterinnen.

Wenn eine *Atta*-Kolonie eine bestimmte Größe erreicht hat, werden große Arbeiterinnnen, sogenannte Soldaten, aufgezogen. In dem oberen Bild sieht man die Puppe eines Soldaten, umringt von mittelgroßen Arbeiterinnen; man beachte das große Auge und die großen Mandibeln, die in diesem Puppenstadium bereits sichtbar sind. Das untere Bild zeigt einen erwachsenen Soldaten. Die Soldaten der Blattschneiderameisen sind fast ausschließlich auf die Verteidigung der Kolonie spezialisiert. Sie können mit ihren scharfen Kiefern, deren kräftige Muskeln dicht gepackt in den vergrößerten Kopfkapseln sitzen, durch Leder schneiden.

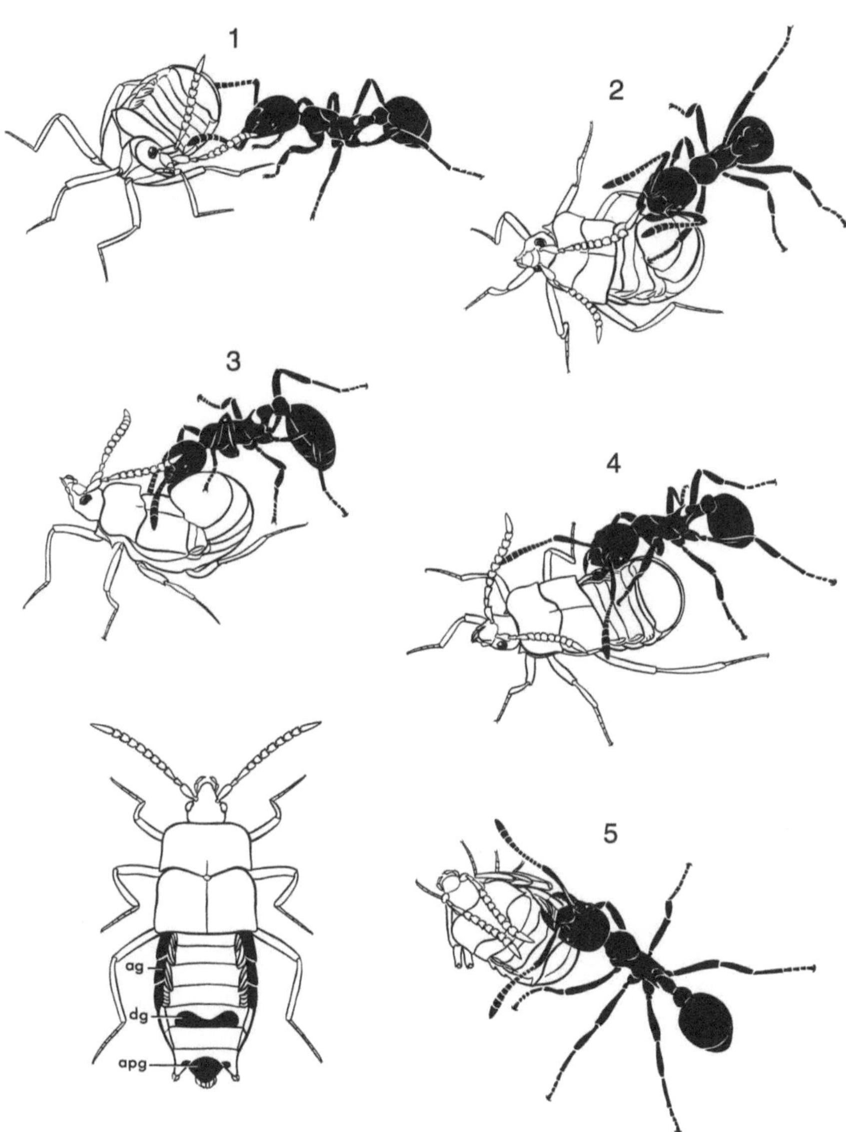

Die Adoption des europäischen Kurzflüglerkäfers *Atemeles pubicollis* durch eine seiner Wirtsameisen, eine *Myrmica*-Art. Die Zeichnung unten links zeigt die drei Drüsenkomplexe am Hinterleib des Parasiten: Adoptionsdrüsen (ag), Verteidigungsdrüsen (dg) und Beschwichtigungsdrüsen (apg). Der Käfer bietet einer *Myrmica*-Arbeiterin, die sich ihm gerade genähert hat, seine Beschwichtigungsdrüse an. (1). Nachdem die Arbeiterin an der Drüsenöffnung geleckt hat (2), dreht sie sich um, um an den Adoptionsdrüsen zu lecken (3, 4), worauf sie den Käfer ins Nest trägt. (Zeichnungen von Turid Forsyth.)

Futterbettelverhalten bei dem Kurzflügler *Atemeles pubicollis*. Der Käfer streichelt mit seinen Antennen eine Arbeiterin der Wirtsameisen, die sich ihm daraufhin zuwendet (*oben*). Der Käfer betastet dann mit seinen Vorderbeinen die Mundregion der Ameise (*Mitte*) und erhält von ihr einen Tropfen flüssigen Futters (*unten*). (Zeichnungen von Turid Forsyth.)

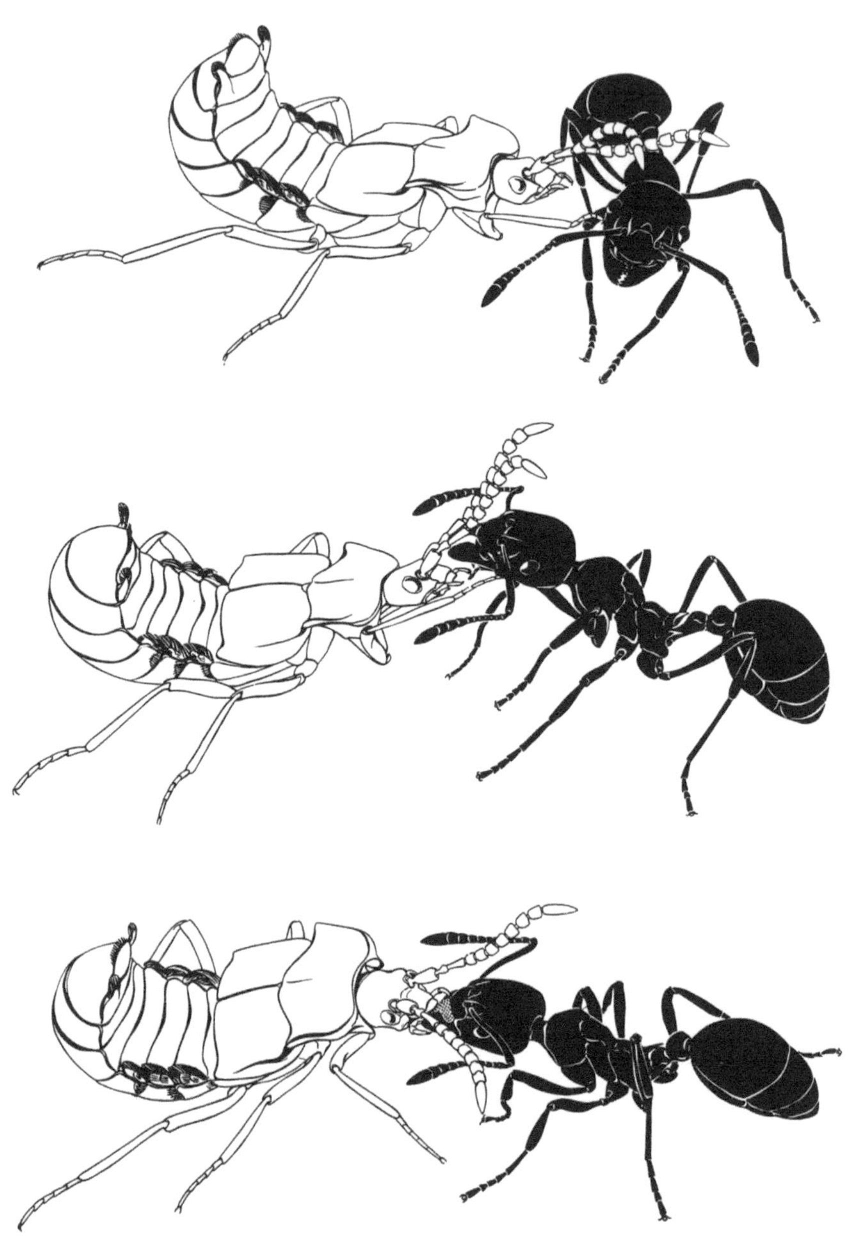

Larven wurden dagegen auf den Abfallhaufen gebracht. Aber sobald nur ein geringer Teil der präparierten Körper nicht von Schellack bedeckt war, wurden sie auch in die Brutkammern getragen. Um die Fragestellung von einer anderen Seite anzugehen, extrahierte Hölldobler mit Lösungsmitteln so gut wie alle Sekrete der Käferlarve. Diese Larven hatten für die Ameisen keinerlei Attraktivität mehr. Wenn er den Lösungsmittelauszug zu den ausgelaugten Larven hinzufügte, wurden sie wieder attraktiv. Und schließlich wurden sogar Papierstückchen, die er mit dem Auszug tränkte, in die Brutkammern eingetragen. Ganz klar handelt es sich bei dem Erkennungsmerkmal der Ameisenlarven für die erwachsenen Ameisen, die sich um sie kümmern, um eine chemische Substanz, und die Kurzflügler haben diesen Code geknackt.

Die *Atemeles*-Käfer haben zwei Orte, wo sie bei Ameisen zu Hause sind: einen für den Sommer und den anderen für den Winter. Nachdem sich die Larven verpuppt haben und in einem *Formica*-Nest geschlüpft sind, wandern die erwachsenen Käfer im Herbst zu den Nestern einer Ameise aus der Gattung *Myrmica*. Der Grund für diesen erstaunlichen Wirtswechsel liegt darin, daß *Myrmica*-Kolonien den ganzen Winter über ihre Brut pflegen und deren Nahrungsversorgung aufrechterhalten, während *Formica*-Ameisen die Aufzucht ihrer Brut während dieser Jahreszeit aussetzen. In den *Myrmica*-Nestern können sich die Käfer, die noch nicht geschlechtsreif sind, selber ernähren. Sie erreichen dann im Frühjahr die Geschlechtsreife und kehren in *Formica*-Nester zurück, wo sie sich paaren und ihre Eier legen. Auf diese Weise sind die Lebenszyklen und das Verhalten von *Atemeles* und den *Formica*- und *Myrmica*-Ameisen so aufeinander abgestimmt, daß die Käfer das Sozialleben beider Arten, die ihnen als Wirte dienen, maximal ausnutzen können. Bei ihrem Ortswechsel müssen die Käfer zwei Aufgaben bewältigen: Erstens müssen sie bei jedem Umzug ein Nest der anderen Ameisenart finden, und zweitens muß es ihnen dann gelingen, in einer möglicherweise feindlichen Umgebung aufgenommen zu werden. Um das zu erreichen, durchlaufen sie vier aufeinanderfolgende Schritte: Zuerst betrillt der Käfer eine der Arbeiterinnen mit seinen Antennen, als ob er ihre Aufmerksamkeit auf sich ziehen wollte. Dann hebt er das Ende seines Hinterleibes und richtet es auf die Ameise. In diesem Körperbereich befinden sich Drüsen, die der Besänftigung dienen; ihre Sekrete werden sofort von der Ameise aufgeleckt und scheinen aggressives Verhalten zu unterdrücken. Eine Reihe weiterer Drüsen, die sich an den Seiten des Hinterleibes befinden, zieht nun die Aufmerksamkeit der Ameise auf sich. Der Käfer senkt seinen Hinterleib, damit sich die Ameise dieser Körperregion nähern kann. Die Drüsenöffnungen sind von Borsten umgeben, die von der Ameise gepackt und als Griffe benutzt werden, um den Käfer in die Brutkammern zu tragen.

Hölldobler versiegelte die Drüsenöffnungen der Kurzflügler und fand dadurch heraus, daß diese Drüsensekrete für eine erfolgreiche Adoption notwendig sind. Deshalb nannte er sie „Adoptionsdrüsen". Somit hängt die Aufnahme der Käfer, wie die seiner Larven, von der chemischen Verständigung und insbesondere von bestimmten Substanzen ab, die den Pheromonen, die von der eigenen Ameisenbrut abgegeben werden, sehr ähnlich sind. Im Nest leben die Käfer in den Brutkammern ihrer Wirte und fressen Ameisenlarven und Puppen. Sie ergattern auch Futter von den Arbeiterinnen, indem sie die Futterbettelsignale der Ameisen nachahmen.

Propagandamittel, Sklaverei, Codeknacken, Fallenstellen, Mimikry, Betteln, Trojanische Pferde, Straßenräuber und Kuckucke: All das gibt es bei den Ameisen, ihren Räubern und sozialen Parasiten. Solche Ausdrücke mögen übertrieben vermenschlicht klingen und die Ameisen und ihre Begleiter zu kleinen Leuten machen. Aber vielleicht auch nicht. Es ist genausogut möglich, daß das Spektrum sozialer Lebensformen, die grundsätzlich in der Evolution möglich sind, so geartet ist, daß es sich bei den Phänomenen, von denen wir hier berichtet haben, um zwangsläufige, naturgemäße Formen der Ausbeutung handelt, wo immer sie auch auftreten mögen.

Überall, wo man Ameisen findet, sind sie mit Insekten, die sich von Pflanzensäften ernähren, einen Handel eingegangen. Blattläuse, Schildläuse, Wolläuse, Buckelzikaden und die Schmetterlingsraupen der *Lycaeniden* und *Riodiniden* (die umgangssprachlich „Bläulinge" und „Schillerflecken" genannt werden) geben an Ameisen zuckerhaltige Sekrete ab, die ihnen als Futter dienen. Als Gegenleistung werden diese Insekten vor Feinden geschützt. Die Ameisen gehen noch weiter und bauen für sie eigens Kammern aus zerkautem Pflanzenmaterial oder Erde, und manchmal nehmen sie sie sogar regelrecht als Koloniemitglieder in ihr Nest auf. Diese Symbiose, die man Trophobiose nennt (das Wort kommt aus dem Griechischen und heißt soviel wie „nährendes Leben"), hat sich als eine der erfolgreichsten in der Geschichte der Landökosysteme erwiesen. Sie hat ganz wesentlich zu der zahlenmäßigen Überlegenheit sowohl der Ameisen als auch ihrer Schützlinge beigetragen.

Die häufigsten und bekanntesten Trophobionten der nördlichen, gemäßigten Zone sind die Blattläuse. Fast in jedem Garten oder auf jedem brachen Feld kann man Ameisen und Blattläuse zusammen an Gräsern oder Blumen finden. Wenn Sie solch eine Lebensgemeinschaft finden und sie für ein paar Minuten beobachten, werden Sie sehen, wie sich eine Arbeiterin einer Blattlaus nähert und sie sachte mit ihren Antennen oder Vorderbeinen berührt. Die Blattlaus reagiert darauf mit der Abgabe eines Tropfens Zuckerlösung aus ihrem After. Die Ameise wiederum leckt diesen Honigtau schnell auf – mit diesem Ausdruck umschreiben Insektenforscher beschönigend die Exkremente der Blattläuse. Sie geht von einer Blattlaus zur nächsten und bettelt sie alle auf die gleiche Weise an, bis ihr Hinterleib mit der gespeicherten Flüssigkeit prall gefüllt ist. Dann kehrt sie zum Nest zurück und gibt einen Teil der süßen Ernte an ihre Nestgenossinnen ab.

Diese Tropfen, die von den Ameisen hoch geschätzt werden, wirken nicht nur anziehend, sondern sind auch besonders nahrhaft. Die Blattläuse saugen den Phloemsaft der Pflanzen durch ihren nadelartigen Saugrüssel ein, indem sie sowohl den Pflanzensaftdruck ausnutzen als auch den Pumpmechanismus ihrer Cibarialmuskeln einsetzen. Sie erhalten dabei nicht nur alle Nährstoffe, die sie brauchen, sondern sammeln

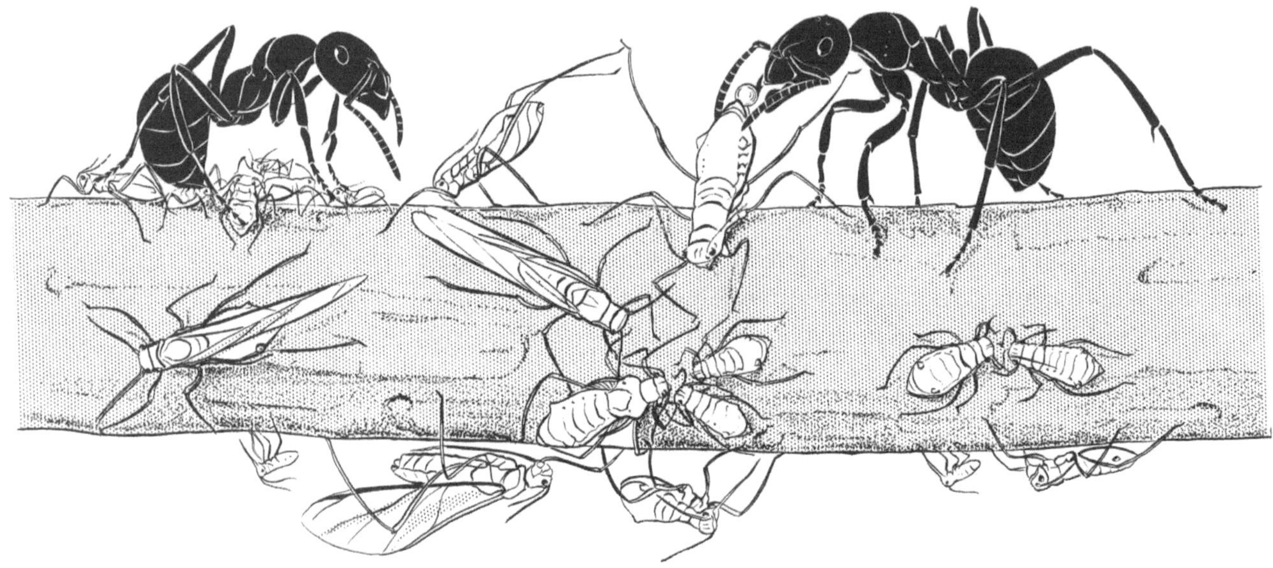

Arbeiterinnen der europäischen Waldameise *Formica polyctena* besuchen Blattläuse (*Lachnus robaris*). (Zeichnung von Turid Forsyth.)

auf diese Weise wesentlich größere Mengen als sie nutzen. Einige der Nährstoffe, dazu gehören Zucker, freie Aminosäuren, Proteine, Mineralien und Vitamine, gelangen als Teil der Verdauungsprodukte in den Darm und werden über den After ausgeschieden. Auf diesem Weg verändert sich die Flüssigkeit in ihrer chemischen Zusammensetzung: Einige ihrer Bestandteile werden absorbiert, während andere zu neuen Verbindungen umgewandelt werden, und wieder andere werden von den Blattläusen aus ihrem Gewebe neu hinzugefügt. Messungen, die an der Art *Tuberolachnus salignus* durchgeführt wurden, ergaben, daß bis zur Hälfte aller freien Aminosäuren im Darm der Blattlaus absorbiert und der Rest weitergeleitet wird. In einigen Fällen enthält der Honigtau der Blattläuse Aminosäuren, die nicht im Pflanzensaft enthalten sind; es handelt sich offensichtlich um neue Stoffwechselverbindungen, die an die Ameisen abgegeben werden.

Honigtau besteht zu 90 bis 95 Prozent seines Trockengewichts aus Zuckern, von denen die meisten für unser Geschmacksempfinden süß sind. Die verschiedenen Zuckergemische, die mit dem Honigtau abgegeben werden, sind in ihrer Zusammensetzung und Konzentration für jede Blattlausart typisch. Sie bestehen aus unterschiedlichen Mengen von Fructose, Glucose, Saccharose, Trehalose und höheren Mehrfachzuckern. Trehalose ist der natürliche Blutzucker der Insekten und ist durchschnittlich mit 35 Prozent des gesamten Zuckergehalts im Honigtau vertreten. Die Zucker enthalten auch zwei Trisaccharide, Fructomaltose und Melezitose, wobei letztere 40–50 Prozent des Gesamtzuckers ausmacht. Abgesehen von diesen und kleineren Mengen anderer Zuckerarten enthält der Honigtau organische Säuren, verschiedene Vitamine des B-Komplexes und Mineralien.

Andere Insektengruppen der Ordnung Homoptera (Pflanzensaftsauger), die sich von Pflanzensäften ernähren, liefern ähnlich nährstoffreiche Gaben. Zu ihnen gehören die Schildläuse (Angehörige der Familie der *Coccidae*), Wolläuse *(Pseudococcidae)*, Springläuse *(Chermidae)*, Bukkelzikaden *(Membracidae)*, Zwergzikaden *(Cicadellidae)*, Blutzikaden *(Cercopidae)* und Laternenträger *(Fulgoridae)*. Viele dieser Insekten sind leicht zugänglich und einfach auszubeuten und werden deshalb von den überall vorkommenden Ameisen ständig besucht. Als Wilson eines Tages in Neuguinea am Straßenrand auf ein Auto wartete, gelang es ihm, Riesenschildläuse, die von Ameisen umringt waren, zu „melken", indem er sie einfach mit den Haaren berührte, die er sich ausgerissen hatte, und damit das erforderliche Betrillern mit den Antennen der Ameisen nachahmte. Er stellte fest, daß die Flüssigkeit nachweislich süß war. (Dies sind die lehrreichen Vergnügungen, mit denen sich Freilandforscher die Zeit vertreiben.)

Der Honigtau, der von den pflanzensaftsaugenden Insekten abgegeben wird, ist eine Gabe, die für Ameisen überall leicht zugänglich ist, sei es auf oder unter der Vegetation. Ein Großteil davon wird einfach als Verdauungsprodukt ausgeschieden. Der Ausstoß der pflanzensaftsaugenden Insekten ist weltweit enorm, unabhängig davon, ob er nun genutzt wird oder nicht. Blattläuse der Gattung *Tuberolachnus* scheiden ungefähr sieben Tropfen pro Stunde aus, eine Menge, die ihr eigenes Körpergewicht übersteigt. Manchmal sammelt sich Honigtau in solchen Mengen an, daß er sogar für den Menschen interessant wird. Das Manna, das dem Alten Testament zufolge den Israeliten „verabreicht" wurde, war mit ziemlicher Sicherheit das Ausscheidungsprodukt der Schildlaus *Trabutina mannipara*, die sich von dem Saft der Tamarisken ernährt. Die Araber sammeln auch heute noch dieses Naturprodukt, das sie „man" nennen. In Australien wird der Honigtau der Springläuse von den Ureinwohnern als Nahrung verwendet. Eine Person ist in der Lage, bis zu drei Pfund an einem einzigen Tag zu sammeln. Es ist auch kaum bekannt, daß der meiste Honig, der weltweit verbraucht wird, Honigtau ist, der von den Bienen auf den Blattoberflächen der Büsche und Bäume gesammelt wird. So ist eines unserer Lieblingsnahrungsmittel das Ausscheidungsprodukt eines Insekts, das in dem Darm anderer Insekten weiterverarbeitet wird. Daher überrascht es nicht, daß auch Ameisen verschiedenartigsten Honigtau in großen Mengen und auf unterschiedlichste Weise sammeln. Viele, wenn nicht die meisten Arten nehmen ihn vom Boden und von Pflanzen auf, wohin er eben gerade fällt. Von hier ist es für die Ameisen nur ein kleiner Schritt in der Evolution, den Honigtau direkt von den Pflanzensaftsaugern zu erbetteln.

Diese Symbiose, die auf unmittelbarer Gegenseitigkeit beruht, hat im Laufe der Evolution bei vielen Ameisen und deren Trophobionten zu extremen Anpassungen geführt. Einige Ameisenarten, die wir gleich näher beschreiben werden, sind von ihren Partnern völlig abhängig geworden und hüten sie wie Vieh. Viele Trophobionten haben sich ihrerseits anatomisch und verhaltensmäßig an das Leben mit Ameisen angepaßt. Blattläuse, die häufig mit Ameisen zusammen vorkommen, haben im allgemeinen eine geringere Fähigkeit, Feinde abzuwehren. Sie besitzen nur kleine Hörnchen, Ausstülpungen am Ende ihres Hinterleibes, aus denen sie giftige Substanzen abgeben können. Sie haben auch einen viel dünneren, schützenden Wachsüberzug auf ihrem Körper als die Blattläuse, um die sich keine Ameisen kümmern. Die Aufgabe der Feindabwehr haben hier ganz klar ihre wehrhafteren Partner übernommen.

Blattläuse, die nicht mit Ameisen vergesellschaftet sind, stoßen die Honigtautropfen mit aller Macht weit von sich. Durch diese hygienische Maßnahme bleiben sie von der klebrigen Flüssigkeit und den Pilzen verschont, die leicht darauf wachsen. Dagegen unternehmen die trophobiotischen Blattläuse keinerlei Versuch, ihren Honigtau loszuwerden, sondern bieten ihn so dar, daß die Ameisen mühelos davon fressen können. Sie lassen jeweils nur einen Tropfen austreten und halten ihn für eine Weile direkt außerhalb des Afters an der Spitze ihres Hinterleibs. Viele Arten besitzen ein Körbchen aus Haaren, das den Honigtau fest an seinem Platz hält. Falls ein Tropfen von den Ameisenarbeiterinnen nicht angenommen wird, ziehen ihn die Blattläuse häufig wieder in ihren Hinterleib zurück und bieten ihn zu einem späteren Zeitpunkt nochmals an.

Honigtau hat sich demnach im Laufe der Evolution von einem reinen Ausscheidungsprodukt zu einem wertvollen Tauschobjekt entwickelt. Was erhalten die Trophobionten für diesen Dienst, den sie den Ameisen bieten? Vor allem einen hervorragenden Verteidigungsschutz durch ihre Wirte. Die Ameisen verjagen parasitische Wespen und Fliegen, die sonst ihre Eier in die Körper der Blattläuse injizieren würden. Sie vertreiben auch die Florfliegenlarven, Käfer und andere Räuber, die die Vegetation absuchen und wie Wölfe, die auf eine Herde Schafe losgelassen wurden, ungeschützte Pflanzensaftsauger abschlachten. Die Trophobionten wachsen unter dem Schutz der Ameisen zu großen, dichtgedrängten Herden heran. In einigen Fällen tragen ihre Hirten sie von einem Platz zum anderen, um ihnen besseren Schutz oder frischeres Futter zu bieten.

Die Eier der amerikanischen Maiswurzellaus werden z.B. den ganzen Winter über von den Kolonien der braunen Wegameise *Lasius neoniger* in ihren Nestern gehalten. Im darauffolgenden Frühling bringen die Arbeiterinnen die frischgeschlüpften Nymphen zu den Wurzeln nahegelegener Futterpflanzen. Wenn die Pflanzen sterben, tragen die Ameisen die Wurzelläuse zu anderen, gesunden Wurzelstöcken. Im späten Frühjahr und im Sommer bekommen einige der Wurzelläuse Flügel und fliegen auf der Suche nach neuen Pflanzen fort. Sobald sie landen und mit dem Fressen beginnen, werden sie normalerweise von anderen Ameisenkolonien aufgenommen, in deren Territorien sie sich zufällig niedergelassen haben. Die Gäste werden von den *Lasius*-Arbeiterinnen völlig in ihre Kolonie integriert: Sie ziehen die Wurzellauseier gemeinsam mit ihren eigenen Eiern auf. Und wenn sie zu einem neuen Nestplatz abwandern, nehmen sie die Eier – beziehungsweise in der warmen

Jahreszeit die Nymphen und erwachsenen Wurzelläuse – mit und tragen sie vorsichtig und ohne sie zu verletzen zum neuen Nest. Die gesamte Zeit über schützen sie die Wurzelläuse mit der gleichen Hingabe wie ihre eigene Brut.

Die Ameisen behandeln nicht alle Trophobionten, die sie als Nestgenossinnen betrachten, gleich. Einige ihrer Verhaltensweisen sind scheinbar an die speziellen Bedürfnisse ihrer Gäste angepaßt. Sie tragen die Insekten nicht nur zu den Pflanzen, von denen sich die Trophobionten ernähren, sondern auch noch zu der richtigen Futterpflanzenart – und, um ganz genau zu sein, zu dem Pflanzenteil, der für das jeweilige Entwicklungsstadium der Insekten geeignet ist.

Noch beeindruckender ist es, daß Königinnen einiger Ameisenarten Schildläuse zwischen ihren Kiefern mitnehmen, wenn sie vom Nest zu ihrem Hochzeitsflug aufbrechen. Nachdem sie sich gepaart und auf dem Boden niedergelassen haben, machen sie sich daran, eine neue Kolonie zu gründen. Dabei haben sie ein schwangeres Trophobiontenweibchen vor Ort, das sie mit Honigtau versorgt. Dieses Verhalten, das sich mit einer Haushaltsgründung mit einer trächtigen Kuh im Gefolge vergleichen läßt, wurde bei einer Art von *Cladomyrma* auf Sumatra und bei mehreren *Acropyga*-Arten in China, Europa und Südamerika beobachtet. Es ist sehr gut möglich, daß dieses Verhalten auch noch bei anderen Ameisenarten entdeckt wird.

Die Trophobionten erleichtern, zumindest in einem Fall, ihren eigenen Transport, indem sie sich per Anhalter mitnehmen lassen. Dieses Verhalten wurde bei kleinen, tropfenförmigen Wolläusen der Gattung *Hippeococcus* auf Java beobachtet, die als Gäste in den unterirdischen Nestern der *Dolichoderus*-Ameisen leben. Diese Pflanzensaftsauger fressen unter Obhut der Ameisen an den Zweigen der nahegelegenen Bäume und Büsche. Wenn das Nest oder die Futterstelle gestört wird, werden viele der Wolläuse von den Ameisenarbeiterinnen auf die übliche Weise gepackt und weggebracht. Aber andere klettern auf die Körper ihrer Wirte und lassen sich so in Sicherheit bringen. Das Reiten auf den Ameisen wird durch ihre langen Greifbeine mit den saugnapfähnlichen Füßen erleichtert, durch die sich die *Hippeococcus*-Wolläuse auszeichnen.

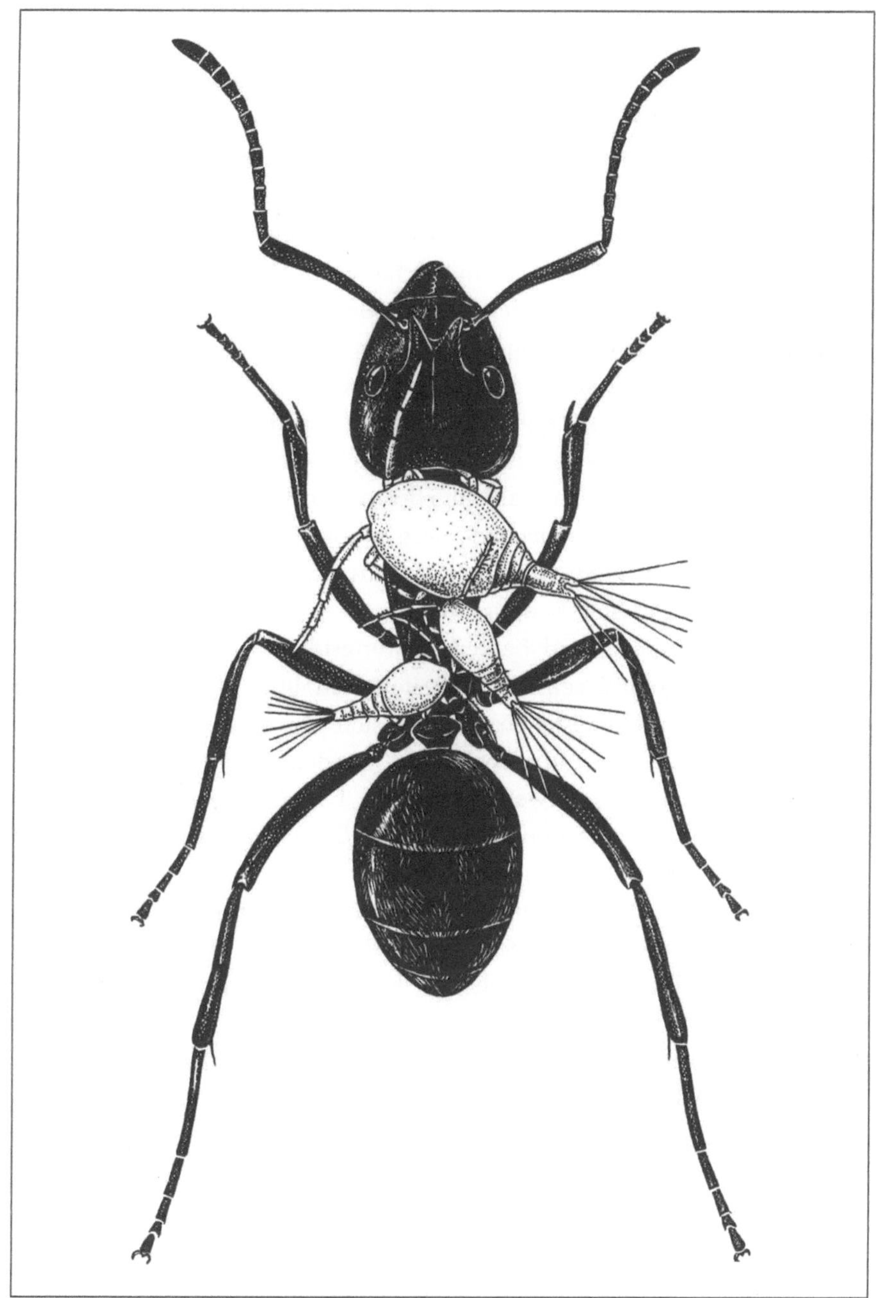

Javanische Wolläuse der Gattung *Hippeococcus* klettern bei Gefahr auf den Rücken ihrer Wirte und lassen sich in Sicherheit bringen. Ihre Beine und Fußsohlen sind ganz offensichtlich anatomisch daran angepaßt. Hier sieht man drei Wolläuse, die von einer Dolichoderus-Arbeiterin getragen werden. (Zeichnung von Turid Forsyth.)

Einige Ameisenarten sind von ihren sechsbeinigen „Kühen" völlig abhängig geworden. Den höchsten Spezialisierungsgrad hat scheinbar eine kleinäugige, unterirdisch lebende Ameisenart der Gattung *Acanthomyops* erreicht, die in den kalt gemäßigten Zonen Nordamerikas weit verbreitet ist. Die äußerlich ähnlich aussehenden Arten der Gattung *Acropyga*, die man weltweit in den tropischen bis warm gemäßigten Breiten findet, scheinen ebenfalls durch diese Spezialisierung charakterisiert zu sein. Honigtau stellt möglicherweise die einzige Ernährung dieser Ameisen dar, die Herden von Wolläusen und anderen Pflanzensaftsaugern an Pflanzenwurzeln halten. Aber es ist auch möglich, daß die Ameisen zusätzlich Proteine aufnehmen, indem sie einige der Insekten fressen. Ein solches Ausdünnen einer Herde von Schildläusen wurde bei den afrikanischen Weberameisen beobachtet. Wenn ihnen Trophobionten experimentell im Übermaß angeboten wurden, konnte man beobachten, daß sie so lange einzelne Tiere umbrachten, bis die Population eine Größe erreicht hatte, die für einen ausreichenden, aber nicht überschüssigen Honigtaufluß benötigt wurde.

Die vollkommenste und bemerkenswerteste Trophobiose entdeckten Ulrich Maschwitz und seine Mitarbeiterinnen und Mitarbeiter Anfang der 80er Jahre in Malaysia. Es handelt sich um eine Lebensweise, die bisher noch nie bei Ameisen beobachtet worden war: echtes Nomadentum bzw. richtige Wanderweidewirtschaft. Die Ameisenkolonien leben als Viehbauern. Sie ernähren sich ausschließlich von ihren Herden und stimmen ihre eigene Lebensweise ganz auf die Lebensgewohnheiten ihres Viehs ab, das sie von einer Weide zur nächsten begleiten.

Diese Ameisen, die zu *Dolichoderus cuspidatus* und zu mehreren anderen Arten derselben Gattung gehören, leben in den Kronen des Regenwaldes und im Unterholz, und das „Vieh" besteht aus Wolläusen der Gattung *Malaicoccus*. Die Wolläuse ernähren sich ausschließlich von dem Phloemsaft der Bäume und Sträucher des Regenwaldes. Sie werden von den Ameisen zu ihren Futterstellen getragen, von denen einige über 20 Meter von den Nestern entfernt sind. Die Nester befinden sich zwischen den Blättern in dichter Vegetation oder in bereits bestehenden Baumhöhlen. Die Arbeiterinnen betreiben selber nur geringen oder gar keinen Nestbau. Statt dessen bilden sie allein mit ihren Körpern die inneren

Wände und Höhlungen ihres Domizils, ganz ähnlich wie die Treiberameisen. Sie hängen sich aneinander und formieren sich auf diese Weise
zu einer festen Masse, die die Brut und die Wolläuse nach außen
abschirmt.

Die Trophobionten werden in der Hirtenkolonie als vollwertige
Mitglieder behandelt. Ihre erwachsenen Weibchen werden oft zusammen mit den Larven und anderen heranwachsenden Stadien der Ameisen gehalten. Die Wollausweibchen bringen ihre Jungen lebend im
sicheren Zentrum der Ameisen zur Welt. Eine ausgewachsene, nomadisch lebende *Dolichoderus*-Kolonie besteht aus einer einzigen Königin,
über 100000 Ameisenarbeiterinnen, ungefähr 4000 Larven und Puppen
und über 5000 Wolläusen. Die Nester und die Futterstellen sind durch
stark belaufene Duftspuren miteinander verbunden. Zwischen diesen
beiden Orten findet ein reger Hin- und Rücktransport von Trophobionten statt; ständig tragen mindestens 10 Prozent der Arbeiterinnen, die
auf den Ameisenstraßen entlanglaufen, Wolläuse zwischen ihren Kiefern. Da der Vorrat der jungen, saftigen Pflanzenschößlinge, die von den
Läusen bevorzugt werden, schnell erschöpft ist, müssen die Ameisen
häufig neue Nahrungsquellen suchen und die weidenden Herden dorthin bringen.

Wenn die Entfernung zwischen Nest und Futterstelle zu groß wird,
um die Läuse leicht hin- und herzutransportieren, zieht die ganze *Dolichoderus*-Kolonie einfach zur Futterstelle um. Während der Übersied-
lung findet ein wohlorganisierter Transport der Brut und der Wolläuse
statt, wobei sie zwischendurch an Sammelplätzen abgesetzt werden, die
gleichmäßig entlang der Duftspur verteilt sind. Dann werden sie wieder
weitergetragen, bis die Kolonie ihr endgültiges Ziel erreicht hat. Solch
ein Umzug kann nicht nur durch Hunger, sondern auch durch eine
äußere Störung des Biwaknestes oder durch eine Veränderung der
Umgebungstemperatur bzw. Luftfeuchte ausgelöst werden. Die Abwan-
derungen erfolgen nicht in regelmäßigen Zeitabständen. Bei den Kolonien, die Maschwitz und Heinz Hänel über 15 Wochen untersucht
haben, schwankte die Anzahl der Umzüge von 0 bis 2 pro Woche.

An den Futterstellen sind die Wolläuse stets von *Dolichoderus*-Arbei-
terinnen umschwärmt, die ständig die Honigtautropfen aufnehmen, die

von den Pflanzensaftsaugern am After ausgeschieden werden. Sie sind so sehr damit beschäftigt, daß die kleinen Wolläuse fast immer von einer Schicht fressender Ameisen bedeckt sind. Die Wolläuse geben von Zeit zu Zeit einen Tropfen ab, der von langen, an ihrem Körper befindlichen Borsten an seinem Platz gehalten wird, so daß die Flüssigkeit von den Ameisen aufgeleckt werden kann. Die Abgabe erfolgt spontan: Anders als bei weniger spezialisierten Trophobionten warten die *Malaicoccus*-Wolläuse nicht auf ein Trommeln der Ameisenantennen auf ihrem Körper, bevor sie den Honigtau darbieten.

Wenn die Trophobionten und ihre Hirten gestört werden, beginnen sowohl die hütenden Ameisen als auch die Wolläuse aufgeregt herumzurennen. Einzelne Wolläuse klettern auf den Rücken der Arbeiterinnen. Von dort werden sie von anderen Ameisen gepackt und in Sicherheit gebracht. Die kleineren Wolläuse werden einfach aufgegabelt, wo sie sich gerade befinden; die größeren von ihnen dagegen richten ihren Körper auf und fordern die Ameisen mit dieser Haltung eindeutig dazu auf, sie hochzuheben. Während des Transports verharren die Wolläuse regungslos, nur ihre Antennen streicheln sanft über die Köpfe der Ameisen.

Maschwitz und Hänel sind der Meinung, daß die *Dolichoderus*-Hirten ihre Wolläuse nie umbringen, um sie zu fressen. Sie fanden auch keinerlei Anzeichen, daß die Arbeiterinnen abseits vom Nest auf Insektenjagd gehen. Diese Ameisen scheinen ausschließlich vom Honigtau ihrer symbiotischen Partner zu leben. Wenn man ihnen ihre Wolläuse wegnimmt, werden die Kolonien deutlich kleiner. Die *Malaicoccus*-Herden gehen ebenfalls schnell zugrunde, wenn man sie von ihren Ameisenpartnern trennt. Als Maschwitz die Wolläuse anderen Ameisenarten als potentielle Trophobionten anbot, wurden sie angegriffen und als Beute in die Nester eingetragen. Kurz, die Symbiose zwischen den nomadisch lebenden Ameisen und ihren Wollausherden stellt eine ganz enge und untrennbare Einheit dar.

Das Schutzangebot durch Ameisen ist so freigebig und kommt so häufig vor, daß sich daraus im Laufe der Evolution zahlreiche Entwicklungsmöglichkeiten eröffneten. Auf den ersten Blick scheint sich diese symbiotische Verbindung nur solchen Insekten zu bieten, die sich von

Pflanzensäften ernähren und deshalb leicht etwas von der aufgenommenen Flüssigkeit als zuckerhaltige Ausscheidungen an die Ameisen abgeben können. Wenn das stimmen würde, wären Insekten, die bevorzugt Pflanzengewebe statt Pflanzensaft fressen und entsprechend zellulosehaltigen Kot ausscheiden, niemals in der Lage, den Ameisen eine nährstoffhaltige Mahlzeit als Gegenleistung anzubieten. Es gibt jedoch einen Umweg, um zum gleichen Ziel zu kommen. Dieser Weg wurde von den Schmetterlingsraupen bestimmter *Lycaeniden* (Bläulinge) und *Riodiniden* eingeschlagen, die sich von Pflanzengewebe ernähren, aber dann einige der Nährstoffe und einen Teil der gewonnenen Energie nutzen, um Honigtau in Spezialdrüsen herzustellen. Zwei Drüsentypen sind bekannt: Die Körperoberfläche der Raupen ist mit erhabenen Öffnungen übersät, die Porenkuppeln genannt werden und aus denen Sekrete abgegeben werden, die auf Ameisenarbeiterinnen anscheinend anziehend wirken. Auf dem Rücken der Raupen, in der Nähe ihres Körperendes, findet man außerdem die Newcomersche Drüse, die von manchen Autoren auch Nektardrüse genannt wird, aus der eine süße Flüssigkeit abgegeben wird, die die Ameisen auflecken. Bei einer südeuropäischen Bläulingsart (*Lysandra hispana*) enthält das Sekret größere Mengen Fructose, Saccharose, Trehalose und Glucose, außerdem kleinere Mengen Proteine und eine einzige Aminosäure, nämlich Methionin. Die australische Art *Jalmenus evagoras* produziert ebenfalls ein Zuckergemisch und mindestens 14 freie Aminosäuren, unter denen die Hauptkomponente, das Serin, in viel höheren Konzentrationen als in den nektarproduzierenden Pflanzenorganen vorkommt.

Auf diese Weise bieten die Bläulingsraupen den Ameisen, die sich um sie kümmern, eine nahezu ausgewogene Kost an. Allein der Geruch und der Geschmack ihrer Sekrete machen sie attraktiv für die Ameisen. Im Gegenzug schützen die Ameisen die Raupen vor Feinden; dazu gehören andere Ameisen und räuberische Wespen, die sie fressen, und parasitische Fliegen und Wespen, die Eier auf und in ihrem Körper ablegen. In einem Experiment, das Naomi Pierce und ihre Mitarbeiter in Colorado durchführten, wurde die ökologische Anpassung der symbiotischen Beziehung auf eindrucksvolle Weise deutlich: Als sie in einem Freilandexperiment Gruppen von Raupen der Bläulingsart *Glaucopsyche lygdamus* von

Formica fusca-Arbeiterinnen kümmern sich um eine Bläulingsraupe im letzten Larvenstadium. Die Arbeiterin im oberen Bild nimmt aus der Honigdrüse der Larve Flüssigkeit auf. Die Arbeiterin im unteren Bild verteidigt eine Larve gegen eine parasitische Wespe, indem sie diese mit ihren Kiefern packt und tötet. (Aufnahmen von Naomi Pierce.)

ihren Ameisen, die sie bewachten, trennten, überlebten von ihnen nur 10 bis 25 Prozent, verglichen mit den Raupen, die ihre Ameisen behalten durften.

Der Vorteil, den die Assoziation mit den Ameisen bringt, ist so groß, daß er sicher einen wichtigen Selektionsfaktor in der Evolution dieser Schmetterlinge darstellt. Die erwachsenen Weibchen vieler Bläulingsarten suchen vor der Eiablage nach Pflanzen, auf denen sich bestimmte Ameisenarten aufhalten, um somit sicherzugehen, daß ihre Brut von Anfang an Schutz erhält. Das ist manchmal lebensnotwendig. Pierce und ihre Mitarbeiter stellten fest, daß die durch Räuber und Parasiten verursachte Mortalität bei der australischen Bläulingsart *Jalmenus evagoras* so hoch ist, daß Raupen und Puppen, die nicht von Ameisen beaufsichtigt werden, überhaupt keine Überlebenschance haben. Außer dem Schutz, den die Ameisen bieten, verkürzen sie zusätzlich noch die Entwicklungszeit der Raupen und damit den Zeitraum, in dem sie der Bedrohung durch ihre Feinde ausgesetzt sind. Diese Lebensgemeinschaft hat jedoch auch ihren Preis. Die Energie, die von den Raupen für die zuckerhaltigen Sekrete aufgebracht wird, ist so hoch, daß die Größe der erwachsenen Schmetterlinge negativ beeinträchtigt wird. Die Größe der erwachsenen Tiere ist aber wichtig, um Paarungspartner anzulocken beziehungsweise bei den Weibchen die Fruchtbarkeit zu erhöhen. Die Vorteile für das Überleben, die der Schutz der Ameisen bietet, haben offensichtlich im Laufe der Evolution die Nachteile dieser Assoziationen aufgewogen. Deshalb wurde die trophobiotische Symbiose zwischen den Schmetterlingen und Ameisen eindeutig von der Selektion begünstigt.

Das Futter, das die Ameisen von den Bläulingsraupen erhalten, ist mehr als nur eine gelegentliche Nahrungsergänzung. In Deutschland haben die Insektenforscher Konrad Fiedler und Ulrich Maschwitz Untersuchungen an der Bläulingsraupe *Polyommatus coridon* durchgeführt, um zu messen, wie stark sie zu der Ernährung ihres Wirtes, der europäischen Rasenameise *Tetramorium caespitum,* beiträgt. Sie stellten fest, daß eine durchschnittlich große Population von Raupen jeden Monat zwischen 70 und 140 Milligramm Zucker pro Quadratmeter Vegetation produzieren kann; das entpricht einer chemischen Energie von 1,1 bis

Das Adoptionsverhalten der Raupe des schwarzfleckigen Bläulings
Maculinea arion im dritten Larvenstadium. Die Raupe im oberen
Bild wartet auf eine Wirtsameise
und besitzt noch die für Bläulingsraupen typische Gestalt. Die Raupe unten ist von einer *Myrmica-*
Arbeiterin „gemolken" worden
und läßt sich, nachdem sie einen
Buckel gebildet hat, von der
Ameise ins Nest tragen. (Zeichnung von Turid Forsyth.)

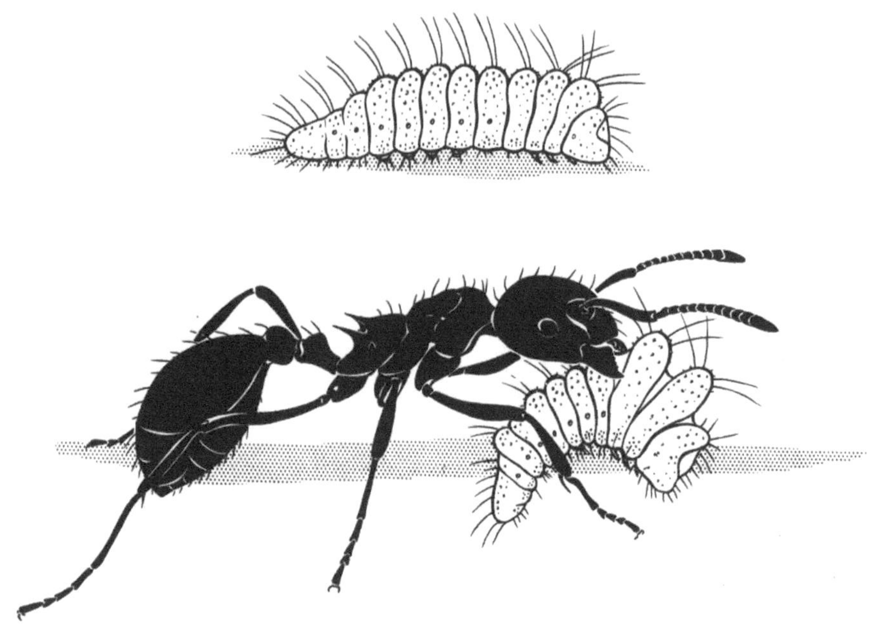

2,2 Kilojoule. Diese Menge reicht aus, um die Bedürfnisse einer kleinen
Ameisenkolonie abzudecken, wenn die Arbeiterinnen nichts anderes
tun, als auf einer Fläche von 10 Quadratmetern Bläulings-Honigtau zu
sammeln.

Es ist eine allgemeine Regel der Evolution, daß eine gute Sache, in
diesem speziellen Fall die gegenseitige symbiotische Beziehung, irgendwann von der einen oder anderen Art mißbraucht wird. Einige Bläulingsarten haben eine teuflische Strategie entwickelt, um die Ameisen,
die ihnen helfen, zu täuschen und auszunutzen. Sie bedienen sich nicht
nur des Schutzes der Ameisen, sondern fressen auch noch ihre Brut. Der
in Nordeuropa und Asien vorkommende schwarzfleckige Ameisenbläu-
ling (*Maculinea arion*) ist ein solcher Parasit. Seine Raupe ernährt sich von
wildem Thymian, bis sie das letzte Larvenstadium erreicht hat. Dann
kriecht sie auf den Boden und versteckt sich in Spalten unter Grasbüscheln, bis sie von einer Arbeiterin der häufig vorkommenden Ameisen-

Die Trophobionten

art *Myrmica sabuleti* gefunden wird. Die Raupe wird intensiv von der Ameise betrillert und reagiert mit der Abgabe eines Sekretes aus ihrem Nektarorgan. Dann verformt sie ihren Körper auf groteske Weise: Sie zieht ihren Kopf ein, bläht ihre Brustsegmente auf und zieht ihre Hinterleibssegmente zusammen, so daß ihr Körper eine bucklige, sich nach hinten verjüngende Gestalt annimmt. Scheinbar dient der Ameise diese völlig veränderte Form als Signal, das vielleicht (oder auch nicht) mit den attraktiven Drüsensekreten auf dem Körper der Raupe zusammenwirkt.

Die genauen Auslöser, die hierbei im Spiel sind, müssen von den Biologen noch erforscht werden. Jedenfalls packt die Ameise daraufhin die Raupe und trägt sie ins Nest, wo sie in den Brutkammern ihres Wirtes überwintert. Im Frühjahr verwandelt sie sich in einen Fleischfresser und macht sich über die Ameisenlarven her. Wenn sie ihre Larvalzeit abgeschlossen hat, verpuppt sie sich im Nest. Schließlich schlüpft sie im Juli als geflügelter Schmetterling, und der Kreislauf beginnt wieder von neuem.

Die Raubzüge gieriger Bläulinge enden aber nicht bei einfachen Plünderungen. Einige Arten drängen sich zwischen die Symbiose von Ameisen und Blattläusen, Schildläusen und anderen Pflanzensaftsaugern. Bläulingsarten der Gattung *Allotinus*, die fast überall im tropischen Asien verbreitet sind, nutzen diese Symbiose auf zweifache Weise aus: Die erwachsenen Schmetterlinge lassen sich zwischen den Pflanzensaftsaugern nieder und ernähren sich von ihrem Honigtau; dann legen sie ihre Eier in der Nähe ab. Wenn die Raupen schlüpfen, fressen sie die Pflanzensaftsauger und trinken ihren Honigtau. Die Raupen bieten den Ameisen offensichtlich keinerlei Gegenleistung für ihre Dreistigkeit, trotzdem bleiben sie auf irgendeine Weise unbehelligt, vielleicht indem sie besänftigend wirkende Substanzen oder irreführende Erkennungssekrete aus ihren Drüsen abgeben.

A m Rio Sarapiqui in Costa Rica bricht ein neuer Morgen an. Als das erste Tageslicht auf den schattigen Boden des Regenwaldes fällt, bewegt sich nicht die leiseste Brise in der feuchten und angenehm kühlen Luft. Die flötenähnlichen Rufe der Tauben und Oropendolas, die außer Sichtweite in den Baumkronen sitzen, zeigen die Stunde an und werden nur gelegentlich von dem entfernten Bellen und Lärm der Brüllaffen unterbrochen. Die Baumkronenbewohner sind die ersten, die das Tageslicht wahrnehmen, und kündigen mit ihren Rufen den Wechsel für die tagaktive Tierwelt an. Die Nachttiere setzen sich bald darauf zur Ruhe, und eine neue Besetzung betritt die Szene.

Am Fuß eines schräg umgefallenen Baumes, wo der Stamm mit seinen kräftigen, herausstehenden Stelzwurzeln auf dem Boden aufliegt, beginnt sich eine Treiberameisenkolonie zu regen. Es handelt sich um Heeresameisen, *Eciton burchelli,* eine der augenfälligsten Ameisenarten in den tropischen Regenwäldern von Mexiko bis Paraguay. Sie bauen, im Gegensatz zu den meisten anderen Arten, keine Nester. Sie leben in sogenannten Biwaks, wie sie von Theodore Schneirla und Carl Rettenmeyer, den Pionieren in der Verhaltensforschung der Treiberameisen, als erste genannt wurden, d.h. in vorübergehenden Lagern, die sich an teilweise geschützten Stellen befinden. Den stärksten Schutz für die Königin und die Brut bieten die Arbeiterinnen mit ihren eigenen Körpern. Wenn sich die Arbeiterinnen versammeln, um ein Biwak zu errichten, hängen sie sich an ihren Beinen und Körpern mit den starken, hakenförmigen Klauen an ihren Fußenden aneinander. Aus diesen Ketten und Netzstrukturen, die sich dadurch bilden, entsteht Schicht um Schicht, bis sich sämtliche Arbeiterinnen schließlich zu einer festen, zylinder- oder eiförmigen Masse von ungefähr einem Meter Durchmesser formiert haben. Deshalb bezeichneten Schneirla und Rettenmeyer die ruhende Ameisenschar selbst als Biwak.

Ein Biwak besteht aus einer halben Million Arbeiterinnen bzw. aus einer Ameisenmasse von einem Kilogramm Gewicht. Ungefähr in der Mitte dieser Masse befinden sich Tausende weißer Larven und die einzige, schwergewichtige Königinmutter. Während eines kurzen Zeitraums in der Trockenzeit werden zusätzlich noch ungefähr tausend Männchen und einige neue Königinnen produziert, aber im Moment,

Arbeiterinnen der Heeresameise
Eciton burchelli in den Tropen
Amerikas bilden mit ihren Körpern lebende Nestwände. Zuerst
suchen einige Ameisen nach
einer Aushöhlung, z.B. unter
einem umgefallenen Baumstamm
oder einem anderen Gegenstand
auf dem Boden. An der Decke
dieses Unterschlupfes lassen sie
sich dann herabhängen und
verketten sich gegenseitig mit
ihren Fußklauen. Andere Ameisen laufen an diesen Ketten herab
und fügen sich an ihrem Ende an,
bis sich dicke Stränge bilden, die
sich schließlich zu einer großen
Masse, dem Biwak, vereinigen.
(Zeichnung von John D. Dawson,
mit freundlicher Genehmigung
der National Geographic Society.)

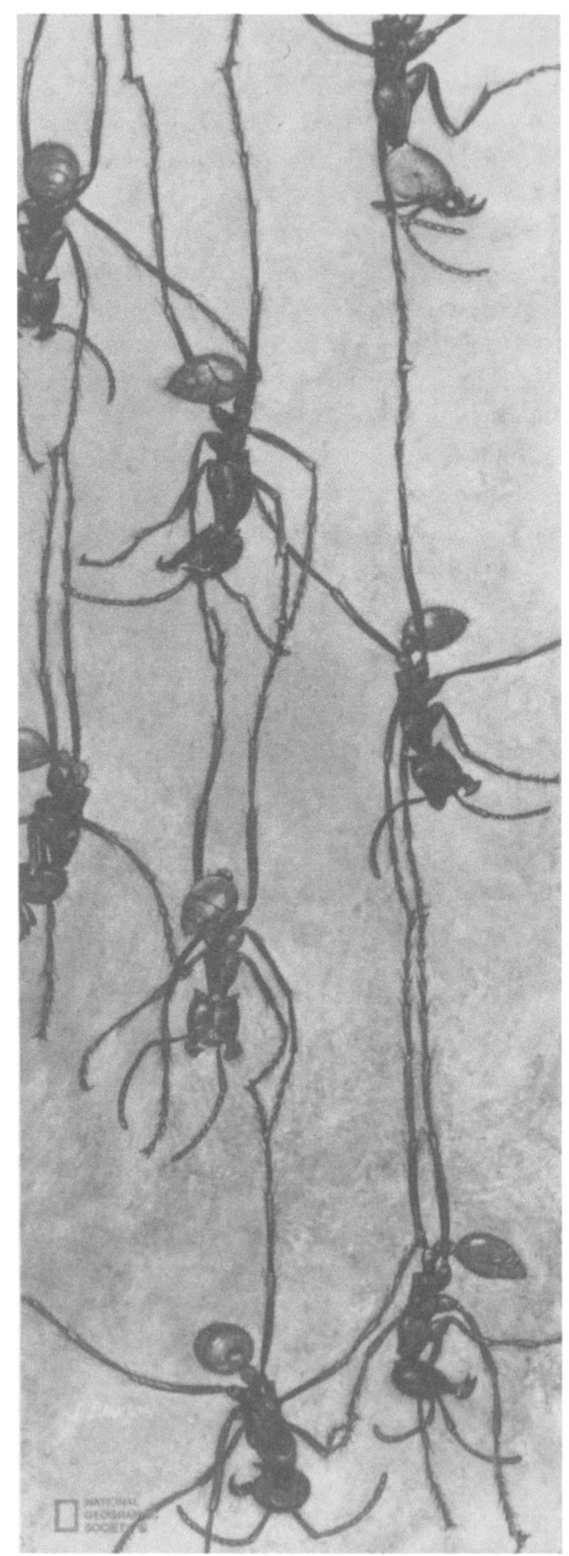

wie über die meiste Zeit des Jahres, sind keine jungen Geschlechtstiere vorhanden.

Wenn die Lichtstärke in der unmittelbaren Umgebung der Ameisen 0,5 Lux überschreitet, beginnt sich der lebende Zylinder aufzulösen. Von der dunkelbraunen Masse geht aus der Nähe ein ziemlich starker, etwas unangenehmer, moschusartiger Geruch aus. Die Ketten und vernetzten Strukturen lösen sich auf und verwandeln sich auf dem Boden in eine wimmelnde Ameisenmasse. Wenn das Gedränge stärker wird, strömt die Masse in alle Richtungen aus, wie eine zähe Flüssigkeit, die aus einem Krug gegossen wird. Schon bald taucht auf dem Pfad mit den geringsten Hindernissen eine räuberische Kolonne auf, die mit zunehmender Entfernung vom Biwak immer länger wird. Die Spitze bewegt sich mit einer Geschwindigkeit von 20 Metern pro Stunde. Es gibt keine Anführerinnen, die das Kommando der räuberischen Kolonne übernehmen; jede Ameise kann nach vorne laufen. Arbeiterinnen, die die Front erreichen, preschen für einige Zentimeter voraus und kehren dann in die Masse hinter ihnen zurück. Sofort werden sie von anderen Arbeiterinnen ersetzt, die den Vormarsch ein bißchen weiter vorantreiben. Sobald die Arbeiterinnen auf neues Terrain stoßen, geben sie aus der Spitze ihres Hinterleibes kleine Mengen Spursubstanzen ab. Diese Sekrete, die aus der Pygidialdrüse und aus dem Enddarm stammen, dienen den anderen als Wegweiser. Arbeiterinnen, die auf Beute treffen, legen zusätzliche Rekrutierungsspuren, die eine große Anzahl ihrer Nestgenossinnen in ihre Richtung locken. So entsteht ein Schwarm, dessen Ausläufer in einer Vielzahl von wirbel- und knäuelähnlichen Strukturen endet.

Auch in den hinteren Kolonnen bildet sich eine lose Organisation, die sich automatisch aus dem unterschiedlichen Verhalten verschiedener Kasten ergibt. Die kleineren und mittelgroßen Arbeiterinnen rennen die Duftspuren entlang und verlängern sie an ihren Endpunkten, während die größeren, behäbigeren Soldaten, die nicht mit ihnen Schritt halten können, sich mehr zu beiden Seiten der Ameisenstraßen bewegen. Die flankierende Position der Soldaten führte dazu, daß Beobachter früher zu dem falschen Schluß kamen, sie seien die Anführer der Armee. Thomas Belt erklärte beispielsweise in seinem Klassiker *Der Naturforscher in Nicaragua*: „Hie und da bewegt sich einer der hellerfarbigen Offiziere hin und her, um die Kolonnen zu dirigieren." In Wirklichkeit üben die Soldaten keine sichtbare Kontrolle über ihre Nestgenossinnen aus. Statt dessen dienen sie mit ihrer stattlichen Größe und ihren langen, sichelförmigen Kiefern fast ausschließlich der Verteidigung. Die kleinen und mittelgroßen Arbeiterinnen mit ihren kürzeren, klammerähnlichen Kiefern sind dagegen Generalisten. Sie sind für die Alltagsarbeiten und die Wanderungen der Kolonie verantwortlich. Sie fangen und transportieren die Beute, wählen die Stellen für die Biwaks aus und sorgen für die Brut und die Königin.

Die mittelgroßen Treiberameisen bilden auch kleine Gruppen, in denen sie größere Beute gemeinsam zum Nest zurücktragen. Wenn eine tote Heuschrecke, Tarantel oder eine andere Tierleiche von einer einzelnen Arbeiterin nicht transportiert werden kann, schart sich eine Gruppe von Ameisen um dieses Tier. Erst versucht es die eine, dann die andere Arbeiterin zu bewegen; manchmal tun sich zwei oder drei von ihnen zusammen und zerren an dem Tier. Einer der Ameisen der zweitobersten Größenklasse, direkt unter den vollentwickelten Soldaten, mag es dann gelingen, die Beute wegzuschleifen oder wegzutragen. Ansonsten schneiden die Arbeiterinnen die Beute in Stücke, die von diesen großen Arbeiterinnen getragen werden können. Während die große Ameise das tote Beutetier hinter sich her zerrt, kommen schnell kleinere Arbeiterinnen herbei und helfen ihr, es hochzuheben und abzutransportieren. Nun ist die Beute auf ihrem Weg ins Biwak. Der englische Insektenforscher Nigel Franks, der dieses Verhalten entdeckte, benutzte Messungen aus dem Freiland, um zu zeigen, daß die Arbeitsgruppen der Treiberameisen hocheffizient sind. Sie können eine größere zusammenhängende Beutemasse transportieren, als dieselbe Anzahl von Ameisen eintragen könnte, wenn die Beute in Einzelstücke zerlegt würde. Dieses überraschende Ergebnis läßt sich zumindest teilweise dadurch erklären, daß es den Arbeitsgruppen gelingt, Rotationskräfte zu überwinden, durch die Gegenstände seitlich weggedreht werden und der Kontrolle der laufenden Ameisen entgleiten. Da die Ameisen die Beute von allen Seiten halten, während sie in dieselbe Richtung laufen, gelingt es ihnen, sie so zu tragen, daß die Rotationskräfte kompensiert und damit so gut wie aufgehoben werden.

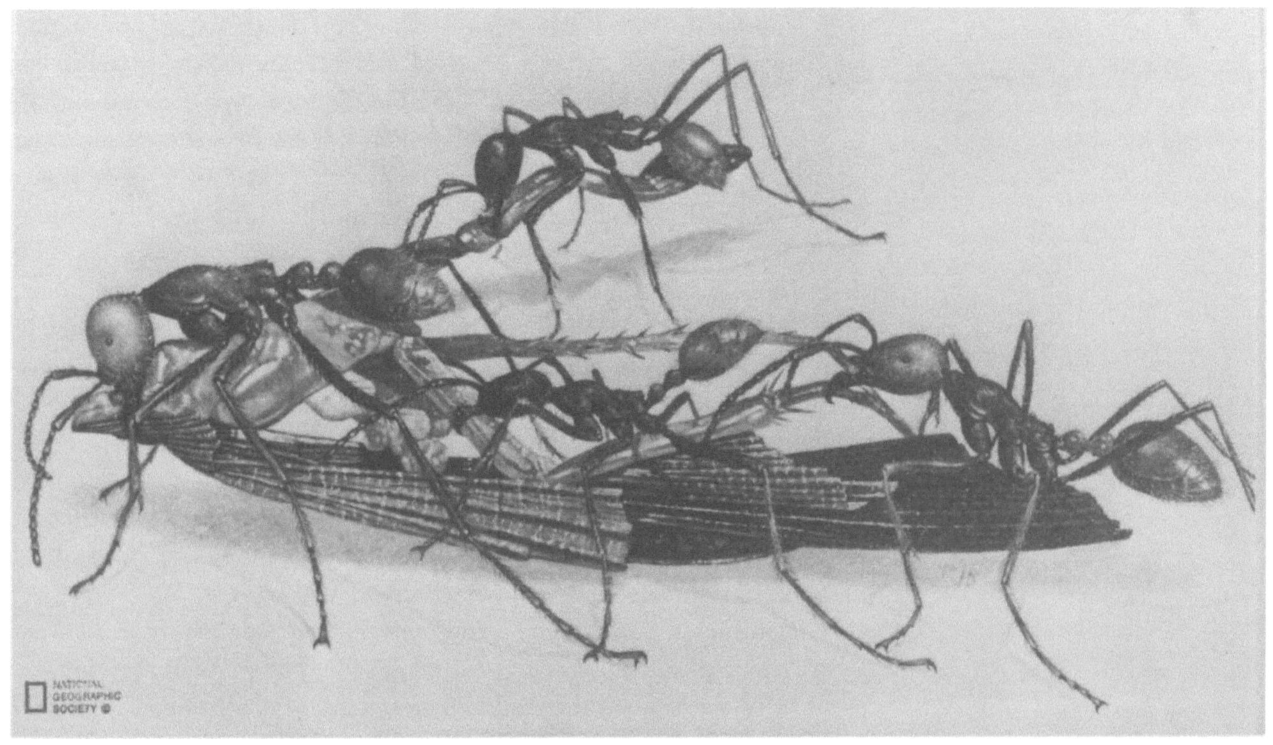

Eciton burchelli hat sogar für eine Treiberameise eine ungewöhnliche Jagdmethode. Die Armeen dieser Heeresameisen laufen nicht in schmalen Kolonnen, sondern breiten sich zu ausgedehnten, fächerförmigen Massen mit weitläufigen Fronten aus. Die meisten anderen Treiberameisenarten (es können bis zu über zehn Arten im gleichen Gebiet des tropischen Regenwaldes nebeneinander existieren) führen ihre Raubzüge in Kolonnen durch. Auf schmalen Pfaden drängen ihre Kolonnen vorwärts, teilen und treffen sich immer wieder, so daß sich während ihrer Beutejagd ein baumähnliches Muster ergibt.

Wenn Sie eine Kolonie von Heeresameisen in Süd- oder Mittelamerika finden wollen, eine Erfahrung, die durchaus lohnenswert ist, gehen Sie am besten morgens langsam und ruhig durch den Regenwald – und horchen einfach. Für einige Zeit werden Sie wahrscheinlich nur Vögel

Arbeiterinnen der Heeresameise *Eciton burchelli* bilden Gruppen, um Beutetiere gemeinsam abzutransportieren. Hier helfen kleine Arbeiterinnen einer größeren Arbeiterin beim Tragen eines Teils einer toten Schabe. (Zeichnung von John D. Dawson, mit freundlicher Genehmigung der National Geographic Society.)

und Insekten in der Ferne, hauptsächlich im Unterwuchs und in den Kronen der höheren Bäume, hören. Dann vernimmt man plötzlich das Zirpen, Zwitschern und Pfeifen der Ameisenvögel, wie sich einmal ein Beobachter ausdrückte. Dies sind spezialisierte Drossel- und Zaunkönigarten, die den Raubzügen der *Eciton burchelli* dicht über dem Boden folgen und sich von den Insekten ernähren, die von den vorwärtsdrängenden Arbeiterinnen aufgescheucht werden. Dann hört man das Summen der parasitischen Fliegen, die über dem Schwarm in der Luft stehen oder hin- und herschwirren und sich gelegentlich auf ein fliehendes Beutetier stürzen, um ein Ei auf seinem Rücken abzulegen. Als nächstes hört man die murmelnden und zischenden Geräusche der unzähligen Beutetiere selbst, wie sie vor den heranrückenden Ameisen davonlaufen, davonspringen oder wegfliegen. Wenn Sie etwas näher herankommen, können Sie vielleicht Ameisenschmetterlinge, schmalflügelige Ithomiinen, sehen, die über der Schwarmfront fliegen und sich ab und zu niederlassen, um den Kot der Ameisenvögel zu fressen.

Gleich hinter den Opfern und ihrem Gefolge kommen die Zerstörer selbst. „Um sich ein Bild von einem *Eciton burchelli*-Raubzug kurz vor dem Höhepunkt seiner Schwarmformation zu machen", schrieb Schneirla, „muß man sich einen rechteckigen Körper von über 15 Metern Breite und 1 bis 2 Metern Tiefe vorstellen, der aus mehreren Zehntausend rötlichschwarzer, umherrennender Individuen besteht, denen es gelingt, sich als Masse auf ziemlich direktem Wege vorwärtszubewegen. Wenn sich der Raubzug im Morgengrauen formiert, ist zu Anfang noch kein bestimmter Kurs zu erkennen, aber im Laufe der Zeit schlägt ein Teil des Schwarmes durch das beschleunigte Vorrücken seiner Mitglieder eine Richtung ein und bildet bald strahlenförmige Ausläufer. Dadurch, daß die Ameisen der hinteren Kolonnen, die aus der Richtung des Biwaks kommen, nachdrängen, behält die anwachsende Masse weiterhin ihre anfängliche Richtung bei. Das stetige Vorrücken in einer bestimmten Richtung, von der die Ameisen normalerweise nicht mehr als 15° zu beiden Seiten abweichen, deutet auf eine beträchtliche interne Organisation hin, auch wenn scheinbar Chaos und Verwirrung innerhalb der Vorhut zu herrschen scheinen" (*Report of the Smithsonian Institution for 1955* [1956], S. 379–406).

                                                         Treiberameisen

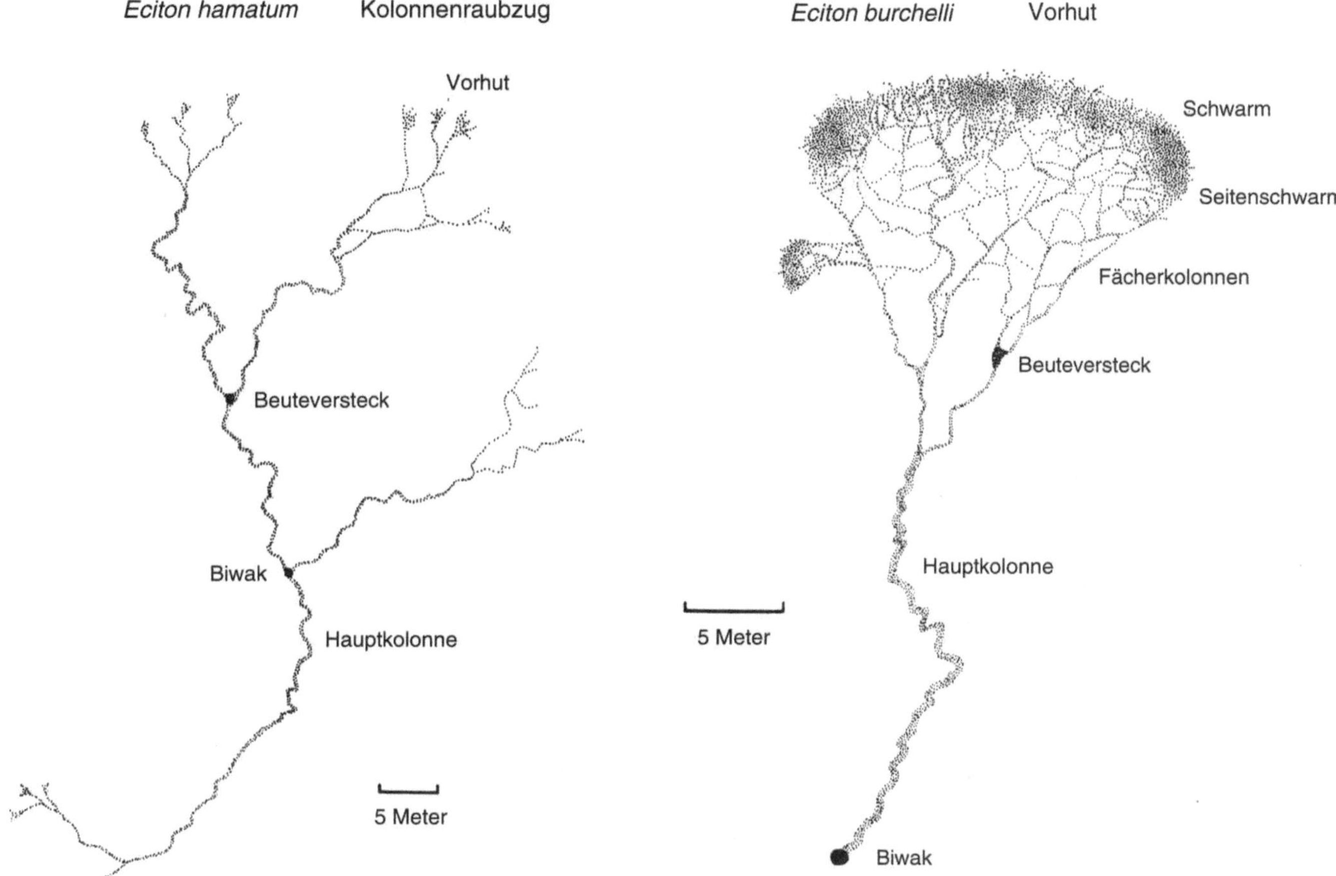

Zwei typische Muster für Raubzüge der Treiberameisen. Auf der linken Seite sind die Raubkolonnen von *Eciton hamatum* dargestellt, deren vorrückende Front aus kleinen Gruppen von Arbeiterinnen besteht. Auf der rechten Seite ist ein Schwarmraubzug von *Eciton burchelli* abgebildet. Die breite Front setzt sich im gefächerten Bereich aus zahlreichen Kolonnen zusammen. (Mit freundlicher Genehmigung von Carl W. Rettenmeyer.)

Nur ganz wenige Tiere, egal, ob groß oder klein, sind in der Lage, dem Ansturm der *Eciton*-Armee standzuhalten. Jedes Lebewesen, das groß genug ist, um von den Ameisen mit den Kiefern gepackt und festgehalten zu werden, muß entweder zurückweichen oder sterben. Andere Ameisenkolonien werden ebenso überrollt wie Spinnen, Skorpione, Käfer, Schaben, Heuschrecken und eine Vielzahl anderer Gliedertiere. Die Opfer werden gepackt, gestochen und in Stücke gerissen und von den Futterkolonnen zum baldigen Verzehr ins Biwak gebracht. Ein paar Gliedertiere wie Zecken und Stabinsekten können sich durch Abwehrsekrete auf ihrem Panzer schützen. Auch Termiten sind in ihren burgähnlichen Bauten aus Holz und Exkrementen ziemlich sicher, weil ihre Eingänge von spezialisierten Soldaten geschützt werden, die scharfe Kiefer oder giftige Drüsen besitzen. Im großen und ganzen aber erfüllt die Treiberameisenkolonie, ein unaufhaltsamer Superorganismus, die Rolle des Sensenmannes im tropischen Regenwald.

Gegen Mittag kehren die Arbeiterinnen wieder um, und der Schwarm beginnt, zum Biwak zurückzuströmen. Auf der Fläche, die von den Ameisen bedeckt war, sind kaum mehr Insekten und andere kleine Tiere zu finden. Die Ameisen brechen am nächsten Morgen in eine neue Richtung auf, als ob sie sich an ihre Auswirkung auf die Umwelt erinnern würden und sich dieser bewußt wären. Aber wenn sie bis zu drei Wochen an derselben Biwakstelle bleiben, nimmt das Futterangebot im gesamten, unmittelbaren Umfeld ab. Die Kolonie löst das Problem, indem sie einfach in regelmäßigen Abständen zu neuen Biwakplätzen in gut 100 Metern Entfernung umzieht.

Beobachter, die solche Umzüge in den Tropen schon früher miterlebten, kamen zu dem verständlichen Schluß, daß die Kolonien der Treiberameisen immer dann ihren Biwakplatz wechseln, wenn das Futterangebot in der Umgebung erschöpft ist. Hunger schien ihr Verhalten zu bestimmen. In den 30er Jahren entdeckte Theodore Schneirla jedoch, daß diese Umzüge in erster Linie nicht durch leere Mägen, sondern bis zu einem gewissen Grad durch interne Veränderungen, die sich automatisch innerhalb der Kolonien abspielen, ausgelöst werden. Die Ameisen ziehen unabhängig davon um, wie umfangreich oder begrenzt das Futterangebot in der Umgebung ist. Schneirla verfolgte tagelang Kolo-

Königinnen der Treiberameise *Eciton hamatum*. Die Königin im oberen Bild, die von einem Soldaten mit sichelförmigen Kiefern begleitet wird, befindet sich in einer nomadischen Phase; ihr Hinterleib ist eingeschrumpft, so daß sie ohne Schwierigkeiten mit der Kolonie mitziehen kann. Die Königin auf dem unteren Bild ist in einer stationären Phase; ihr mit Eiern gefüllter Hinterleib ist so stark angeschwollen, daß sie sich kaum von der Stelle bewegen kann. (Aufnahmen von Carl Rettenmeyer.)

nien in den Regenwäldern Panamas und stellte fest, daß bei den Ameisen stationäre Phasen, in denen jede Kolonie ihren Biwakplatz bis zu zwei oder drei Wochen beibehält, mit nomadischen Phasen abwechseln, in denen sie ebenfalls über eine Dauer von zwei bis drei Wochen jeden Abend zu einem neuen Biwakplatz ziehen. Die Eigendynamik des Fortpflanzungszyklus der Treiberameisenkolonie bildet die eigentliche Triebkraft. Sobald die Kolonie in eine stationäre Phase eintritt, entwickeln sich die Eierstöcke der Königin rapide, und nach einer Woche ist ihr Hinterleib mit ca. 60 000 Eiern prall gefüllt, die den ersten Teil des gesamten großen Geleges bilden werden. Ungefähr nach der Hälfte der stationären Phase legt die Königin dann unter gewaltigen Anstrengungen innerhalb von mehreren Tagen 100 000 bis 300 000 Eier. Am Ende der dritten und letzten Woche dieser Phase schlüpfen aus den Eiern kleine, sich schlängelnde Larven. Wenige Tage später verlassen neue Arbeiterinnen der vorherigen Generation ihre Pupparien und schlüpfen in Massen aus ihren Kokons. Das plötzliche Auftreten von Zehntausenden neuer Arbeiterinnen hat eine elektrisierende Wirkung auf ihre älteren Schwestern. Der allgemeine Aktivitätspegel steigt an, und entsprechend wächst die Größe und Intensität der Raubzüge. Die Kolonie beginnt, jeden Tag nach Beendigung eines Raubzuges zu einem neuen Biwakplatz zu ziehen. Jetzt, wo sich die Kolonie ganz in ihrer Wanderphase befindet, legt sie jeden Tag eine Entfernung von der Länge eines Fußballfeldes zurück. Solange die hungrigen Larven wachsen und fressen, dauert die Phase der Rastlosigkeit der Kolonie an. Wenn die Larven schließlich Kokons spinnen und mit ihrer Verpuppung in eine Ruhephase übergehen, hört die Kolonie auf zu wandern.

Tag für Tag und Monat für Monat machen sämtliche Heeresameisen der Gattung *Eciton* denselben, wie ein Uhrwerk ablaufenden Zyklus durch. Wie kann eine Kolonie solch eine strikte Alltagsroutine durchbrechen, um sich fortzupflanzen? Das ist nicht so einfach, wenn man bedenkt, wie sich die Kolonie ernährt, aber die Fortpflanzung erfolgt trotzdem nach Plan. Die Vermehrung ist zwangsläufig ein komplizierter und umständlicher Prozeß und hat nichts mit der Massenproduktion und dem Ausstoß geflügelter Königinnen und Männchen, wie bei den meisten Ameisenarten, zu tun. Neugegründete Kolonien müssen von

Anfang an aus einer riesigen Anzahl von Arbeiterinnen bestehen, um die Königin unterstützen zu können. Deshalb wird nur eine kleine Anzahl unbegatteter Königinnen erzeugt, die sich in ihrer Mutterkolonie paaren, ohne das Nest zu verlassen. Dann spaltet sich eine dieser Königinnen mit einer Gruppe von Arbeiterinnen ab, um eine eigene Kolonie zu gründen. Da ein Teil der Arbeiterinnen mit der neuen Königin zieht, während ein anderer bei ihrer Mutter bleibt, erfordert diese Situation eine völlig neue Klärung der Loyalitätsfrage.

Die meiste Zeit des Jahres übt die Königinmutter eine unwiderstehliche Anziehung auf die Arbeiterinnen aus. Als Zentralfigur der Arbeiterinnen, die sich um sie scharen, hält sie die Kolonie im wahrsten Sinne des Wortes zusammen. Die Situation ändert sich jedoch, sobald zu Beginn der Trockenzeit die Brut der Geschlechtstiere erscheint. Bei der in Kolonnen jagenden Treiberameise *Eciton hamatum* (deren Fortpflanzung am besten untersucht ist) besteht die Brut der Geschlechtstiere aus ungefähr 1500 Männchen und 6 Königinnen. Die Männchen fliegen aus und dringen in die Biwaks anderer Kolonien ein. Dort mischen sie sich unter die Arbeiterinnen und versuchen, die dort lebenden jungfräulichen Königinnen zu begatten. Auf diese Weise wird ein Inzest zwischen Brüdern und Schwestern vermieden.

Das stellt die kreuzweise Befruchtung sicher; zunächst aber erfolgt die Teilung der Kolonie. Sobald die neue Wanderphase anläuft, begibt sich eine Schar von Arbeiterinnen mit der alten Königinmutter zu einer neuen Biwakstelle und eine andere Gruppe mit einer der jungen, unbegatteten Königinnen zu einem zweiten Biwakplatz. Die restlichen unbegatteten Königinnen werden zurückgelassen und von einer kleinen Gruppe Arbeiterinnen umzingelt, die sie an der Auswanderung hindern. Da die Ausgestoßenen und ihr Gefolge kein Futter erhalten und alleine wehrlos gegenüber Feinden sind, sterben sie bald. Die erfolgreiche Jungkönigin dagegen wird innerhalb weniger Tage von einem Männchen begattet. Die beiden Kolonien, Mutter- und Tochterkolonie, gehen von nun an getrennte Wege und haben nie wieder Kontakt miteinander.

Die 12 bekannten Arten der Gattung *Eciton*, zu der die im Schwarm jagende *Eciton burchelli* und die in Kolonnen jagende *Eciton hamatum* gehören, stellen die höchsten Stufen einer evolutionären Entwicklung dar, die vor 10 Millionen Jahren in den amerikanischen Tropen ihren Ausgang nahm. Für Insektenforscher sind die winzigen Treiberameisen der Gattung *Neivamyrmex*, die von Argentinien bis in den Süden und Westen der Vereinigten Staaten vorkommen, genauso interessant, auch wenn sie allgemein weit weniger bekannt sind. In Hinterhöfen und auf unbebautem Gelände führen ihre wehrhaften Kolonien, die mehrere hunderttausend Arbeiterinnen stark sind, ihre Raubzüge durch, ziehen von einem Biwakplatz zum nächsten und vermehren sich, wie die plündernde *Eciton*, durch Teilung. Selbst Leute, die im selben geographischen Verbreitungsgebiet leben und die Ameisen häufig im wahrsten Sinne des Wortes zu ihren Füßen haben, nehmen ihre Existenz nur selten wahr. Im Alter von 16 Jahren fand Wilson, der sich bereits stark für die Biologie der Ameisen interessierte, eine Kolonie von *Neivamyrmex nigrescens* hinter dem Haus seiner Eltern in der Nähe der Stadtmitte von Decatur in Alabama. Tagelang beobachtete er die Kolonie, wie sie von einer Stelle zur nächsten zog, in dem Unkrautdickicht entlang des Gartenzauns auftauchte, von dort in den Nachbargarten wechselte und schließlich, an einem regnerischen Tag, die Straße überquerte und in einem anderen Nachbargrundstück verschwand. So ein Raubzug im Graswurzeldschungel ist ein aufregendes Schauspiel, aber man braucht Geduld, bis man die Legionärstruppen von den futtersuchenden Kolonnen normaler, seßhafter Ameisenarten unterscheiden kann, die in fest etablierten Nestern unter Gartensteinen und in Rissen zwischen Rasenstücken leben. Zwei Jahre später fand Wilson weitere Kolonien in der Nähe des Universitätsgeländes der Universität von Alabama. An ihnen führte er eine seiner ersten, wissenschaftlichen Untersuchungen mit seltsamen, winzigen Käfern durch, die sich auf dem Rükken der *Neivamyrmex nigrescens*-Arbeiterinnen aufhalten und sich dort von den öligen Sekreten der Ameisen ernähren.

Im Laufe der Evolution entwickelten sich in Afrika während eines zweiten Entwicklungsschubes die furchterregenden Treiberameisen der Gattung *Dorylus*, von denen schon früher die Rede war, als wir an ihrem Beispiel demonstrierten, daß die Ameisenkolonie einen Superorganismus darstellt. Während einer dritten evolutiven Ausbreitungsphase entstand die Gattung *Aenictus* in Afrika und Asien, winzige Treiberameisen,

Ein Sklavenraubzug europäischer Ameisen. Rote Amazonenameisen (*Polyergus rufescens*) dringen in ein *Formica fusca*-Nest ein, um Puppen in ihren Kokons zu rauben. Einige der schwarzen *Formica*-Arbeiterinnen versuchen mit der Brut zu fliehen. Sie haben wenig Chance, sich gegen die Amazonenarbeiterinnen durchzusetzen, die sie mit ihren sichelförmigen Kiefern leicht durchbohren können. (Bild von John D. Dawson, mit freundlicher Genehmigung der National Geographic Society.)

Abgeplattete Käfer (*Amphotis marginata*), sogenannte „Straßenräuber", auf den Ameisenstraßen der glänzend schwarzen Holzameise *Lasius fulginosus*. Links im Vordergrund erbettelt ein Käfer Futter von einer heimkehrenden Arbeiterin. Oben rechts greift eine Ameise einen zweiten *Amphotis* an, aber dank der Schildkrötentaktik des Käfers ohne großen Erfolg. Außerdem sieht man schlanke Kurzflügler (eine *Pella*-Art), die Ameisen erbeuten und fressen. (Bild von John D. Dawson, mit freundlicher Genehmigung der National Geographic Society.)

Der Kurzflügler *Lomechusa strumosa* ist völlig in der Wirtsameisengesellschaft, hier bei *Formica sanguinea*, integriert. Auf dieser Abbildung wird ein *Lomechusa*-Käfer von einer Arbeiterin gefüttert, während er gleichzeitig eine andere Arbeiterin mit einem beruhigenden Sekret beschwichtigt, das er von der Spitze seines Hinterleibes abgibt.

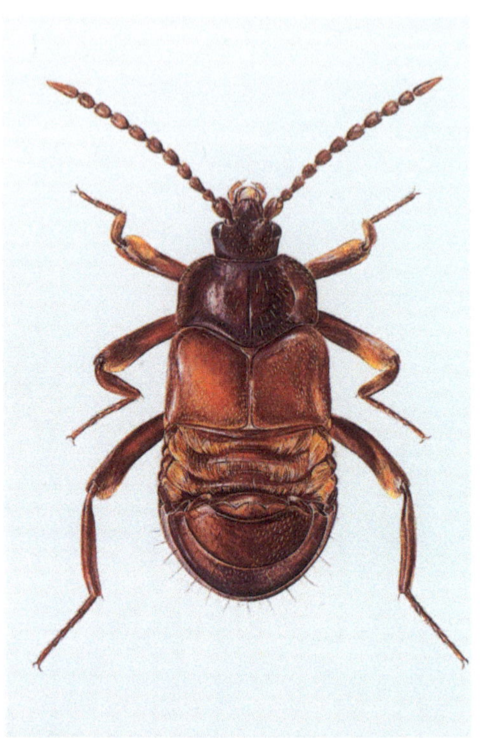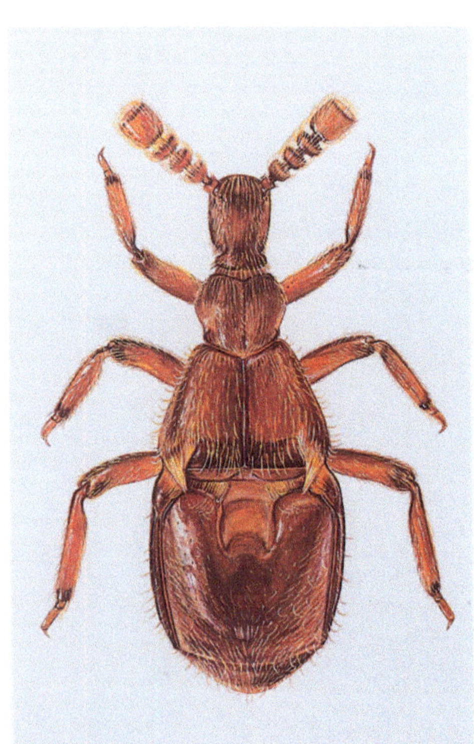

Eine Auswahl mit Ameisen vergesellschafteter Käfer (nicht maßstabsgetreu dargestellt):
Oben links: Dinarda dentata.
Oben rechts: Lomechusa strumosa.
Unten links: Claviger testaceus.
Unten rechts: Amphotis marginata.
(Bild von Turid Forsyth.)

Trophobiose zwischen Ameisen und ihren pflanzensaftsaugenden Gästen. Die Pflanzensaftsauger geben aus ihrem After Zuckerlösungen ab und erhalten im Gegenzug Schutz von den Ameisen.
Oben: Australische *Iridomyrmex purpureus*-Ameisen mit einer Nymphe einer eurymelinen Buckelzikade.
Unten: Afrikanische Weberameisen (*Oecophylla longinoda*) mit Schildläusen, die auf lebenden Zweigen im Baumnest der Ameisen gehalten werden.

Neben Raupen von Bläulingsarten sind auch andere Schmetterlingsarten mit Weberameisen vergesellschaftet. Diese *Homodes*-Raupe, die zu der Familie der Eulen gehört, findet man auf Ameisenstraßen von *Oecophylla*. Diese Raupen werden normalerweise nicht von den Ameisen angegriffen, aber wenn Ameisenarbeiterinnen zu nahe an sie herankommen, gehen sie in eine beeinduckende Feindabwehrhaltung, wie hier bei einer *Oecophylla longinoda*-Ameise aus Afrika. Welche Assoziation zwischen diesen Raupen und den Ameisen genau besteht, ist bisher nicht bekannt.

Linke Seite:

Im oberen Bild, das in Malaysia aufgenommen wurde, umsorgen Weberameisen (*Oecophylla smaragdina*) eine Raupe der Bläulingsart *Hypolycaena erylus*. Die Raupe gibt aus einer speziellen Drüse auf ihrem Rücken einen Tropfen Zuckerlösung ab; dafür wird sie von den Ameisen vor Feinden geschützt. Das untere Bild zeigt einen *Hypolycaena*-Schmetterling mit Augenflecken und Anhängen, die einen Kopf vortäuschen; diese Attrappe lenkt den Feind von dem eigentlichen Kopf des Schmetterlings während seiner Flucht ab. (Aufnahmen von Konrad Fiedler.)

Arbeiterinnen der nomadisch lebenden malaysischen Ameisenart
Dolichoderus tubifer tragen ihr
„Vieh" (Wolläuse der Art *Malaicoccus khooi*) zu neuen Weideflächen (*oben*). Diese Ameisen bauen keine Nester, sondern bilden
mit ihren Körpern ein lebenden
Unterschlupf (*unten*). (Aufnahmen von Martin Dill.)

Heeresameisen bei der Paarung: ein Männchen (*Eciton burchelli*) mit abgebrochenen Flügeln begattet eine junge Königin. (Aufnahme von Carl Rettenmeyer.)

die oberflächlich betrachtet den *Neivamyrmex* ähnlich sehen. Das Verhalten und der Lebenszyklus dieser Legionärsarten lassen sich im wesentlichen mit dem ihrer amerikanischen Vertreter vergleichen, obwohl jede dieser evolutionären Linien – *Dorylus* und *Aenictus* in der Alten Welt und *Eciton* zusammen mit *Neivamyrmex*, in der Neuen Welt – ein unabhängiges Evolutionsprodukt darstellen. Das ist jedenfalls die Meinung des amerikanischen Insektenforschers William Gotwald, der die jüngsten anatomischen Untersuchungen an ihnen durchgeführt hat. Gotwald kam zu dem Schluß, daß die gemeinsamen Ähnlichkeiten auf eine konvergente Entwicklung in der Evolution und nicht auf eine gemeinsame Abstammung zurückzuführen sind.

Neben dieser speziellen Gruppe der Treiberameisen haben auch andere Ameisen ähnliche Verhaltensweisen in mehr oder weniger ausgeprägtem Maße entwickelt. Eine solche Spezialisierung hat so häufig und in so charakteristischen Spielarten stattgefunden, daß man die Bedeutung

des Begriffes „Treiberameisen" erweitern muß und eine allgemeingültigere Definition braucht, die sich stärker auf die Handlungen der Kolonien
als auf den anatomischen Aufbau ihrer Mitglieder bezieht. Eine Treiberameise ist, um es knapp zu formulieren, eine Ameise, die zu einer Art
gehört, deren Kolonien ihren Nestplatz regelmäßig wechseln und deren
Arbeiterinnen in dichten, gut koordinierten Gruppen auf einem vorher
unbekannten Gelände auf Futtersuche gehen.

Wenn man sie auf diese Weise rein im funktionellen Sinne definiert,
zeigt sich, daß Treiberameisen unterschiedlichster Abstammung in fast
allen wärmeren Gebieten dieser Erde vorkommen. Zu den außergewöhnlichsten Formen gehören die Ameisen der Gattung *Leptanilla*, die
zusammen mit anderen Gattungen der Alten Welt eine ganz eigene
Unterfamilie, die *Leptanillinae,* bilden. Ihre Arbeiterinnen gehören zu
den kleinsten lebenden Ameisen überhaupt; sie sind so winzig, daß man
sie mit dem bloßen Auge leicht übersehen kann. Die Leptanillinen
gehören auch zu den seltensten Arten. Trotz unserer jahrelangen Freilandarbeit in Habitaten, in denen sie sicherlich vorkommen, hat keiner
von uns jemals ein lebendes Exemplar gesehen. In der Gegend des
Flusses Swan River in Australien, wo sie 20 Jahre zuvor entdeckt worden
waren, unternahm Wilson eine spezielle Suchexpedition nach ihnen,
aber ohne Erfolg. William Brown, der wahrscheinlich am weitesten
gereiste und erfolgreichste Ameisensammler aller Zeiten, hat während
seiner mehrjährigen Sammeltätigkeit in einem Gebiet, wo *Leptanilla*
vorkommt, nur eine einzige Kolonie gefunden. Er entdeckte sie in
Malaysia zufällig unter einem vermodernden Holzstück. Als er die
Masse der winzigen Arbeiterinnen aufdeckte, schimmerte sie auf der
Holzoberfläche zuerst wie eine sich kräuselnde Membranhaut. Brown
brauchte einen Moment, bis er erkannte, daß er auf Ameisen schaute,
und es dauerte noch eine ganze Weile, bis ihm klar wurde, daß es sich
dabei um Leptanillinen handelte.

Seit über hundert Jahren spekulierten Wissenschaftler, die die Evolution der Ameisen zu entschlüsseln versuchten, daß die mysteriösen
Leptanillinen Treiberameisen seien. Ihre Anatomie erinnert zumindest
entfernt an größere, eindeutig den Treiberameisen zuzuordnende Arten
der Gattung *Eciton* und *Dorylus*. Aber über lange Zeit war keiner in der

Lage, eine Kolonie zu finden und sie lange genug zu beobachten, um diese Idee zu überprüfen. Der Durchbruch kam 1987, als es dem jungen japanischen Ameisenforscher Keiichi Masuko gelang, nicht weniger als 11 vollständige Kolonien der Art *Leptanilla japonica* in einem dichten Wald am Cape Manazuru in Japan zu sammeln. Eine Kolonie besteht, wie Masuko feststellen konnte, aus ungefähr hundert Arbeiterinnen und lebt ausschließlich unterirdisch – das erklärt, warum man den Leptanillinen so selten begegnet. Dazu kommt, daß sich die japanischen Leptanillinen bei ihrer Jagd auf Hundertfüßer spezialisiert haben. Davon zu leben ist nicht leicht – es ist fast so, als ob wir versuchen würden, uns von Tigersteaks zu ernähren. Die futtersuchenden Arbeiterinnen folgen der Duftspur in einer eng zusammengeschlossenen Gruppe vom Nest bis zu ihrer gefährlichen Beute, die normalerweise das Mehrfache ihrer Größe besitzt. Es ist jedoch noch nicht geklärt, ob die Hundertfüßer von einzelnen Späherinnen gefunden werden oder ob die Jagd, wie bei den Treiberameisen, in koordinierten Gruppen stattfindet.

Sind die *Leptanilla* auch Nomaden? Auf jeden Fall scheinen die Kolonien in ihren Erdnestern nicht fest niedergelassen zu sein. Sie wandern bei der leisesten Störung ab. Die Schnelligkeit ihrer Reaktion läßt vermuten, daß sie draußen in freier Natur wie die Treiberameisen in regelmäßigen Abständen umziehen. Auch anatomisch sind sie gut an häufige Wanderungen angepaßt. Die Kiefer der Arbeiterinnen sind mit speziellen Verlängerungen zum Transport der Larven ausgestattet. Die Larven wiederum besitzen vorne an ihrem Körper eine Ausstülpung, die den Arbeiterinnen als Tragebügel dient und den Transport der Larven von einem Ort zum anderen erleichtert.

In Japan, so fand Masuko heraus, durchläuft eine *Leptanilla*-Kolonie in der warmen Jahreszeit eine synchronisierte Wachstumsphase wie die Treiberameisen. Solange Larven anwesend sind, ist die gesamte Kolonie hungrig, und die Arbeiterinnen machen Jagd auf Hundertfüßer, wobei sie offensichtlich von einem Ort zum anderen ziehen, um in der Nähe ihrer Riesenbeute zu sein. Die Larven tun sich an den Hundertfüßern gütlich und wachsen rasch heran. Während dieser Phase bleibt der Hinterleib der Königin eingeschrumpft, und sie legt keine Eier. Dank ihrer schlanken Körperform kann sie während der Kolonieumzüge

Die winzigen asiatischen Treiberameisen (*Leptanilla japonica*) jagen
Hundertfüßer in großen Gruppen. Wenn sie die Beute überwältigt haben, tragen sie ihre madenähnlichen Larven zu dem
Hundertfüßer, damit sie von ihm
fressen können. Auf dem oberen
Bild streichelt die Königin, die
sich in der vordersten Linie der
Ansammlung befindet, eine Larve mit ihren Antennen. Auf dem
unteren Bild befindet sich eine
Königin mit stark angeschwolle-
nem Hinterleib in einer Gruppe
älterer Larven und hält eine von
ihnen in ihren Kiefern. (Aufnahmen von Keiichi Masuko.)

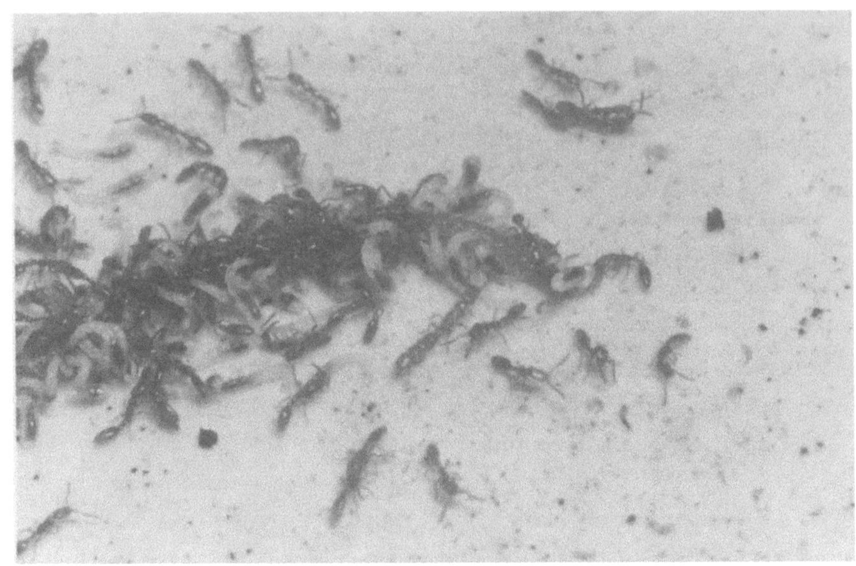

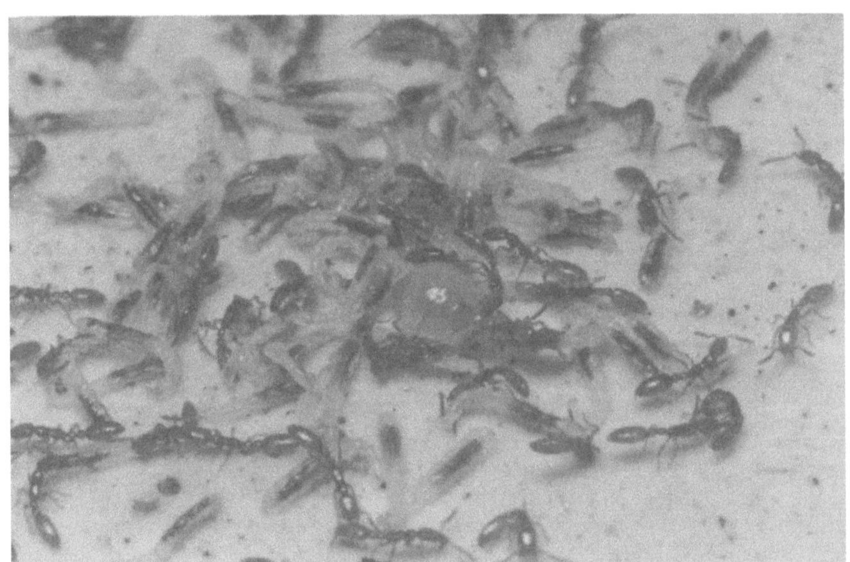

leicht mit den Arbeiterinnen mithalten. Wenn die Larven ihre volle Größe erreicht haben, ernährt sich die Königin kräftig von ihrem Blut, das aus speziellen Organen auf ihrem Hinterleib abgegeben und der Königin auf diese Weise zugänglich gemacht wird. Diese reichhaltige Vampirkost führt dazu, daß die Eierstöcke der Königin schnell größer werden. Bald schwillt ihr Hinterleib an, bis er wie ein aufgeblasener Ballon aussieht; dann legt sie innerhalb weniger Tage ein großes Eigelege ab. Ungefähr zur selben Zeit verpuppen sich die Larven. Nun, da die Königin wieder relativ ruhig lebt und keine Larven gefüttert werden müssen, benötigt die Kolonie viel weniger Futter. Sie stellt ihre Jagd auf Hundertfüßer ein und wird kurz darauf für die Dauer des japanischen Winters seßhaft. Im darauffolgenden Frühjahr schlüpfen Larven aus den Eiern, und der Zyklus beginnt von neuem.

Der amerikanische Insektenforscher Mark Moffett fand vor kurzem bei der asiatischen Treiberameise *Pheidologeton diversus* eine andere, merkwürdige Verhaltensweise. Die Kolonien dieser Art sind riesig und bestehen aus mehreren hunderttausend Arbeiterinnen. Sie bleiben, anders als die umherziehenden Horden der höherentwickelten Treiberameisen, über Wochen oder Monate an derselben Neststelle. Trotzdem führen sie Raubzüge durch, die in vieler Hinsicht denen der afrikanischen Treiberameisen und der tropisch-amerikanischen Heeresameise *Eciton burchelli* erstaunlich ähnlich sind.

Ein *Pheidologeton-*Raubzug beginnt, wenn sich einige Ameisen als Gruppe von einer der Hauptameisenstraßen entfernen, worauf ihnen der Rest der Kolonie folgt. Zuerst bilden Pioniere eine schmale Kolonne, die sich, wie Wasser, das langsam durch einen Schlauch fließt, mit einer Geschwindigkeit von bis zu 20 Zentimetern pro Minute nach vorne schiebt. Nachdem die Kolonne eine Länge von einem halben bis zwei Metern erreicht hat, beginnen einige Ameisen an der Spitze seitlich von der Hauptrichtung der restlichen Ameisen abzuweichen. Dadurch verlangsamt sich der Schwarm, wie Wasser, das sich am Ende des Schlauches als Pfütze auf dem Boden ausbreitet. Manchmal weitet sich der Schwarm aus, bekommt Verstärkung und entwickelt sich zu einem großen, fächerförmigen Raubzug. Hinter der von Ameisen wimmelnden Frontlinie laufen Arbeiterinnen in einem sich verjüngenden Netzwerk von Transportkolonnen hin und her, das zum Nest hin in eine einzige Hauptkolonne mündet. Je weiter die Vorhut in neues Gelände vorstößt, desto länger werden die Transportkolonnen. Die Schwärme bestehen jeweils aus Zehntausenden von Arbeiterinnen. Einige entfernen sich mehr als 6 Meter von ihrem Ausgangspunkt. In ihrer Form erinnern die Schwärme stark an die Raubzüge der afrikanischen Treiberameisen und der amerikanischen Heeresameise *Eciton*, allerdings durchqueren sie neue Gebiete wesentlich langsamer.

Die asiatischen *Phleidologeton*-Treiberameisen sind, wie die bekannteren afrikanischen und amerikanischen Treiberameisen, in der Lage, mit außergewöhnlich großer und gefährlicher Beute, bis zu der Größe von Fröschen, fertig zu werden, indem sie sie einfach dank ihrer starken Überzahl überwältigen. Gut aufeinander abgestimmte Arbeitertrupps können große Objekte schnell zum Nest zurücktragen. Durch ein komplexes Kastensystem wird die Fähigkeit der Arbeiterinnen, große Beute zu jagen, noch wesentlich erhöht. Ihre Armeen bestehen aus Arbeiterinnen, die die stärksten Größenunterschiede unter allen bekannten Ameisen zeigen: Die riesigen Soldaten sind 500 mal schwerer als ihre kleinsten Nestgenossinnen und besitzen überproportional große Köpfe. Zwischen den beiden Extremen gibt es eine gleichmäßige Abstufung weiterer Größenklassen. Dank dieser Größenvielfalt kann der Ameisenschwarm dementsprechend unterschiedlich große Beute machen. Die kleinsten Räuber stöbern Springschwänze und andere winzige Insekten im Alleingang auf. Andere dieser Winzlinge tun sich mit ihren größeren Nestgenossinnen zusammen, um über Termiten, Hundertfüßer und andere, größere Beute herzufallen. Soldaten kommen dazu, um der Beute mit ihren mächtigen Kiefern den Todesstoß zu versetzen. Diese großen Ameisen dienen der Kolonie außerdem als Arbeitselefanten, indem sie Stöcke und andere Hindernisse für ihre vorwärtsstürmenden, futtersuchenden Nestgenossinnen aus dem Weg räumen.

Wilson fragte sich am Anfang seiner Karriere, als er ausgedehnte Reisen in die Tropen unternahm und dabei immer mehr Treiberameisen kennenlernte, wie eine so außerordentlich komplexe, soziale Organisationsform in der Evolution entstanden sein könnte. Anhand verschiedener räuberisch lebender Ameisen, die einige, aber nicht alle

Merkmale der Treiberameisen besaßen, setzte Wilson aus seinen eigenen und den Beobachtungen anderer Freilandbiologen, wie William Browns Untersuchungen, Stück für Stück ein Bild von den evolutionären Anfängen der Treiberameisen zusammen.

Aus den Daten ergab sich ein überzeugendes Schema. Der Schlüssel dazu lag, wie er feststellte, in den feineren Details der Massenraubzüge. Autoren hatten zuvor immer wieder darauf hingewiesen, daß Ameisen in geschlossenen Verbänden einzelnen Arbeiterinnen bei der Beutejagd überlegen sind. Diese Beobachtung war sicher richtig, aber nur Teil der ganzen Wahrheit, wie sich herausstellte. Es gibt noch eine andere wichtige Funktion der Gruppenjagd, die einem nur dann klar wird, wenn man sich die Art der Beute und die Weise, wie sie gefangen wird, anschaut. Die meisten Ameisen, die allein auf Jagd gehen, greifen höchstens Beute ihrer eigenen Größe an. Diese Einschränkung folgt einer allgemeinen Regel aus der Freilandbiologie: Solitäre Räuber, von den Fröschen und Schlangen bis zu den Vögeln, Wieseln und Katzen jagen Tiere, die höchstens so groß sind wie sie selbst. Ameisen, die in Gruppen zusammenarbeiten, ernähren sich dagegen meistens von großen Insekten oder von Ameisenkolonien und Kolonien anderer sozial lebender Insekten, d.h. Beute, die eine einzelne Jägerin normalerweise nicht überwältigen kann. In einer gemeinsamen Aktion reißen sie ihre Opfer nieder und schneiden sie in Stücke, genau wie Löwen, Wölfe und Killerwale in Gruppen die größten Säugetiere jagen.

Viele Ameisenarten greifen zwar einzelne große Insekten und Kolonien von Ameisen, Wespen und Termiten in Massenüberfällen an, aber trotzdem ziehen sie nicht in regelmäßigen Abständen von einem Nestplatz zum nächsten, wie die höherentwickelten Treiberameisen. Diese Arten scheinen ein Beispiel für den ersten Schritt zu sein, der zum Verhalten der Treiberameisen führte. Wilson verglich eine Vielzahl von Arten, auch solche auf der ursprünglichsten Entwicklungsstufe, miteinander, die unterschiedliche Komplexitätsgrade in ihrem Verhalten zeigen. Dadurch war er in der Lage, den von ihm angenommenen Ursprung der Treiberameisen zu rekonstruieren.

Zuerst entwickelten Ameisen, die bisher alleine auf kleinere Beute Jagd machten, die Fähigkeit, schnell große Mengen ihrer Nestgenossinnen zu rekrutieren. Diese Trupps spezialisierten sich auf große oder stark gepanzerte Beute wie Käferlarven, Kellerasseln oder Ameisen- und Termitenkolonien.

Als nächstes wurden die Gruppen unabhängig bei der Durchführung ihrer Raubzüge. Für eine Späherin war es nicht mehr länger notwendig, zuerst die Beute auszumachen und dann Scharen von Nestgenossinnen zu rekrutieren, um sie zu überwältigen. Jetzt verließ ein Schwarm von Arbeiterinnen gleichzeitig das Nest und ging von Anfang an gemeinsam auf Jagd. Diese höherentwickelte Form der Gruppenjagd erlaubte Kolonien, eine größere Fläche in kürzerer Zeit abzudecken und große Beute zu überwältigen, bevor sie entfliehen konnte.

Zur gleichen Zeit oder im Anschluß daran entwickelte sich ihr Wanderverhalten. Die Effizienz der Gruppenjäger steigerte sich, da große Beuteinsekten und Beutekolonien weit weniger dicht vorkommen als andere Beutetypen und deshalb die in Gruppen jagenden Ameisen ständig ihr Jagdrevier wechseln müssen, um sich frisches Nahrungsangebot zu erschließen. Als regelmäßige Ortswechsel hinzukamen, entwickelten sich diese Arten zu richtigen Treiberameisen.

Der flexible Zugang zu einem wechselnden Beuteangebot machte es den Treiberameisen möglich, im Laufe der Evolution größere Kolonien zu entwickeln. Manche Arten dehnten ihre Nahrung erst sekundär auf kleinere Insekten und andere Gliedertiere sowie solitär lebende Insekten und sogar Frösche und ein paar andere kleine Wirbeltiere aus. Auf dieser Entwicklungsstufe befinden sich die in Schwärmen jagenden afrikanischen Treiberameisen und die in den amerikanischen Tropen lebende Heeresameise *Eciton burchelli,* deren Kolonien praktisch sämtliche tierischen Lebensformen um sie herum auslöschen. Es ist anzunehmen, daß diese Moloche der tropischen Welt, wie die meisten großen Errungenschaften in der organischen Evolution, über eine Folge kleiner Entwicklungsschritte entstanden sind.

Im Laufe ihrer hundert Millionen Jahre alten Entwicklungsgeschichte haben Ameisen ein erstaunliches Maß an ökologischen Anpassungen erreicht. Einige der hochspezialisierten Formen sind so bizarr, daß sie sich kaum einer der Insektenforscher, der sie im Freiland zufällig entdeckte, vorher in seiner kühnsten Phantasie hätte ausmalen können. Im folgenden wollen wir eine Art „Kuriositätenkabinett aus der Ameisenwelt" vorstellen und dabei einige Geschichten über Ameisenarten erzählen, die wir selber kennengelernt haben und die extremste Anpassungsformen zeigen.

Unsere Geschichte beginnt 1942 in Mobile, Alabama, auf einem unbebauten Nachbargrundstück von Wilsons Eltern. Am Rand des verwilderten Geländes gab es einen Feigenbaum, der jedes Jahr im Spätsommer reife Früchte trug, da sich Mobile an der Grenze der amerikanischen Subtropen befindet. Unter dem Baum verstreut lagen Bauholz, zerbrochene Flaschen und Dachziegel. Dort suchte Ed, der gerade 13 Jahre alt geworden war, nach Ameisen, denn er wollte alle Arten, die er finden konnte, kennenlernen. Er war verblüfft, als er eine Ameisenart fand, die ganz anders aussah als diejenigen, die er bisher gesehen hatte. Ihre Arbeiterinnen waren mittelgroß und schlank, von dunkelbrauner Farbe und sehr behende, und sie waren mit seltsamen, dünnen Kiefern ausgestattet, die sie erstaunlicherweise in einem Winkel von 180° öffnen konnten. Wenn man ihr Nest störte, kamen sie mit voll gespreizten Kiefern herausgelaufen. Ed versuchte, sie mit seinen Fingern aufzuheben, aber sie ließen ihre Kiefer wie winzige Mausefallen zuschnappen und durchbohrten seine Haut mit ihren scharfen Zähnen. Gleich darauf bogen sie ihren Hinterleib nach vorne und versetzten ihm einen schmerzhaften Stich. Die Ameisen waren so angriffslustig, daß viele ihre Kiefer in der Luft zuschnappen ließen und dabei ein klickendes Geräusch verursachten. Diese doppelte Attacke war zuviel für Ed. Er gab den Versuch auf, ihr Nest auszugraben und die ganze Kolonie zu fangen. Später erfuhr er, daß es sich bei der Art, die er gefunden hatte, um *Odontomachus insularis* handelte und daß Mobile an ihrer nördlichen Verbreitungsgrenze liegt. Zu der Gattung *Odontomachus* gehören viele Arten, die in den tropischen Gebieten der ganzen Welt verbreitet sind.

Die seltsamsten Ameisen

Fünfzig Jahre später begann Bert Hölldobler bei seiner Forschungsarbeit an räuberischen Ameisen der Unterfamilie der Ponerinen eine
detaillierte Untersuchung an *Odontomachus bauri*, die der Art, die Wilson
kennengelernt hatte, sehr ähnlich ist. Hölldobler und seine Mitarbeiter
Wulfila Gronenberg und Jürgen Tautz an der Universität Würzburg
waren fasziniert von der unglaublichen Geschwindigkeit und der Kraft,
mit der die Ameisen ihre Kiefer schließen konnten. Wenn die Ameise
mit den Spitzen der Kiefer auf eine harte Oberfläche prallt, ist die
Schlagkraft so groß, daß sie rückwärts durch die Luft geschleudert wird.
Die Forscher untersuchten das Schließen der Kiefer mit Hilfe einer
Hochgeschwindigkeitskamera, die 3000 Bilder pro Sekunde aufnimmt.
Zu ihrer Überraschung stellten sie fest, daß es sich bei dieser Kieferbe-
wegung nicht nur um eine schnelle, sondern um die schnellste Körperbewegung überhaupt handelt, die jemals im gesamten Tierreich gemessen wurde! Der gesamte Bewegungsablauf, von dem Moment, wo die
geöffneten Kiefer sich zu schließen beginnen, bis zu dem Zeitpunkt, wo
sie aufeinanderschlagen, dauert zwischen einer drittel und einer ganzen
Millisekunde – d.h. zwischen einer dreitausendstel- und einer tausend-
stelsekunde. Die schnellsten bisher gemessenen Bewegungen waren der
Sprung eines Springschwanzes mit 4 Millisekunden, die Fluchtreaktion
einer Schabe (40 Millisekunden), das Zuschnappen der Fangarme einer
Gottesanbeterin (42 Millisekunden), der „Zungenschuß" eines Kurzflüg-
lers beim Beutefang (1–3 Millisekunden) und der Sprung eines Flohs
(0,7–1,2 Millisekunden). Der Kiefer von *Odontomachus* hat nur eine
Länge von 1,8 Millimetern, aber seine gezähnte Spitze bewegt sich mit
einer Geschwindigkeit von 8,5 Metern pro Sekunde. Wäre die Ameise
ein Mensch, würde sie ihre Faust vergleichsweise mit einer Geschwindigkeit von 3 Kilometern pro Sekunde schwingen – schneller als eine
abgeschossene Gewehrkugel durch die Luft fliegt.

Die *Odontomachus*-Arbeiterinnen können mit ihren Schnappfallenkiefern jedes beliebige Lebewesen fangen, vorausgesetzt, es paßt zwischen
ihre Kiefer. Sie jagen mit weit geöffneten Kiefern, deren Stellung fixiert
ist, bis sie ihre kräftigen Schließmuskeln kontrahieren. Ein langes, nach
vorne gerichtetes Sinneshaar befindet sich an der Basis beider Kiefer.
Während der Jagd bewegt die *Odontomachus*-Arbeiterin ihre Antennen

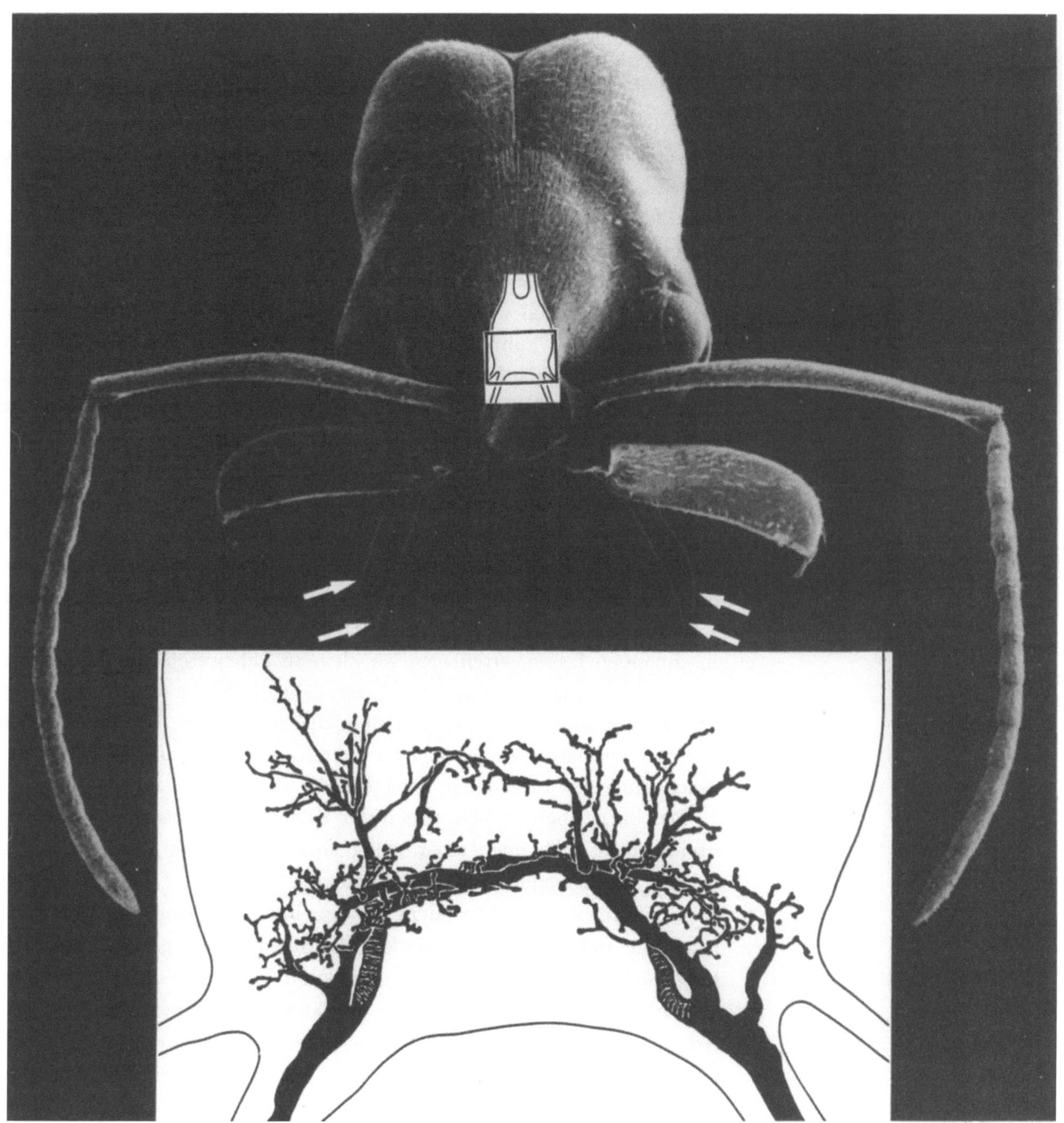

Die kräftigen und blitzschnellen Schnappfallenkiefer der *Odontomachus*. Auf diesem Bild sind die Kiefer einer Arbeiterin weit geöffnet; die Pfeile deuten auf die empfindlichen Sinneshaare, die nach vorne abstehen. Die eingefügte Zeichnung im Kopfbereich zeigt den Gehirnteil, in den die riesigen Nervenzellen der Sinneshaare einmünden. In der unteren Zeichnung ist dieser Gehirnteil mit den Nerven (schwarz) vergrößert dargestellt. (Zeichnung von Wulfila Gronenberg.)

vor dem Kopf hin und her. Sobald sie mit ihren Riechorganen auf den Antennenoberflächen ein Beutetier oder einen Feind wahrnimmt, stößt sie mit ihrem Kopf nach vorne, so daß sie mit den Spitzen der Sinneshaare ihr anvisiertes Ziel berührt. In den Kiefern befinden sich riesige Nervenzellen, die auf den Druck reagieren, der auf die Sinneshaare ausgeübt wird. Ihre Axone, d.h. die verlängerten Nervenzellausläufer, sind die größten, die man bisher in Sinnesorganen irgendwelcher Insekten oder Wirbeltiere gefunden hat. Dank ihrer Größe können sie, wie Hölldoblers Mitarbeiter herausfanden, Nervenimpulse mit extrem hoher Geschwindigkeit weiterleiten. Der Reflexbogen, der von den Sinneszellen im Kiefer zum Gehirn und zurück zu den Nervenzellen der Kiefermuskeln verläuft, benötigt ganze 8 Millisekunden, die kürzeste Zeitspanne, die je bei einem Tier gemessen wurde. Wenn die elektrische Entladungssalve den Reflexbogen durchlaufen hat, so daß der Nervenimpuls die Muskeln erreicht, schnappen die Kiefer innerhalb einer Millisekunde zu und schließen damit die ganze Verhaltensreaktion ab.

Im Inneren der Kiefer der *Odontomachus*-Arbeiterinnen befinden sich hauptsächlich Riesensinneszellen, die von einem Luftraum umgeben sind; das daraus resultierende geringe Gewicht der Kiefer erhöht zusätzlich ihre verblüffende Schnelligkeit. Wenn die Ameisen ihre Kiefer zuschnappen lassen, erschlagen sie kleinere Lebewesen oder durchbohren sie zumindest mit ihren vorderen Zähnen. Sie halten sie mit ihren Kiefern fest und biegen ihren Hinterleib nach vorne, um ihnen einen Stich zu versetzen. Die Schlagkraft ihrer Kiefer reicht aus, um einige der weichhäutigeren Insekten in zwei Hälften zu teilen.

Das blitzschnelle Zuschnappen der Kiefer der *Odontomachus*-Arbeiterinnen dient auch noch einer völlig anderen Funktion. Sie setzen den Schnappmechanismus bei der Verteidigung gegen Eindringlinge als Fortbewegungsmittel ein: Indem die Ameisen ihren Kopf auf eine harte Unterlage richten und ihre Kiefer zuschnappen lassen, sind sie in der Lage, sich selbst in die Luft – und damit auf den nahen Feind – zu katapultieren. Als Bert Hölldobler ein Nest einer großen *Odontomachus*-Art in einem Baum bei La Selva berührte, ließen mindestens 20 Arbeiterinnen ihre Kiefer zuschnappen und flogen ungefähr 40 Zentimeter durch die Luft. Sie landeten auf ihm und begannen sofort, ihn zu stechen.

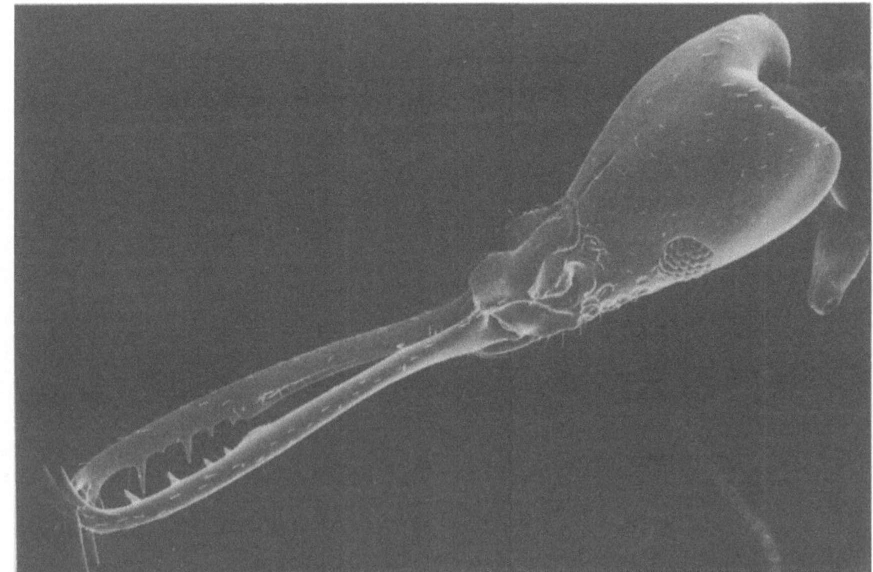

Eine Arbeiterin mit Schnappfallenkiefern der mittelamerikanischen Art *Acanthognathus*, die extrem langen und dünnen Kiefer werden dazu benutzt, Springschwänze und andere kleine, behende Insekten zu fangen.

Hölldobler wich unwillkürlich zurück. Ihm wurde augenblicklich klar, wie die Kolonien dieser Art ihre sonst so ungeschützten Nester verteidigen, deren Kammern nur mit etwas trockenem Pflanzenmaterial bedeckt sind.

Andere Ameisenarten mit Schnappfallenkiefern sind in den tropischen und warm gemäßigten Zonen der Erde weit verbreitet. Fallenkonstruktionen, ähnlich wie die der *Odontomachus,* haben sich im Laufe der Evolution mehrfach unabhängig voneinander entwickelt. Während seines Grundstudiums Ende der 40er Jahre lenkte Wilson seine Aufmerksamkeit auf eine dieser Gruppen, die Dacetinen, kleine Ameisen, die, wie man mittlerweile weiß, Jagd auf Springschwänze machen. Viele ihrer Arten leben in Alabama, darunter Angehörige der Gattungen *Strumigenys, Smithistruma* und *Trichoscapa,* die bis dahin kaum untersucht waren. Wilson nahm sich vor, so viele verschiedene Dacetinen wie nur möglich zu finden, und durchforstete die Wälder und Felder im mittleren und südlichen Teil Alabamas nach ihnen. Die Kolonien, die normalerweise aus einer Königin und mehreren dutzend Arbeiterinnen bestanden, setzte er in künstliche Gipsnester. Deren Konstruktion hatte er in etwas abgewandelter Form aus einem Entwurf übernommen, den der französische Insektenforscher Charles Janet vor einem halben Jahrhundert eingeführt hatte. Um seine Dacetinen möglichst genau beobachten zu können, grub Wilson in der einen Hälfte der Gipsoberfläche Löcher und schuf so kleine Kammern und verbindende Galerien, die denen ähnelten, die die Ameisen selber bauten. In der anderen Hälfte legte er eine sehr viel größere Kammer an, die den Ameisen als Futterarena diente. Dann bedeckte er das Ganze mit einer Glasplatte, so daß ein durchsichtiges Dach entstand. Auf dem Boden der Arena verstreute er etwas Erde und verfaulte Holzstückchen, die den natürlichen Waldboden simulieren sollten. Schließlich setzte Wilson in diese Hälfte noch Springschwänze, Milben, Spinnen, Käfer, Hundertfüßer und andere kleine Gliedertiere ein, die er draußen, wo Dacetinen vorkommen, gesammelt hatte, um zu sehen, welche Tiere die Dacetinen jagen würden – und auf welche Weise. Der gesamte Gipsblock war klein genug – er hatte ungefähr die Größe zweier Handflächen –, daß er unter ein Stereomikroskop paßte. So war Wilson mit minimalem Aufwand in der Lage, gleichzeitig die Dacetinen-Kolonie in den Brutkammern und ihre Arbeiterinnen auf der Jagd in der Futterarena zu beobachten.

Bei den Dacetinen gibt es grundsätzlich zwei Typen mit Schnappfallenkiefern: der eine hat lange, dünne Kiefer, die die Ameise, wie bei *Odontomachus,* über 180° weit öffnet, dann schlagartig zuschnappen läßt und dabei ihre Beute mit ihren scharfen vorderen Zähnen aufspießt. Die Ameisen sind während der Jagd ständig in Bewegung und schleichen sich nur kurzzeitig an ein Insekt an, das sie entdeckt haben. Die zweite Gruppe hat kürzere Kiefer, die nur in einem 60°-Winkel geöffnet werden können. Diese Dacetinen verstehen es meisterhaft, sich anzupirschen, wie Wilson feststellte. Sobald eine Jägerin in der Nähe ein Insekt wahrnimmt, erstarrt sie für kurze Zeit in zusammengekauerter Stellung. Falls sie sich seitlich von dem Beutetier befindet, wendet sie sich ihm langsam zu. Dann beginnt sie so langsam auf das Insekt zuzukriechen, daß man es nur bemerkt, wenn man ununterbrochen und genau hinsieht und dabei die Position ihres Kopfes mit den umgebenden Erdpartikeln vergleicht. Mehrere Minuten können vergehen, bevor die Ameise in eine günstige Angriffsposition kommt. Falls sich die Beute während des Anpirschens bewegt, erstarrt die Dacetine erneut und wartet einige Zeit, bevor sie sich weiterbewegt. Schließlich kommt sie so nah an die Beute heran, daß sie sie leicht mit den Spitzen ihrer langen Sinneshaare, die von ihrem Kopf abstehen, berühren kann, und schon schnappen ihre Kiefer explosionsartig zu.

Die Dacetinen, die Wilson in seinen kleinen Terrarien untersuchte, zeigten eine allgemeine Vorliebe für kleine, weichhäutige Gliedertiere, wie Zwergfüßer, die Hundertfüßern ähneln, und Doppelschwänze, die wie winzige Silberfische aussehen. Aber am liebsten fressen sie Springschwänze, winzige, flügellose Insekten, die einen gegabelten, schwanzähnlichen Anhang (die Furcula) an der Unterseite ihres Körpers besitzen, mit dem sie sich bei der leisesten Gefahr wegkatapultieren können. Das Lösen und Herunterschnellen der Furcula ist eine der schnellsten Bewegungen, die man im Tierreich kennt, und die nur noch vom Zuschnappen der Kiefer der *Odontomachus* übertroffen wird. Die kleinen Dacetinen-Ameisen gehören als Pirschjäger und Fallensteller zu den wenigen Tieren, denen es gelingt, Springschwänze zu fangen.

Keiichi Masuko, der dafür bekannt geworden ist, daß er das Rätsel der Leptanillinen-Treiberameisen gelöst hat, entdeckte in späteren Untersuchungen dank seiner außergewöhnlichen Beobachtungsgabe eine neue, unerwartete Seite der Dacetinen. Wie er feststellte, schmieren sich die kleinen Arbeiterinnen mit Erde und Dreck ein, offensichtlich als Geruchstarnung, um dadurch näher an die Beute heranzukommen. Damit nicht genug, fand Alain Dejean aus Frankreich heraus, daß die Arbeiterinnen einen Duft abgeben, der anziehend auf Springschwänze wirkt, so daß sich die Ameisen ihnen in Ruhe nähern können.

Im Verlauf der Jahre setzten Wilson und Brown auf ihren Sammelexpeditionen in verschiedenen Tropengebieten Stück für Stück das Bild der Entwicklungsgeschichte dieser winzigen Pirschjäger zusammen. Weltweit sind über 250 Dacetinenarten bekannt, die 24 Gattungen bilden und enorme Unterschiede bezüglich ihrer Größe, Anatomie und ihres Verhaltens zeigen. Ihre Entwicklungsgeschichte lief offensichtlich folgendermaßen ab: Die ursprünglicheren Formen, wie die heute lebenden Arten der Gattung *Daceton* in Südamerika und *Orectognathus* in

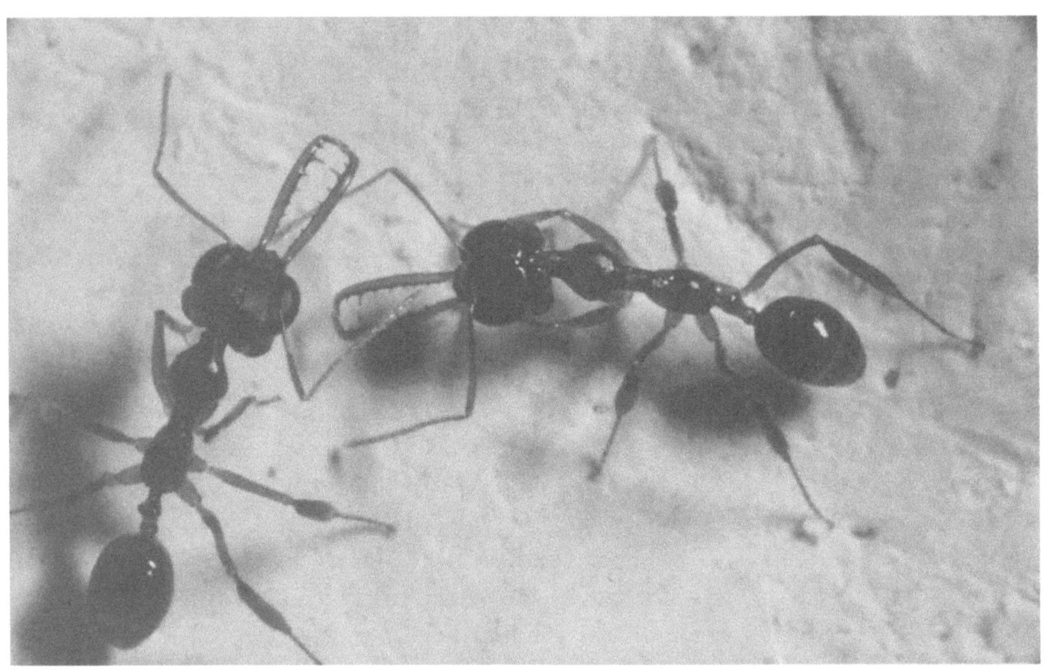

Zwei Schnappfallenkieferameisen: eine *Myrmoteras*-Art aus Südostasien (*oben*) und
Daceton armigerum aus Südamerika (*unten*).

Australien, waren große Ameisen, die auf niedriger Vegetation auf Beutejagd gingen. Sie benutzten ihre Schnappfallenkiefer, um eine breite Palette kleiner bis mittelgroßer Beutetiere, wie Fliegen, Wespen und Heuschrecken, zu fangen. In einigen Entwicklungslinien, die von diesen ursprünglichen Formen abstammen, wurden die Arbeiterinnen deutlich kleiner und begannen, winzige, weichhäutige Insekten und andere Gliedertiere, die in der Erde leben, zu jagen. Einige Arten spezialisierten sich ausschließlich auf Springschwänze. Gleichzeitig änderte sich ihre Sozialstruktur in Anpassung an ihre eingeschränkte und versteckere Lebensweise. Die Kolonien wurden kleiner, die Arbeiterinnen einheitlicher in ihrer Größe (im Gegensatz zu den größeren Dacetinen, die große und kleine Arbeiterinnen beibehielten), und die Ameisen hörten auf, Nestgenossinnen über Duftspuren zu der Beute zu rekrutieren.

Dieser Abriß der Entwicklungsgeschichte der Dacetinen, der 1959 größtenteils abgeschlossen war, stellte einen der ersten Versuche dar, die Entwicklung der sozialen Organisationsform einer Tiergruppe im Laufe der Evolution anhand der Veränderungen ihrer Nahrungsgewohnheiten und anderer ökologischer Faktoren zu rekonstruieren.

Die Kiefer der Ameisen entsprechen in ihrer Funktion unseren Händen. Damit bearbeiten die Ameisen Erdpartikel und Futterstücke und packen und tragen ihre Nestgenossinnen. Sie dienen als Waffen zur Verteidigung gegenüber Feinden und zum Beutefang. Daher geben Größe und Form der Kiefer Aufschluß über die Lebensweise und die Nahrung einer Ameisenart. Die eigenartigsten Kiefer von allen Ameisen auf der Welt besitzen aber nicht *Odontomachus* oder die Dacetinen, sondern Arten der ponerinen Gattung *Thaumatomyrmex* . Die Kopfkapseln der Arbeiterinnen sind gedrungen und fast kugelförmig, und zu beiden Seiten stehen große Augen hervor. Die riesigen Kiefer bilden vorne eine korbähnliche Struktur, deren Querstreben aus langen, dünnen Zähnen bestehen, die wie die Zinken einer Heugabel aussehen. Diese extrem langen, endständigen Zähne stehen wie ein Paar Hörner über den Kopfrand hinaus, wenn die Kiefer in Ruhestellung geschlossen sind. Der Name *Thaumatomyrmex* bedeutet sehr treffend „wundersame Ameise“.

Wundersam in der Tat – und wie werden diese ungewöhnlichen Kiefer eingesetzt? Handelt es sich um Schnappfallenkiefer, oder erfüllen sie eine andere, völlig unerwartete Rolle? Jahrelang spekulierten Ameisenforscher über die Lebensweise der *Thaumatomyrmex* -Ameisen – wo sie wohl ihre Nester bauen und welche Beute sie jagen. Leider gehören Angehörige dieser Gattung zu den seltensten Ameisen der Welt. Obwohl mehrere bekannte Arten überall von Südmexiko bis Brasilien verbreitet sind (eine davon findet man ausschließlich auf Kuba), gibt es in den Museen weltweit nicht mehr als hundert Exemplare. Auch nur eine einzige lebende Arbeiterin zu finden ist eine ziemliche Leistung. Bis vor kurzem ist es keinem gelungen, eine lebende Kolonie im Labor zu untersuchen.

Wilson schaffte es in seinem Leben, ganze zwei Arbeiterinnen zu finden, eine auf Kuba und die andere in Mexiko. Er war viele Jahre ganz versessen darauf, eine Kolonie zu finden und das Rätsel der merkwürdig geformten Kiefer zu lösen. 1987, als er sich im Norden Costa Ricas auf der biologischen Freilandstation der Organisation für Tropische Studien La Selva befand, wo in letzter Zeit mehrere Exemplare gefunden worden waren, nahm er sich eine ganze Woche dafür Zeit. Auf der Suche nach den unverwechselbaren, schwarzglänzenden Arbeiterinnen mit den korbähnlichen Kiefern lief er die ganze Zeit in gebückter Haltung auf den Pfaden entlang oder quer durch den Wald und drehte dabei immer wieder mal Blätter und heruntergefallene Äste um. Er fand keine einzige dieser Ameisen. Frustriert veröffentlichte er einen Artikel in dem Mitteilungsblatt *Notes from Underground* („Mitteilungen aus dem Untergrund", Anm.d.Ü.). Kurz zusammengefaßt lautete die Nachricht: „Kann bitte jemand herausfinden, was *Thaumatomyrmex* frißt, und mir damit meinen Seelenfrieden zurückgeben?"

Innerhalb eines Jahres hatten drei junge brasilianische Wissenschaftler, C. Roberto F. („Beto") Brandão, J.L.M. Diniz und E.M. Tomotake, die Antwort darauf. Sie stießen an zwei verschiedenen Stellen in Brasilien auf zwei Arbeiterinnen, die beide tote Pinselfüßer trugen. Sie fanden außerdem einen Teil einer Kolonie und hielten ihn zur Beobachtung im Labor. Die Arbeiterinnen fraßen die Pinselfüßer, die ihnen angeboten wurden, während sie andere Beutetiere nicht anrührten. Tausendfüßer besitzen pro Körpersegment zwei Beine und sind meistens längliche, walzenförmige Tiere mit einem harten, kalkartigen Panzer. Pinselfüßer gehören zwar

Die seltsamsten Ameisen

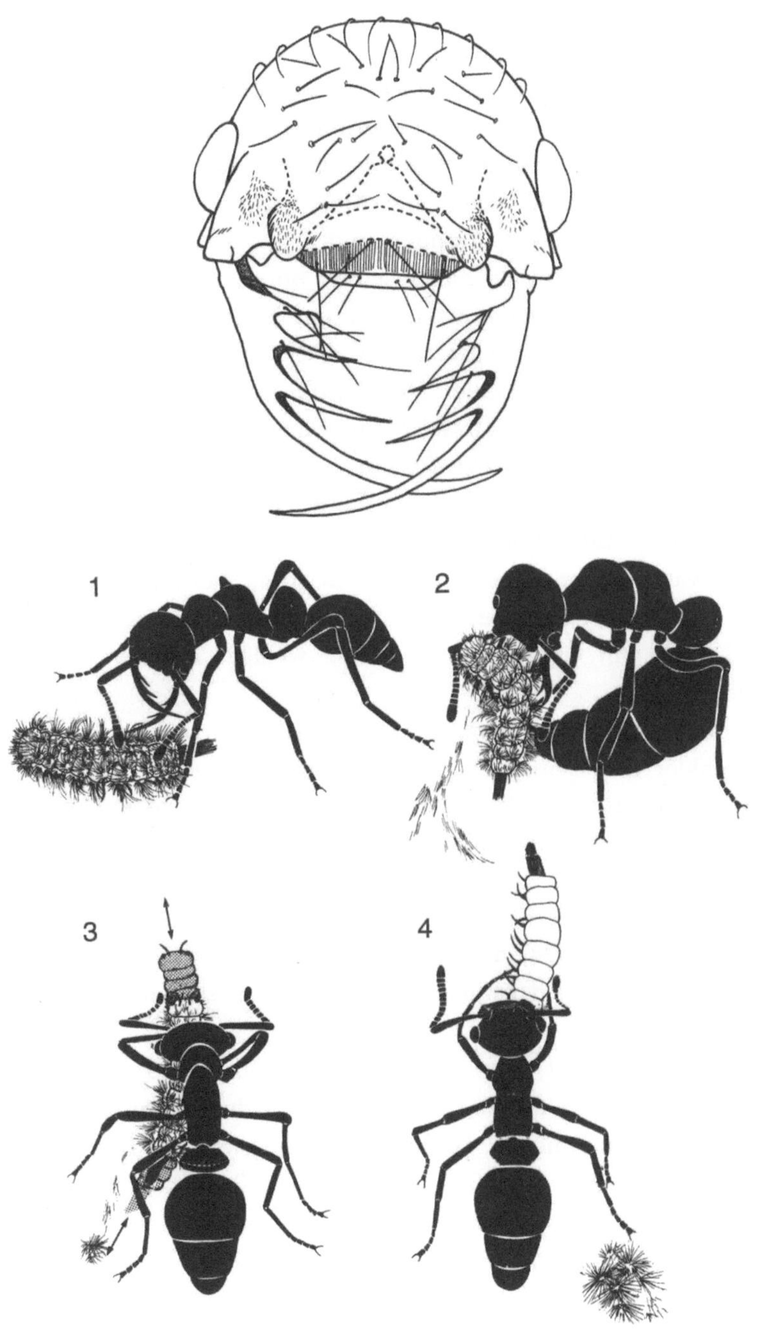

Die tropisch amerikanische Art *Thaumatomyrmex* gehört zu den seltensten der Welt. Sie hat auch die merkwürdigsten Kiefer, mit denen sie stachelschweinähnliche, polyxenide Tausendfüßer fängt. In der unteren Bildabfolge streift eine Arbeiterin die Borsten von einem Tausendfüßer ab, bevor sie ihn zerteilt und auffrißt. (Aus einem Artikel von C. R. F. Brandão, J. L. M. Diniz und E. M. Tomake.)

auch zu den Tausendfüßern, sind jedoch völlig anders gebaut. Relativ kurz, weichhäutig und mit langen, dicht angeordneten Borsten bedeckt, sind sie die Stachelschweine unter den Tausendfüßern.

Die *Thaumatomyrmex* sind Stachelschweinjäger. Ihre außergewöhnlichen Kiefer sind hervorragend daran angepaßt, die Wehrorgane der Pinselfüßer auszuschalten. Wenn eine Ameise einem dieser Tausendfüßer begegnet, stößt sie, wie Brandão und seine Mitarbeiter herausfanden, ihre spitzen Kieferzähne hinter seinen Borsten in den Körper und trägt ihn ins Nest. Dort entfernt sie, wie ein Koch, der ein Hühnchen rupft, die Borsten des Pinselfüßers mit den kräftigen Haaren an den Tarsalsohlen ihrer Vorderbeine. Dann frißt sie den Pinselfüßer, am Kopf beginnend bis zum Schwanzende. Manchmal gibt sie von den Überresten etwas an ihre Nestgenossinnen oder Larven ab. Als Wilson von dieser verblüffenden Entdeckung hörte, war er froh, endlich das Geheimnis der *Thaumatomyrmex* erfahren zu haben, auch wenn er enttäuscht war, daß er selbst nicht zur Klärung beigetragen, ja nicht einmal die Lösung geahnt hatte. Es machte ihn gleichzeitig auch etwas traurig, daß es nun eine Herausforderung weniger aus der Unterwelt der Ameisen gab.

Ein anderes Rätsel, das kürzlich gelöst wurde, betraf die Lebensweise großer, dunkler Ameisen der Gattung *Basiceros*. Der Kopf dieser Arbeiterinnen ist langgestreckt, ihr Panzer kräftig und grob gebaut und ihre Körperoberfläche von einer Mischung keulenförmiger und federartiger Haare bedeckt. Sie sind, wie die *Thaumatomyrmex* mit ihren an Heugabeln erinnernden Kiefern, in den Regenwäldern Mittel- und Südamerikas zwar weit verbreitet, aber trotzdem wurden bis vor kurzem nur wenige Exemplare lebend gefunden. Über ihre Lebensweise war so gut wie nichts bekannt.

Basiceros ist gar nicht so selten, wie man glaubt; diese Ameise kann sich einfach meisterhaft tarnen. Als wir 1985 in dem Naturschutzgebiet La Selva Ameisen sammelten, fanden wir heraus, wie sich Kolonien der dort ansässigen Art relativ einfach finden lassen. Tatsächlich kommt die Art *Basiceros manni* ziemlich häufig vor, wie wir feststellten. Man muß nur nach den weißen Larven und den Puppen Ausschau halten, die sich deutlich von dem dunklen, faulenden Holz abheben, in dem die Ameisen ihre Nester bauen. Die Arbeiterinnen und die Königinnen sind dagegen sehr schwer zu finden, es sei denn, man weiß genau, wo man suchen muß, und beobachtet dann eingehend diese Stelle. Die Ameisen sind für das menschliche Auge und wahrscheinlich auch für andere, visuell jagende Räuber, wie Vögel und Eidechsen, hervorragend getarnt. Man verliert sie leicht aus den Augen, wenn sie über den Boden laufen, und sie lösen sich praktisch in Luft auf, wenn sie stehenbleiben. Dieser Eindruck entsteht zum Teil durch die außergewöhnliche Trägheit der *Basiceros manni*-Arbeiterinnen. Sie gehören zu den langsamsten Ameisen, denen wir in all den Jahren unserer Freilandarbeit weltweit begegnet sind. Die Jäger bewegen sich im Zeitlupentempo, wenn sie auf der Suche nach Insekten umherkriechen, sich vorsichtig anschleichen und sie mit einem plötzlichen Zuschnappen ihrer Kiefer packen. Im Nest sind oft sämtliche Arbeiterinnen minutenlang bewegungslos und halten selbst ihre Antennen völlig still. Auf einen Beobachter, der ein ununterbrochenes, geschäftiges Treiben in den Ameisenkolonien gewohnt ist, wirkt dieses Verhalten unheimlich. Wenn man umherlaufende Arbeiterinnen stört und sie z.B. aufdeckt oder mit einer Pinzette berührt, erstarren sie minutenlang zur Bewegungslosigkeit, ganz anders als die meisten anderen Ameisenarten, die in Panik davonrennen.

Die *Basiceros* gehören nicht nur zu den langsamsten, sondern auch zu den schmutzigsten Ameisen auf der Welt. Die meisten Ameisen sind peinlich sauber. Sie bleiben häufig stehen, um ihre Beine und Antennen zu lecken und sich mit den Kämmen an ihren Beinen und Haarbürsten an ihren Füßen zu säubern. Einige Arten wenden mehr als die Hälfte ihrer Aktivitäten zum Säubern ihrer eigenen Körper auf und einen Großteil der restlichen Zeit, um ihre Nestgenossinnen zu reinigen. Bei den *Basiceros* dagegen dienen nur 1 bis 3 Prozent ihres Verhaltensrepertoires der eigenen Körperpflege. Die Körper der älteren Arbeiterinnen sind mit Dreck verkrustet. Das darf man aber nicht auf Vernachlässigung und schlechte Körperpflege zurückführen, denn dieses Aussehen ist von den Ameisen beabsichtigt. Es gehört zu der Tarnungstaktik dieser Art. Wenn die Arbeiterinnen alt genug sind, um draußen auf Futtersuche zu gehen, unterscheiden sie sich kaum noch von der Erde und der Laubstreu, auf der sie sich bewegen.

Die Tarnung der *Basiceros* wird durch ihren Körperbau noch verstärkt. Eine doppelte Haarschicht auf der Körper- und Beinoberfläche erleichtert die Ansammlung feiner Partikel. Lange Haare, deren Enden gespalten und die wie Flaschenbürsten geformt sind, kratzen winzige Erdpartikelchen von den Wänden der Nestkammern. Darunter liegen, wie das Buschwerk im Unterwuchs eines Waldes, federartige Haare, die diese Partikel auf der Körperoberfläche festhalten.

Nach unserer Rückkehr an die Harvard Universität gelang es uns, *Basiceros*-Kolonien erfolgreich in künstlichen Nestern zu halten, indem wir sie mit einer flugunfähigen Fruchtfliegenmutante fütterten, die die Ameisen in ihrem üblichen Zeitlupentempo jagten. Die Arbeiterinnen hatten keine natürliche dunkle Erde zur Verfügung, die sie auf ihren Panzer aufbringen konnten, dafür aber den feinen Staub der Gipswände und -böden, aus denen wir ihre Labornester gebaut hatten, und so wurden die älteren Arbeiterinnen mit der Zeit weiß – wie richtige Geisterameisen, und waren damit in einer Umgebung getarnt, in der nie zuvor eine *Basiceros*-Ameise gelebt hatte.

Das genaue Gegenteil zu den verborgen lebenden Dacetinen und *Basiceros* sind Ameisen, die ihre leuchtenden Farben im Sonnenlicht zur Schau stellen. Sie folgen einer allgemeinen Regel, die sowohl an Land als auch im Meer gilt: Wenn ein Tier herrlich bunt gefärbt ist und sich nicht um Ihre Anwesenheit kümmert, ist es wahrscheinlich giftig oder aber mit Kiefern oder Stacheln bewaffnet. Auf dem Boden der Regenwälder Mittel- und Südamerikas bilden die Pfeilgiftfrösche leuchtende Farbpunkte in verschiedenen Kombinationen aus Rot, Schwarz und Blau. Die Frösche machen nur einen halbherzigen Versuch, zur Seite zu springen, wenn man sich ihnen nähert, und sie bleiben manchmal sogar sitzen, wenn man versucht, sie aufzuheben. Tun Sie es besser nicht! Der Schleim eines einzigen Frosches ist so giftig, daß er einen Menschen, der ihn mit der Nahrung aufnimmt, umbringen kann. Eingeborene Jäger tragen eine Spur davon auf die Spitzen ihrer Bogen- und Blasrohrpfeile auf, um damit Affen und andere größere Tiere zu lähmen.

In Australien kann man rote und schwarze Bulldoggenameisen, die über einen Zentimeter groß sind und einen Stachel besitzen, der dem der Wespen in nichts nachsteht, aus 10 Metern Entfernung erkennen. In der

Umgebung ihres Nestes sind sie furchtlos und angriffslustig, und sie können hervorragend sehen. Die Arbeiterinnen einiger Arten springen menschlichen Eindringlingen regelrecht entgegen und machen dabei größere Sätze durch die Luft.

Einige der farbenprächtigsten und unbekümmertsten Ameisen der Welt leben auf Kuba. Sie gehören der Gattung *Leptothorax* an und waren aufgrund ihrer anatomischen Besonderheiten bis vor kurzem einer eigenen Gattung, der Gattung *Macromischa*, zugeordnet. Es gibt Dutzende von Arten auf dieser großen Insel, von denen fast alle ausschließlich dort vorkommen. Sie sind die Juwelen der Antillenfauna und kommen in vielen Größen, Formen und Farben, wie Gelb, Rot und Schwarz vor. Aber zu den beeindruckendsten gehören schlanke Arten, die im Sonnenlicht metallisch blau und grünlich glänzen. Die Arbeiterinnen suchen, häufig in Kolonnen, auf offenen Flächen von Kalksteinmauern und niedrigen Pflanzen nach Futter.

Als Wilson 10 Jahre alt war, begeisterte ihn der folgende Abschnitt eines Artikels von William Mann in *National Geographic.* „Ich erinnere mich an einen Weihnachtstag in Mina Carlota, in der Sierra de Trinidad auf Kuba. Als ich versuchte, einen großen Stein umzudrehen, um zu sehen, was sich darunter verbarg, zerbrach er in der Mitte, und genau dort, mitten im Zentrum, befand sich eine 10-Pfennig-Stück große Ansammlung leuchtender, grün metallischer Ameisen, die im Sonnenlicht glänzten. Es stellte sich heraus, daß es sich um eine unbekannte Art handelte.“

Man stelle sich einmal vor! An einem weit entfernten Ort nach neuen Ameisenarten Ausschau zu halten, die wie lebende Edelsteine aussehen! Mann nannte die Art *Macromischa wheeleri* zu Ehren seines Doktorvaters William Morton Wheeler an der Harvard Universität. Dieses Bild hatte Wilson immer noch vor Augen, als er 1953 als Doktorand der Harvard Universität am selben Ort Mina Carlota ankam, um dort Ameisen zu sammeln. Er kletterte einen steilen, bewaldeten Abhang hinauf und drehte auf der Suche nach Ameisen einen weichen Kalkstein nach dem anderen um, wie es Mann getan hatte. Einige brachen auseinander, andere zerbröselten, aber die meisten blieben intakt. Eine Zeitlang kamen keine grünen Ameisen zum Vorschein. Dann zerbrach ein Stein in zwei Hälften und legte eine 10-Pfennig-Stück große Ansammlung metallisch glänzender Arbeiterinnen von *Leptothorax wheeleri* frei. Es gab Wilson eine besondere Befriedigung, daß er, vier Jahrzehnte später, Manns wissenschaftliche Entdeckung auf genau die gleiche Weise erlebt hatte. Es bestätigte die Kontinuität der Natur und des menschlichen Entdeckertriebes.

Weiter im Inneren der Sierra de Trinidad traf Wilson auf eine andere *Leptothorax*-Art, deren Arbeiterinnen im Sonnenlicht golden schimmerten. Die Farbe ähnelte dem Funkeln der Schildkäfer, die man in vielen Gegenden der Welt findet. Die Farbe (genauso wie das metallische Blau und Grün anderer Arten) wird höchstwahrscheinlich durch mikroskopisch kleine Rillen auf dem Körper der Ameisen erzeugt, an denen sich das Sonnenlicht bricht. Aber warum sollte sich ein so ungewöhnlicher Effekt überhaupt im Laufe der Evolution entwickelt haben? Man kann wohl davon ausgehen, daß auch diese Ameisen giftig sind und auf diese Weise Räuber abschrecken, vielleicht die Anolis-Eidechsen, die in ihren Lebensräumen reichlich vorhanden sind. Es gibt noch ein paar weitere Ameisenarten auf der Welt, die golden gefärbt sind. Einige *Polyrhachis*-Arten in Australien und Afrika haben auf ihren Hinterleibern eine Schicht goldener Haare, die vielleicht auf die spitzen dornenähnlichen Fortsätze an ihren Brustsegmenten und Taillen aufmerksam machen.

Wir wollen unsere „Kuriositätenschau" mit den allerseltensten oder zumindest den am schwierigsten zu findenden Ameisen, die wir kennen, beschließen. 1985 suchte Hölldobler den Rand eines Sekundärwaldes von La Selva ab, unserem bevorzugten tropischen Forschungsgebiet. Er stocherte an einem merkwürdigen, kleinen Gebilde aus trockenem Pflanzenmaterial herum, das sich ungefähr in Brusthöhe im Blattwerk eines kleinen Baumes befand. Sofort strömten über hundert Arbeiterinnen daraus hervor, die zu einer neuen Art der Gattung *Pheidole* gehörten. Die Ameisen rannten in erratischen Schleifen umher, um vom Nest abzulenken. An dieser Reaktion war an und für sich nichts Ungewöhnliches – Ameisen kommen meistens aus ihrem Nest herausgerannt, um es zu verteidigen –, außer daß diese Arbeiterinnen Termiten der Gattung *Nasutitermes* erstaunlich ähnlich sahen. Diese Termiten kommen in den Bäumen von La Selva, wie überhaupt in den Tropen der Neuen Welt, häufig vor. In ihren riesigen, kugelförmigen Nestern, die aus erhärtetem Kot gebaut sind, leben Zehntausende von Arbeitern. Ihre Soldaten werden Nasutes genannt; sie besitzen an ihren Köpfen lange, nasenartige Verlängerungen, aus denen sie einen Strahl giftiger, klebriger Flüssigkeit spritzen. Die Nasutes schwärmen in großer Anzahl aus, wenn ihre Nestwände zerstört werden. Nur wenige Feinde bis zu der Größe eines Frosches können ihren Angriffen standhalten.

Die *Pheidole*, die Hölldobler entdeckt hatte, sahen den Nasutes zwar nur auf den ersten Blick, aber immerhin täuschend genug ähnlich. Zuerst hielt Hölldobler sie tatsächlich für Termiten. Die Bewegungen der angreifenden Arbeiterinnen stimmten fast mit denen der *Nasutitermes* überein. Dazu kommt noch, daß die Färbung der *Pheidole*-Soldaten für Ameisen dieser Gattung einzigartig ist, aber derjenigen der Termitensoldaten ähnelt. Wenn unsere Interpretation stimmt, handelt es sich bei dieser Art, die wir später *Pheidole nasutoides* nannten, um den ersten bekannten Fall, bei dem eine Ameise eine Termite nachahmt. Damit schreckt sie wahrscheinlich Räuber ab, die gelernt haben, den stark bewaffneten Nasutes aus dem Weg zu gehen.

In dem Jahr suchten wir während unseres restlichen Aufenthaltes in La Selva intensiv nach weiteren Kolonien von *Pheidole nasutoides*, um ihre Lebensweise näher zu untersuchen und unsere Mimikry-Hypothese zu überprüfen. Aber wir fanden keine mehr. Auf späteren Reisen, auf die wir manchmal alleine, manchmal gemeinsam gingen, nahmen wir die Suche nach ihnen wieder auf, aber ohne Erfolg. Dieser Fehlschlag stellt uns vor ein Rätsel, und wir brennen darauf, mehr über *Pheidole nasutoides* zu erfahren. Es ist natürlich gut möglich, daß die Ameise einfach sehr selten ist und in sehr spärlichen Populationen ähnlich wie die speerzähnige *Thaumatomyrmex* vorkommt. Oder sie mag vielleicht in den Baumkronen hoher Bäume leben, einer Zone, die wir und andere erst noch untersuchen müssen. Vielleicht war das Nest von einem Ast weiter oben heruntergefallen. Irgendwann wird jemand die Antwort herausfinden und das Rätsel lösen. Es besteht keine Gefahr, daß die Welt der Ameisen dadurch an Faszination verliert. Bis dahin tauchen sicher andere, merkwürdige Phänomene auf, die neue Generationen zu Abenteuern ins Freiland locken.

Durch Massenaktionen und Arbeitsteilung unter den Arbeiterinnen sind Ameisenkolonien in der Lage, nach Belieben ihre Umwelt zu kontrollieren und zu verändern. Die Regelung ihrer Umgebungstemperatur, eine wichtige Voraussetzung für ihren Erfolg, ist eines der besten Beispiele für die soziale Leistungsfähigkeit der Ameisen. Aus Gründen, die nach wie vor unbekannt sind, sind diese Insekten auf ungewöhnlich hohe Temperaturen angewiesen. Mit Ausnahme der primitiven australischen *Nothomyrmex macrops* und ein paar wenigen anderen Arten der kalt gemäßigten Zone sind Ameisen unter 20° C kaum und unter 10° C überhaupt nicht funktionsfähig. Ihre Artenvielfalt nimmt von den Tropen zu den nördlich gemäßigten Breiten stark ab. Ameisenkolonien, egal welcher Art, kommen selten in den schattigen Regionen alter, nördlich gelegener Nadelwälder vor, und nur sehr wenige, an Kälte angepaßte Arten leben in der Tundra. Auf Island, Grönland oder den Falkland-Inseln lebt keine einzige einheimische Art. Ameisen kommen auch kaum auf den dichtbewaldeten Berghängen in den Tropen oberhalb 2 500 Metern vor. Dagegen bevölkern unzählige Ameisenarten die heißesten und trockensten Gebiete der Erde, von der Mojave-Wüste und der Sahara bis zur Zentralwüste Australiens.

In kühlen Lebensräumen suchen Ameisen die Wärme für die Aufzucht ihrer Larven. Deshalb halten sich die meisten Kolonien in der kalt gemäßigten Zone unter Steinen auf, und darum findet man auch ganze Kolonien mit der Königin in der Nähe der Erdoberfläche am einfachsten, indem man Steine umdreht, vor allem während der Frühlingszeit, wenn der Boden sich langsam erwärmt. Steine haben hervorragende thermoregulatorische Eigenschaften, besonders wenn sie flach sind und nur eine geringe Auflage haben, so daß ein Großteil ihrer Oberfläche der Sonne ausgesetzt ist. Wenn es trocken ist, haben sie eine geringe spezifische Wärme, d.h. es bedarf nur wenig Sonnenenergie, um ihre Temperatur zu erhöhen. Deshalb wärmen sich Steine und die darunterliegende Erde im Frühjahr, wenn Ameisenkolonien den größten Bedarf haben, um wieder aktiv zu werden, schneller durch die Sonne auf als die umgebende Erde. Dieser Wärmeunterschied ermöglicht den Arbeiterinnen eher auf Futtersuche zu gehen, die Königin kann früher Eier legen und die Larven entwickeln sich schneller als die ihrer Konkurrentinnen, die in reinen Erdnestern leben. Das gleiche thermoregulatorische Prinzip gilt auch für die Zwischenräume unter der Rinde verrottender Baumstümpfe und umgefallener Baumstämme. Während des Frühjahrs sammeln sich die Königin, ihre Arbeiterinnen und die Brut an diesen Stellen und ziehen sich nur bei Überhitzung der äußeren Kammern über Gangsysteme in das kühle Innere des Holzes zurück.

Tropische Ameisenarten kommen in den Regenwäldern fast immer in den Genuß von ausreichender Wärme und bevorzugen deshalb ganz andere Nestplätze. Die meisten von ihnen leben in kleinen, verrottenden Holzstücken, die auf dem Boden liegen. Ein paar Arten haben ihre Nester in Büschen, Bäumen oder in vermodernden Baumstämmen, und eine noch geringere Anzahl von Arten lebt ganz in der Erde. Steine werden nur selten von den Ameisen als Schutz gewählt.

Die völlige Anpassung an das Bodenleben ermöglicht den Ameisen auf besondere Weise, ihre Umgebungstemperatur in stündlichen Abständen zu regulieren. Normalerweise graben sie ihre Nester unter Steinen oder von der blanken Erde aus senkrecht in den Boden; oder ihre Nester führen durch Risse unterhalb der Rinde von vermoderndem Holz ins Innere und sind in dem der Erde zugewandten Teil des Kernholzes angelegt. Dieser Aufbau gewährleistet, daß die Arbeiterinnen die Eier, Larven und Puppen im Nest schnell zu den Kammern bringen können, die für ihr Wachstum am besten geeignet sind. Die Kolonien der meisten Arten halten ihre Brut in den wärmsten Kammern zwischen 25°C und 35°C, sofern so hohe Temperaturen vorliegen.

In extrem heißen Gegenden bilden die Erdnester auch einen Schutz gegen Überhitzung der Ameisen. Sogar Wüstenspezialisten sterben, wenn man sie dazu zwingt, mehr als zwei bis drei Stunden in der Sommerhitze zu verbringen. Ameisen sterben innerhalb von wenigen Minuten oder sogar Sekunden, wenn die Bodentemperatur mehr als 50°C erreicht, wie es in manchen Wüstengegenden der Fall ist. Trotzdem gelingt es Ameisen, hier zu gedeihen, indem sie ihre Nester tief in der Erde bauen, wo die Temperaturen selbst an heißesten Tagen (für die Ameisen) angenehm sind und um die 30°C betragen.

Die ausgeklügeltste Klimaregulierung haben Ameisen entwickelt, die Hügelnester bauen. Bei diesen Bauten handelt es sich um weit mehr als reine Erdhaufen, die als große unterirdische Behausungen dienen. Sie sind kompliziert angelegt, haben eine symmetrische Form und sind reich an organischem Material. Sie sind von einem dichten System miteinander verbundener Galerien und Kammern durchzogen und oft mit Blattstücken oder Zweigen bedeckt oder mit Steinchen und Kohlestückchen übersät. Bei richtigen Ameisenhügeln handelt es sich um überirdische Städte, die von Ameisen und ihrer Brut bevölkert sind. Man findet sie am häufigsten in Lebensräumen, die extremen Temperatur- und Luftfeuchtebedingungen ausgesetzt sind, wie Sümpfe, Flußbänke, Nadelwälder und Wüsten.

Die großen Ameisenhügel, die von Ameisen der Gattung *Formica* in der kalt gemäßigten Zone gebaut werden, sind bisher am besten untersucht worden. Diese riesigen Bauten der rotschwarzen Waldameisen, wie die von *Formica polyctena* und nah verwandten Arten, sind ein vertrauter Anblick in den Wäldern Nordeuropas. Die Ameisenhügel erreichen eine Höhe von bis zu 1,5 Metern und sind so konstruiert, daß sie die Temperatur im Inneren erhöhen, so daß die Ameisen im Frühjahr eher auf Futtersuche gehen und schneller eine neue Brut aufziehen können. Der äußere, krustenähnliche Mantel reduziert den Wärme- und Feuchtigkeitsverlust; gleichzeitig erhöht seine vergrößerte Oberfläche die Sonneneinstrahlung auf das Nest. Die Hügel mancher *Formica*-Arten haben außerdem verlängerte, südexponierte Seiten, über die die Aufnahme der Sonnenenergie noch gesteigert wird. Diese Hügelseiten sind so beständig nach Süden ausgerichtet, daß die Bewohner der Alpen über Jahrhunderte hinweg die Nester als groben Kompaß benutzt haben. Zusätzliche Wärme entsteht durch die Zersetzung von Pflanzenmaterial, das sich im Inneren des Hügels ansammelt, und durch den Stoffwechsel von mehreren zehntausend Arbeiterinnen, die in den überfüllten Nestkammern arbeiten.

Einige Ameisenarten, wie die Ernteameise *Pogonomyrmex*, die in den amerikanischen Wüsten und Steppen vorkommt, dekorieren ihre Hügel mit allerlei kleinen Steinchen, trockenen Blattstückchen und anderem Pflanzenmaterial, und Kohlestückchen. Diese trockenen Materialien heizen sich in der Sonne sehr schnell auf und dienen als Sonnenenergiespeicher. In den Hochebenen Afghanistans verteilen *Cataglyphis*-Koloni-

en auf ihren Hügeln kleine Steine. Diese Gewohnheit könnte der Ursprung für die von Herodot und Plinius überlieferte Legende von den goldschürfenden Ameisen sein. Herodot gibt das Vorkommen goldschürfender afghanischer Ameisen in der Nähe von Kaspatyros im Lande der Paktyiker an, bei dem es sich entweder um das heutige Kabul oder um die nahegelegene Stadt Peshawar gehandelt hat. Es ist allgemein bekannt, daß in diesem Teil Afghanistans Gold im Gestein und den alluvialen Erdschichten zu finden ist, und es wäre durchaus möglich, daß die Ameisen Goldkörner zusammen mit Steinchen zur Temperaturregulierung an die Oberfläche gebracht haben. Auf ähnliche Weise dekorieren *Pogonomyrmex*-Ernteameisen im Westen der Vereinigten Staaten Teile ihrer Nestoberfläche regelmäßig mit fossilen Knochen kleiner Säugetiere. Paläontologen inspizieren zu Beginn ihrer Expeditionen routinemäßig diese Ameisenhügel, um zu sehen, ob in der Nähe noch irgendwelche Skelette vergraben sind.

Aber die größte Gefahr, der Ameisen in ihrer Umwelt ausgesetzt sind, ist nicht übermäßige Hitze, Kälte oder Nässe (viele Ameisen können stunden- oder sogar tagelang unter Wasser überleben), sondern Trockenheit. Die Kolonien der meisten Arten brauchen in ihren Nestern eine höhere Luftfeuchte, als gewöhnlich außerhalb des Nestes herrscht, ja sie gehen innerhalb weniger Stunden zugrunde, wenn sie sehr trockener Luft ausgesetzt sind. Deshalb wenden Ameisen verschiedenartigste, darunter einige seltsam anmutende Techniken an, um die Luftfeuchte in ihren Nestkammern anzuheben und zu regulieren. Ameisenhügel scheinen beispielsweise so konstruiert zu sein, daß sie neben der Temperatur auch die Luft- und Erdfeuchtigkeit in erträglichen Grenzen halten. Der dicke Mantel mit seiner Auflage reduziert die Verdunstung; außerdem transportieren die Ammenarbeiterinnen die Brut über senkrechte Transportschächte auf- und abwärts, damit sie optimalen Luftfeuchtebedingungen ausgesetzt sind. Sie legen die empfindlichen Eier und Larven in feuchtere, die Puppen dagegen in trockenere Kammern, die sich normalerweise näher an der Erdoberfläche befinden.

Die riesige Jagdameise *Pachycondyla villosa*, die von Mexiko bis Argentinien vorkommt, praktiziert eine völlig andere Form der Luftfeuchteregelung. Während der Trockenzeit sind Kolonien, die in ariden Gebieten leben, ständig der Gefahr der Austrocknung ausgesetzt. Arbeitertrupps suchen immer wieder Pflanzen in der Umgebung auf, um dort Tau zu sammeln oder irgendwo anders Wasser aufzunehmen. Sie sammeln Wassertropfen zwischen ihren weit geöffneten Kiefern und bringen sie ins Nest, wo sie ihre durstigen Nestgenossinnen etwas von dem überschüssigen Wasser trinken lassen. Das übrige Wasser wird dann an die Larven weitergegeben, auf die Kokons und unmittelbar auf dem Boden verspritzt. Mit dieser Eimerbrigade halten die *Pachycondyla*-Arbeiterinnen das Innere ihres Nestes wesentlich feuchter als das umgebende Erdreich.

Eine seltsame Art, Wasser zu sammeln, wird von der asiatischen Jagdameise *Diacamma rugosum* angewandt. In den trockenen Buschwäldern Indiens verzieren die Arbeiterinnen ihre Nesteingänge mit stark absorbierenden Gegenständen wie Vogelfedern oder toten Ameisen. In den frühen Morgenstunden wird der Tau, der sich darauf niederschlägt, von den *Diacamma*-Arbeiterinnen eingesammelt. Während der Trockenzeit scheinen diese Tautropfen die einzige Wasserquelle für die Ameisen zu sein.

Wieder eine andere und genauso merkwürdige Form der Feuchtigkeitsregulierung ist das „Tapezieren" von *Prionopelta amabilis*, einer winzigen, primitiven ponerinen Ameisenart, die in den Regenwäldern Mittelamerikas vorkommt. Ihre Kolonien bauen ihre Nester normalerweise in umgefallenen Baumstämmen und anderen vermodernden Holzstükken auf dem Waldboden, Material, das die meiste Zeit des Jahres mit Wasser gesättigt ist. Die kleinen Ameisen haben also mit genau dem umgekehrten Problem wie die ponerinen Ameisen in den trockenen Savannenwäldern zu tun. Zuviel Oberflächenfeuchtigkeit kann die Entwicklung der heranwachsenden Tiere beeinträchtigen. Die Eier und Larven können auf den bloßen, feuchten Holzoberflächen gehalten werden, aber die Puppen brauchen eine trockenere Umgebung. Die Arbeiterinnen lösen das Problem, indem sie einige der Kammern und Galerien mit Kokonresten auskleiden, aus denen kurz zuvor erwachsene Tiere geschlüpft sind. Manchmal werden mehrere Lagen aufeinandergestapelt. Diese Räume haben trockenere Oberflächen als die anderen Kammern, und die Arbeiterinnen sind stets bestrebt, die Puppen hierherzubringen.

Nester, die sich in der feuchten Erde oder im modernden Holz befinden, sind ideale Brutstätten für zahllose Bakterien und Pilze, die die Gesundheit der Ameisen beeinträchtigen können. Trotzdem werden Ameisenkolonien selten von Bakterien oder Pilzen befallen. Die Ursache für diese bemerkenswerte Resistenz entdeckte Ulrich Maschwitz. Er fand heraus, daß aus den Metapleuraldrüsen im Vorderleib der Ameisen ständig Sekrete abgegeben werden, die Bakterien und Pilze abtöten. Interessanterweise ist der Pilz, den die Blattschneiderameisen *Atta* züchten, davon nicht betroffen, während alle anderen Pilz- und Bakterienstämme vernichtet werden, bevor sie sich in den Pilzgärten der *Atta* ausbreiten können.

Ameisen haben insgesamt eine Vorrangstellung in vielen Landlebensräumen erreicht, die sonst nur von wenigen anderen Insektengruppen genutzt werden. Durch ihr zahlenmäßig so hohes Vorkommen sind sie nicht nur in der Lage, die Umweltbedingungen in ihrem Nest, sondern ihre gesamten Lebensräume zu verändern. Einen besonders starken Einfluß auf ihre Umwelt haben Ernteameisen, d.h. Ameisenar-

Ein Raubzug der schwarmbildenden Heeresameise *Eciton burchelli* beginnt bei Morgengrauen. Im Hintergrund, unter dem umgefallenen Baumstamm, wird die Königin mit ihrer Brut noch von der Körpermasse mehrerer hunderttausend Arbeiterinnen geschützt. Tausende von Ameisen strömen aus dem Biwak und bilden eine breite, vorwärtsdrängende Front. Im Vordergrund hat eine Gruppe von Arbeiterinnen einen großen Geißelskorpion überwältigt; in der Nähe halten ein zweifarbiger Ameisenvogel (*oben links*) und ein Baumläufer (*oben rechts*) nach Insekten Ausschau, die von den Ameisen aufgescheucht werden. (Bild von John D. Dawson, mit freundlicher Genehmigung der National Geographic Society.)

Auf ihrem Raubzug werden die Arbeiterinnen der asiatischen Treiberameise *Pheidologeton diversus* von einem riesigen Soldaten unterstützt, der wie ein Bulldozer Hindernisse aus dem Weg räumt. Angehörige dieser Kaste zermalmen auch Beutetiere zwischen ihren Kiefern. (Aufnahme von Mark Moffett.)

Oben: Im Regenwald von Costa Rica pirscht sich eine Schnappfallenkieferameise *Acanthognathus teledectus* an einen Springschwanz heran; in dem Moment, wo sie das Insekt mit ihren Antennen berührt, schnappen ihre weit geöffneten Kiefer zu. *Unten*: Die Arbeiterin trägt ihre aufgespießte Beute ins Nest. (Aufnahmen von Mark Moffett.)

Die „Meister der Tarnung" unter den Ameisen sind Mitglieder der tropisch amerikanischen Gattung *Basiceros. Oben*: Ein Teil einer *Basiceros manni*-Kolonie aus Costa Rica, mit erdverkrusteten Arbeiterinnen und Larven. *Unten*: Die Arbeiterinnen sind mit speziellen Haaren bedeckt, an denen sich feine Erdpartikel sammeln und festsetzen, so daß die Ameisen auf dem Waldboden, wo sie leben, fast nicht zu sehen sind.

Goldbehaarte *Polyrhachis*-Amei-
sen aus Afrika. Ihre auffallende
Färbung könnte ein Hinweis auf
ihre Wehrhaftigkeit, z.B. auf die
hakenähnlichen „Dornen" an
ihrer Taille, sein.

Eine Rekonstruktion der einzigen bekannten Kolonie von *Pheidole nasutoides* mit Pflanzen und Tieren aus ihrer Umgebung, die in La Selva, Costa Rica gefunden wurde. Das Ameisennest ist (in dieser hypothetischen Situation) von einem Pfeilgiftfrosch gestört worden, von dem man weiß, daß er sich von Ameisen ernährt. Kleine und große Arbeiterinnen schwärmen aus und laufen behende in erratischen Schleifen über die Pflanzen. Durch diese typischen Bewegungen und ihr einzigartiges Farbmuster erinnern die großköpfigen Arbeiterkasten an Nasutes-Soldaten der Termitengattung *Nasutitermes*. Einige Termitensoldaten, die sich auf einer Futtersuchexpedition befinden, pausieren auf einem Blatt zur linken. (Bild von Katherine Brown.)

Ein Ameisenhaufen der Waldameise *Formica polyctena* in einem deutschen Wald. Im Vordergrund töten Arbeiterinnen eine Blattwespenlarve, nur eines von mehreren hunderttausend Beutetieren, die gewöhnlich pro Tag gefangen werden. Die Bauweise des Hügels beschleunigt seine Erwärmung zu Beginn des Frühjahrs und ermöglicht den Ameisen dadurch einen deutlichen Konkurrenzvorteil. (Bild von John D. Dawson, mit freundlicher Genehmigung der National Geographic Society.)

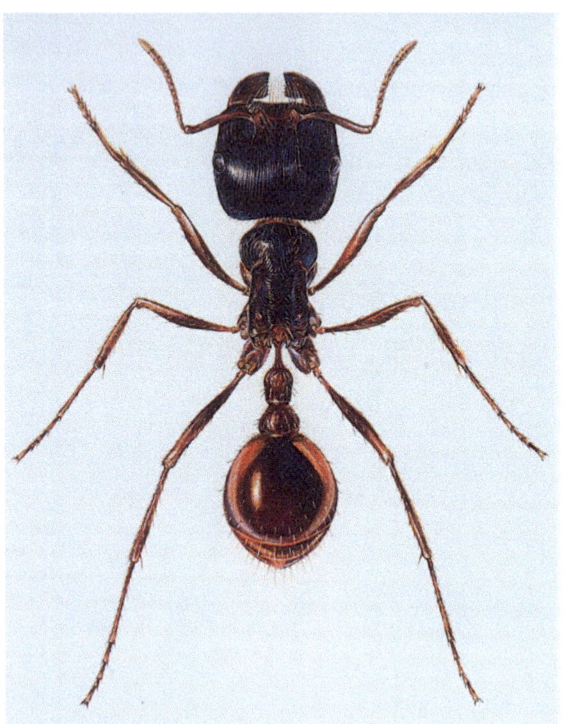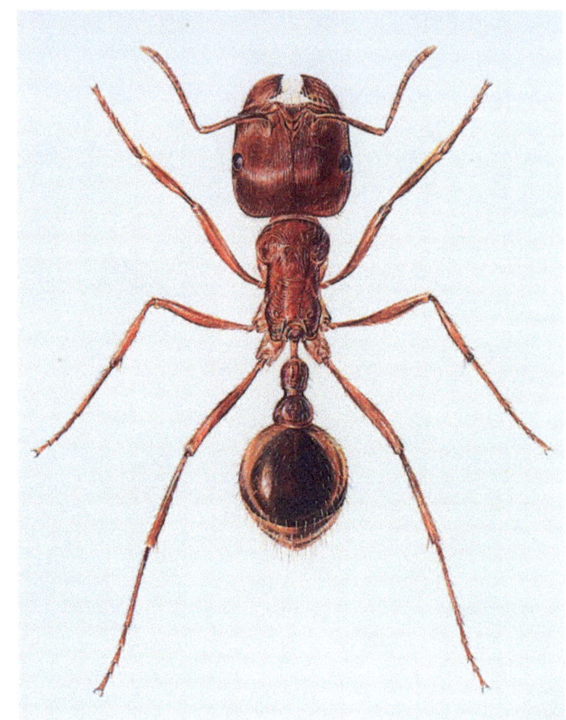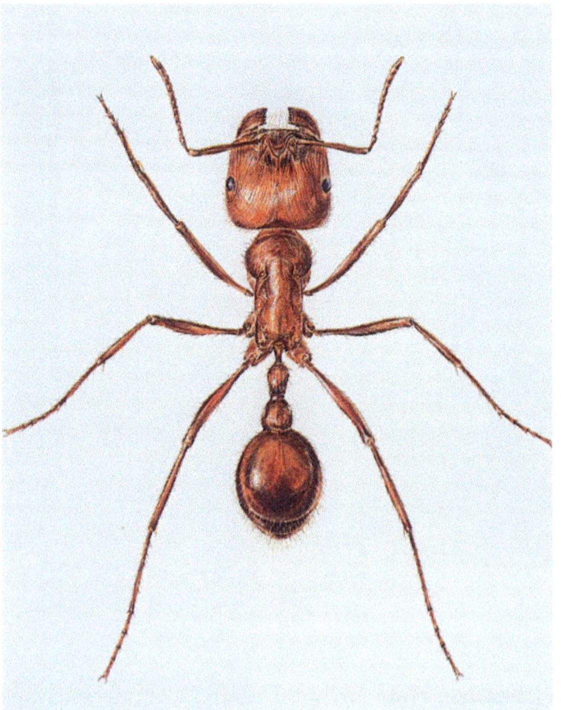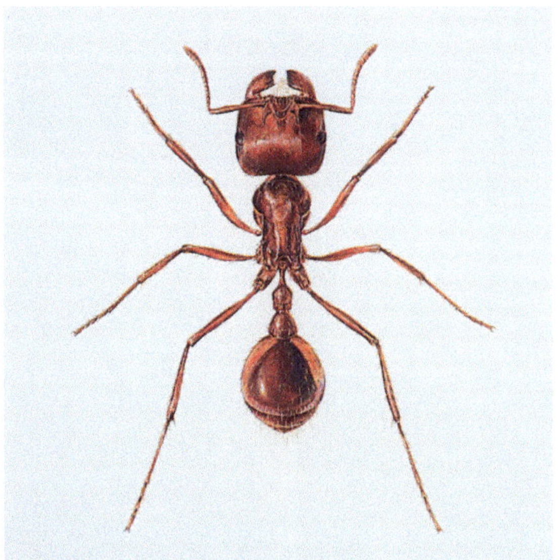

Eine Reihe nordamerikanischer *Pogonomyrmex*-Ernteameisen (maß-stabsgetreu).
Oben links: P. rugosus.
Oben rechts: P. barbatus.
Unten links: P. maricopa.
Unten rechts: P. desertorum.
(Bild von Turid Forsyth.)

ten, die sich u.a. regelmäßig von Samen ernähren. Sie vertilgen einen hohen Prozentsatz der Samen vieler Pflanzenarten in nahezu allen Landlebensräumen, von den tropischen Regenwäldern bis zu den Wüstengebieten. Ihr Einfluß ist aber nicht nur negativ. Oft verlieren sie nämlich beim Eintragen Samenkörner und leisten so einen Beitrag zur Verbreitung der Pflanzen. Damit gleichen sie, zumindest teilweise, den Schaden aus, den sie durch ihren Samenraub verursacht haben.

„Geh und nimm dir ein Beispiel an den Ameisen, Du Faulpelz", so pries Salomon den Fleiß der Ameisen, den sie beim Einsammeln von Samen und bei der Vorratshaltung ihrer überschüssigen Ernte in ihren unterirdischen Kornkammmern zeigen. Da die Schreiber der Antike in trockenen Mittelmeergegenden lebten, wo dieses umsichtige Verhalten besonders gut entwickelt ist, waren ihnen die Ernteameisen wohlbekannt. Sie kannten wahrscheinlich *Messor barbarus,* eine Art, die im Mittelmeerraum und bis in den Süden Afrikas vorherrschend ist, *Messor structor,* die in Afrika nicht vorkommt, aber überall von Südeuropa bis Java verbreitet ist, und *Messor arenarius,* die in den Wüstengegenden

Die Arbeiterinnen von *Prionopelta*
„tapezieren" das Innere bestimmter Nestkammern mit Resten sei-
dener Puppenhüllen (*oben*), offensichtlich zur Regulierung der
herrschenden Luftfeuchtigkeit.
Auf elektronenmikroskopischen
Aufnahmen (*Mitte und unten*)
kann man erkennen, daß die
Oberflächen dieser „Tapeten" relativ trocken sind, auf die die Kokons der Puppen gelegt werden.

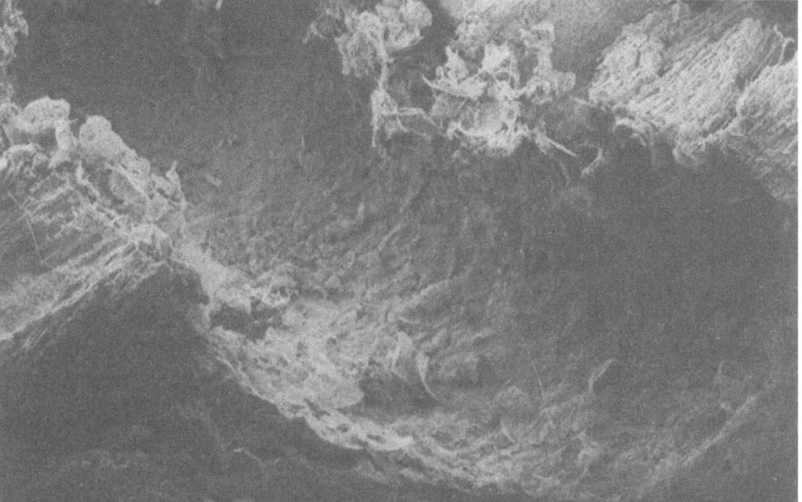

Nordafrikas und des Nahen Ostens häufig ist. Diese mittelgroßen, auffallenden Ameisen sind oft schlimme Getreideschädlinge, und höchstwahrscheinlich handelt es sich um diese Arten, auf die Salomon, Hesiod, Aesop, Plutarch, Horaz, Virgil, Ovid und Plinius verweisen.

Die ersten Ameisenforscher der Neuzeit, vom frühen 16. bis zu Beginn des 18. Jahrhunderts, zweifelten die Angaben der klassischen Schriftsteller an, trotz der langen Liste der Autoren, die immer wieder davon berichteten. Verständlicherweise, da sich ihre Erfahrung ausschließlich auf Nordeuropa beschränkte, eine der wenigen Gegenden, wo dieses Phänomen kaum auftritt. Als sich europäische Naturforscher näher mit den Ameisen wärmerer, trockenerer Regionen befaßten, wurde auch von ihrer Seite das Vorkommen von Ernteameisen bestätigt. Während einer Südfrankreichreise um 1870 untersuchte der amerikanische Ameisenforscher und Pfarrer J. Traherne Moggridge eingehend den Sameneintrag der beiden Arten *Messor barbarus* und *Messor structor* und stellte fest, daß die Ameisen Samen von mindestens 18 verschiedenen Pflanzenfamilien sammeln. Er bestätigte die Berichte von Plutarch und anderen klassischen Autoren, wonach die Arbeiterinnen die Keimwurzeln abbeißen, um die Keimung zu verhindern, und dann die inaktivierten Samen in Speicherkammern im Nest aufbewahren. In einem äußerst modern anmutenden Nachtrag wies Moggridge nach, daß die Ernteameisen eine wichtige Rolle bei der Pflanzenverbreitung spielen, indem sie unbeabsichtigt keimfähige Samen in der Nähe des Nestes verlieren oder es versäumen, sie zu inaktivieren, so daß sie in den Nestkammern keimen.

Im letzten Jahrhundert haben Biologen, die nach Moggridge folgten, die Lebensweise der Ernteameisen in fast allen ihren Verbreitungsgebieten, von Eurasien, Afrika und Australien bis Nord- und Südamerika, genau untersucht. Ein wichtiges Ergebnis zeigt, daß die Ameisen das Vorkommen und die lokale Verbreitung der Blütenpflanzen nachhaltig verändern. Besonders stark macht sich ihr Einfluß in Wüstengebieten, Savannen und anderen trockenen Gegenden bemerkbar, wo ihre Sammelaktivität besonders hoch ist. Sie können bei manchen konkurrierenden Pflanzenarten ausschlaggebend für das Überwiegen einer Art sein, während sie bei anderen für ein zahlenmäßiges Gleichgewicht sorgen. So verändern sie die Verteilung der lokalen Pflanzenarten.

Durch die Erntetätigkeit der Ameisen wird sowohl die Biomasse der Pflanzen als auch ihr Fortpflanzungserfolg beeinträchtigt. Untersuchungen, die von James Brown und anderen Ökologen in der Wüste von Arizona durchgeführt wurden, ergaben, daß einjährige Pflanzen, von denen man auf Versuchsflächen die Ameisen entfernt, innerhalb von nur zwei Jahren doppelt so dicht wie sonst wachsen. In ähnlichen Experimenten, die Alan Andersen in Australien durchführte, nahm die Zahl der Sämlinge um das 15fache zu.

Ernteameisen verhelfen den betroffenen Pflanzen aber auch häufig zu einer weiträumigeren Verbreitung, als es sonst der Fall wäre. In der Wüste Arizonas überleben viele Pflanzensamen so lange, bis sie auf den Abfallhaufen in der Nähe der Ernteameisennester Wurzeln schlagen. Auf diese Weise werden bestimmte Pflanzenarten von einem Nest zum anderen über die ganze Wüste verbreitet. Man könnte sagen, daß diese Pflanzen mit den Ernteameisen in einer losen Symbioseform leben. Die Pflanzen treten einen bestimmten Anteil ihrer Samen an die Ameisen ab; im Gegenzug wird ein anderer Teil ihrer Samen in die Umgebung der Nester gebracht, die reich an Nährstoffen und nahezu ohne Konkurrenten sind.

Diese unbeabsichtigten Eingriffe der Ernteameisen haben enorme Auswirkungen auf das Überleben bestimmter Pflanzen. Sie sind die Schlüsselarten, die allein durch ihr Vorkommen darüber entscheiden, welche Pflanzen gedeihen und welche keine Chance haben werden. In den Getreideanbaugebieten der mexikanischen tropischen Tiefebenen verringern Feuerameisen (*Solenopsis geminata*) die Unkrautdichte; außerdem reduzieren sie die Anzahl der Insektenarten auf den Anbaupflanzen um ein Drittel. Die Ameisen ziehen bestimmte Samenarten anderen vor. Dadurch werden ein paar Pflanzenarten vorherrschend, während ihre Konkurrenten ausgerottet werden. In anderen Fällen stellt sich ein Gleichgewicht ein: Pflanzen, die normalerweise ihre Konkurrenten verdrängen würden, werden durch die Ameisen auf so niedrigem Niveau gehalten, daß alle Arten beständig nebeneinander existieren können.

Der Sameneintrag mit seinen unbeabsichtigten Konsequenzen stellt nur eine von vielen Symbiosen dar, die zwischen Ameisen und Pflanzen seit über 10 Millionen Jahren bestehen. In der mittleren Kreidezeit, als die Dinosaurier noch vorherrschend waren, entwickelten sich die ersten primitiven sphecomyrminen und ponerinen Ameisen; zur selben Zeit entstand eine Vielfalt neuer Blütenpflanzen, die sich auf der ganzen Welt als neue, vorherrschende Pflanzenform ausbreiteten. Insgesamt begann damals die Entwicklung einer komplexen Koevolution zwischen Pflanzen und Insekten. Viele Pflanzenarten waren bei ihrer Bestäubung von Motten, Käfern, Wespen und anderen Insekten abhängig geworden, und eine noch größere Anzahl von Insektenarten ernährte sich von Nektar und Pollen, den sie während der Bestäubung aufnahmen. Andere Heerscharen von Insekten fraßen die Blätter oder das Holz der Blütenpflanzen. Die Pflanzen entwickelten als Reaktion darauf in unterschiedlichem Maße verdickte Blattoberflächen, dichte Dornen und Haare und chemische Verteidigungsmittel wie Alkaloide und Terpene, darunter chemische Stoffe, die wir heute in kleinen Dosen als Medizin, Schädlingsvertilgungsmittel, Drogen oder Gewürze verwenden.

Während dieser ereignisreichen Phase der Koevolution gegen Ende der Kreidezeit erschienen die Ameisen auf der Bildfläche. Ihre Artenzahl und Häufigkeit nahm zu, sie übernahmen neue Rollen als Bestäuber und Samenverbreiter und machten sich Pflanzenteile als Nestplätze zu eigen. Wenn ein Insektenforscher in die Zeit unmittelbar nach der Kreidezeit vor ungefähr 60 Millionen Jahren zurückkehren könnte, würde er bekannt aussehende Ameisen auf vertraut aussehenden Pflanzen herumlaufen sehen.

Im Zusammenleben von Tausenden von Ameisen und Pflanzen bildeten sich komplexe Symbiosen. Heutzutage sind diese Beziehungen häufig parasitisch, wobei die Ameisen die Pflanzen ausnutzen, ohne eine Gegenleistung zu bieten. Andere Symbiosen sind kommensalistisch, d.h. ein Partner bedient sich eines anderen, wie bei den Ameisen, die in toten, hohlen Ästen von Bäumen und Büschen leben, ohne der Pflanze dabei Schaden zuzufügen oder ihr zu nutzen. Von größerem allgemeinem Interesse sind jedoch die mutualistischen Symbiosen, von denen beide Partner profitieren. Ameisen benutzen Höhlen, die von Pflanzen bereitgestellt werden, als Nestplätze und ernähren sich von Nektar und Nährkörperchen. Als Gegenleistung schützen sie ihre Wirtspflanzen vor Pflanzenfressern, verbreiten ihre Samen und versorgen ihre Wurzeln mit

Erde und Nährstoffen. Die Koevolution hat sich gemeinsam zwischen einer Ameisenart und ihrem Pflanzenwirt entwickelt, so daß beide auf die Angebote des Partners spezialisiert sind. Diese mutualistischen Verbindungen haben einige der seltsamsten und komplexesten evolutionären Entwicklungen hervorgebracht, die man in der Natur finden kann.

Ein klassisches Beispiel für die völlige gegenseitige Abhängigkeit ist die Symbiose zwischen Mitgliedern der Pflanzengattung *Acacia* in Afrika und im tropischen Amerika und den Ameisen, die auf ihnen leben. Zu den best untersuchtesten Symbiosen gehören die Büffelhornakazien und ihre Ameisen. Diese Akazien, die zu den vorherrschenden Büschen und Bäumen in den Trockenwäldern gehören, scheinen bestens ausgestattet zu sein, Ameisen Schutz zu bieten und sie zu ernähren. Ihre dicken, paarigen Dornen (die „Büffelhörner") sind gleichmäßig entlang den Ästen verteilt. Sie haben außen eine harte, gewölbte Schale und sind innen hohl und bieten so den Ameisen idealen Schutz. Nektarien geben an der Basis der gefiederten Blätter zuckerhaltige Lösungen ab. Wenn die Arbeiterinnen ihre Eingangslöcher verlassen, die sie in die Dornen gebissen haben, finden sie nur wenige Zentimeter entfernt die Nektarquellen. Neben diesen Annehmlichkeiten bieten die Akazien noch kleine, nahrhafte Körperchen, die sogenannten Beltschen Körperchen, die aus den Blattspitzen wachsen und von den Ameisen leicht abgepflückt werden können. Alles scheint darauf hinzudeuten, daß die Hauptbewohner dieser Akazien – schlanke, stechende Ameisen der Gattung *Pseudomyrmex* – sich ausschließlich von dem Nektar und den Beltschen Körperchen ernähren können.

Als Gegenleistung werden die Akazien von den Ameisen vor Feinden geschützt. Sie sind nicht nur für den Erfolg der Pflanze, sondern sogar für ihr Überleben verantwortlich, wie der amerikanische Ökologe Daniel Janzen Anfang der 60er Jahre in einem Freilandexperiment nachwies. Während seiner Untersuchungen in Mexiko stellte Janzen, der damals ein junger Doktorand war, fest, daß die Akazienbüsche und -bäume, auf denen sich keine *Pseudomyrmex*-Ameisen befanden, viel stärkere Fraßschäden von Insekten aufwiesen. Außerdem waren sie teilweise von konkurrierenden Pflanzen überwachsen. Als Janzen Bäume mit Insektiziden besprühte oder Äste und Dornen entfernte, die von

Pseudomyrmex bewohnt waren, stellte er fest, daß diese Akazien daraufhin stärker von Insekten befallen wurden. Lederwanzen und Buckelzikaden saugten an neuen Triebspitzen und jungen Blättern, Blatthornkäfer, Blattkäfer und Raupen verschiedener Mottenarten fraßen an den Blättern, und Prachtkäferlarven zerstörten durch Rindenfraß die jungen Triebe. Andere Pflanzen wuchsen dichter heran und beschatteten die verkümmerten Triebe.

In benachbarten, von Ameisen bewohnten Bäumen, die Janzen nicht manipuliert hatte, griffen die Ameisen die eindringenden Insekten an und verjagten oder töteten die meisten von ihnen. Fremde Pflanzenschößlinge, die in einem Radius von 40 Zentimetern um die Akazienstämme wuchsen, wurden von den Ameisen angefressen und so zugerichtet, daß sie abstarben. Tag und Nacht waren bis zu einem Viertel der Arbeiterinnen auf der Pflanze unterwegs und kontrollierten und säuberten ununterbrochen ihre Oberfläche.

Im Verlauf von Janzens Experiment wuchsen die Bäume, die von Ameisen bewohnt waren, kräftig heran, während die unbewohnten Bäume nach und nach zugrunde gingen. 1874 kam der Naturforscher Thomas Belt, der als erster diese Symbiose beschrieben hatte, zu dem Schluß, daß die *Pseudomyrmex*-Ameisen „von den Akazien als stehendes Heer gehalten werden". Diese Ansicht ist nun eindeutig bewiesen worden.

Überall auf der Welt gibt es in den tropischen Regenwäldern und Savannen ähnliche Symbiosen zwischen Ameisen und Pflanzen. Sie sind in den letzten Jahren zu einem bevorzugten Untersuchungsobjekt geworden. Ulrich Maschwitz und seine Mitarbeiter haben beispielsweise eine Reihe neuer Symbiosen in den Regenwäldern Malaysias entdeckt, die aus überraschend neuen Verbindungen zwischen Ameisen- und Pflanzenarten bestehen. Ähnliche Berichte kommen aus Afrika und Mittel- und Südamerika. Im Moment kennen wir mehrere hundert Pflanzenarten aus über 40 Familien, die spezielle Strukturen besitzen, um Ameisen aufzunehmen. Viele bieten, wie die Akazien, Nektar und Nährkörperchen an. Zu ihnen gehören Schmetterlingsblütler (wie die Akazien), Wolfsmilchgewächse, Färberwurzelarten, Melastomataceen und Orchideen. Die Ameisen dieser Symbiosen zeigen mit Hunderten von Arten aus fünf Unterfamilien eine ähnlich hohe Vielfalt.

Die Büffelhornakazien der amerikanischen Tropen beherbergen Ameisen aus der Gattung *Pseudomyrmex*, mit denen sie in einer engen symbiotischen Beziehung stehen. Auf der oberen Abbildung ist der Nesteingang der Ameisen zu erkennen; im Vordergrund sieht man die runden, extrafloralen Nektarien, von denen sich die Ameisen ernähren. Auf der unteren Abbildung holt sich eine Arbeiterin nahrhafte Beltsche Körperchen von den Blattspitzen der Akazie. (Aufnahmen von Dan Perlman.)

Ameisen, die vollständig von ihrem Symbiosepartner abhängig sind, gehören zu den aggressivsten, die es gibt. Die großen unter ihnen, die sogar Säugetiere, einschließlich den Menschen angreifen, sind gut bewaffnet, schnell und angriffslustig. Sie verhalten sich, als ob sie nirgendwohin ausweichen könnten und mit dem Rücken zur Wand stünden; entsprechend groß ist ihre Bereitschaft, auf die kleinste Provokation extrem stark zu reagieren. Die Akazienameisen schwärmen beispielsweise sofort aus und erklimmen und stechen Arme und Hände, wenn man ihnen zu nahe kommt. Steht man in Windrichtung nah an einem Akazienbusch, rennen einige Arbeiterinnen, offensichtlich nur durch den Körpergeruch angelockt, zu den Blatträndern und versuchen, an einen heranzukommen. Größere und noch aggressivere *Pseudomyrmex*-Ameisen leben auf kleinen *Tachyglia*-Bäumen, die im Unterwuchs südamerikanischer Regenwälder vorkommen. Wenn man mit bloßer Haut einen *Tachyglia*-Zweig streift, ist es, als ob man Nesseln berührt hätte. Der Schmerz stammt in diesem Fall jedoch von einem Dutzend Ameisen, die sich auf den Körper stürzen, sofort zu stechen beginnen und sich festbeißen, bis man sie entfernt. Wenn wir zerstreut und, typisch für Naturforscher, oft ziemlich unvorsichtig durch das Dickicht des Regenwaldes liefen, spürten wir plötzlich das vertraute Brennen an einigen unbedeckten Körperteilen, und sofort schoß es uns durch den Kopf: *Tachyglia*!

Die mit Abstand aggressivste Ameisenart aber, die sogar noch die auf den *Tachyglia* lebende *Pseudomyrmex* übertrifft, ist wohl *Camponotus femoratus*, eine große, haarige und ausgesprochen unangenehme Ameise in den tropischen Regenwäldern Südamerikas. Schon bei der geringsten Störung quillt eine aufgebrachte Masse ihrer Arbeiterinnen aus dem Nest. Allein die Nähe eines Menschen reicht für diese Reaktion schon aus. Die amerikanische Insektenforscherin Diane Davidson, die viele Symbiosen zwischen Ameisen und ihren Wirtspflanzen untersucht hat, beschrieb dieses Verhalten in einem Brief an uns wie folgt: „Wenn ich mich ihren Nestern auf ein bis zwei Meter Entfernung genähert hatte, begannen die Arbeiterinnen dieser Art normalerweise hin- und herzurennen, sprangen mich an oder ließen sich auf mich fallen. Arbeiterinnen aller Größenklassen versuchten, mich zu beißen, aber im allgemeinen waren nur die größeren Soldaten in der Lage, die Haut mit ihren Kiefern zu verletzen.

Dabei verursachten sie ein stechendes Brennen, indem sie zubissen und gleichzeitig Ameisensäure in die Wunde spritzten.“

Diese Ameisen leben nun nicht in Pflanzenhöhlungen, sondern in sogenannten Ameisengärten, die die komplexesten und hochentwikkeltesten Symbiosen zwischen Ameisen und Blütenpflanzen darstellen. Diese Gärten bilden im Geäst von Büschen und Bäumen Kugeln, die aus Erde, altem Laub und zerkauten Pflanzenfasern bestehen und Golf- bis Fußballgröße erreichen. In ihnen wachsen eine Reihe krautiger Pflanzen. All dies wird von den Ameisen für ihre Nester zusammengetragen. Sie sammeln die Samen ihrer Symbionten und bringen sie in ihre Nester. Wenn die Pflanzen durch die Düngung mit Erde und anderen Stoffen heranwachsen, bilden ihre Wurzeln einen Teil des Grundgerüsts der Gärten. Die Ameisen ernähren sich im Gegenzug von den Nährkörperchen, dem Fruchtfleisch und dem Nektar der Pflanzen.

Die Ameisengärten Mittel- und Südamerikas umfassen viele Pflanzenarten; darunter sind zumindest 16 Gattungen vertreten, die sonst nirgends zu finden sind. Zu diesen spezialisierten Formen gehören Aronstabgewächse wie Philodendron, Bromelien, Feigen, Gesneriaceen, Pfeffergewächse und sogar Kakteen.

Die Pflanzen, die ausschließlich in diesen Gärten vorkommen, scheinen völlig symbiotisch zu leben. Die Ameisen transportieren ihre Samen zu günstigen Plätzen in den Nestern, auch in die Brutkammern, teilweise wohl deswegen, weil die Samen auf die Ameisen anziehend wirken und sie vielleicht sogar ihren Geruch mit dem ihrer eigenen Larven verwechseln. Einige dieser attraktiven Wirkstoffe wurden identifiziert, darunter 6-Methyl-Methylsalicylat, Benzothiazol und ein paar Phenylderivate und Terpene. Das Wachstum der Pflanzen wird durch die Aktivitäten der Ameisen gefördert. Die Ameisen dagegen sind nicht so abhängig von den Gärten. Sie ernähren sich nicht nur von den Produkten der Pflanzen; alle bekannten Ameisenarten, die mit diesen Gärten assoziiert sind, gehen auch außerhalb der Gärten auf Futtersuche und sammeln dort anderes Futter. Trotzdem scheinen diese Symbiosen für die Ameisen, wie z.B. die furchterregende *Camponotus femoratus*, offensichtlich vorteilhaft zu sein. Zumindest verhalten sie sich so, als ob ihr Leben davon abhänge.

Da die Ameisen ganz ihrer Geruchs- bzw. Geschmackswelt verhaftet sind, nehmen sie unsere menschliche Existenz gar nicht wahr. Die Realität erleben sie hauptsächlich über Sinnesorgane, die aus ihrem Panzer als Haare, Zapfen oder Platten herausragen. Ihr merkwürdig geformtes, dreiteiliges Gehirn verarbeitet im wesentlichen Informationen aus einem Körperumfeld von wenigen Zentimetern. Außerdem ist ihnen nur die Vergangenheit weniger Stunden oder Minuten bewußt, und von der Zukunft können sie sich keinerlei Vorstellung machen. So war es über mehrere 10 Millionen Jahre, und so wird es immer bleiben. Diesen entscheidenden Unterschied zu uns Menschen können solch winzige Lebewesen, die in ihrem Panzer gefangen sind, niemals überwinden.

Da Ameisen in einem Mikrokosmos leben, der sich im Zentimeterbereich bewegt, werden sie von den Menschen gerne als Teil einer Miniaturwildnis betrachtet. Jede Kolonie wächst und vermehrt sich in einem Lebensraum, der aus nicht mehr als zwei Stelzwurzeln eines Baumes, aus der Rinde eines umgefallenen Baumstamms oder der Erde unter ein paar verstreuten Steinen besteht. „Richtige" Wildnis, wie wir Menschen sie betrachten, die sich über Hunderte von Kilometern erstreckt (wieder eine Sache des Wahrnehmungsmaßstabes), ist überall bedroht. Die meisten Wälder und Savannen werden verschwinden oder bis zur Unkenntlichkeit erodieren, aber einige Ameisenkolonien werden irgendwo überleben, und sie werden weiterhin ihre vererbten Zyklen durchlaufen, als ob sie in einer unberührten Welt vor dem Auftauchen der Menschheit leben würden. Diese Superorganismen machen keine Zugeständnisse, zeigen weder Mitleid noch machen sie Ausnahmen mit ihresgleichen und werden immer so geschickt und unnachgiebig sein, wie wir sie jetzt erleben, bis die letzte Kolonie stirbt. Aber da werden wir kaum dabeisein. Ihre kleinformatigen Lebensräume werden die Ökosysteme unserer Größenordnung überdauern.

Die Ameisen existieren seit über 10 Millionen Generationen auf dieser Erde; uns dagegen gibt es erst seit 100 000 Generationen. Sie haben sich in den letzten zwei Millionen Jahren so gut wie gar nicht weiterentwickelt, während wir in dieser Zeit die komplexeste und rasanteste Gehirnentwicklung in der ganzen Entwicklungsgeschichte durch-

Nachwort: Wer wird überleben?

gemacht haben. Über mehrere Jahrhunderte hinweg hat unsere kulturelle Entwicklung mit noch raketenhafterer Geschwindigkeit weitere Veränderungen herbeigeführt und dabei die Rate der biologischen Evolution um mehrere Größenordnungen übertroffen. Wir sind die erste Art, die globalen Einfluß ausübt, Ökosysteme verändert und zerstört und selbst das Klima weltweit beeinflußt. Das Leben auf dieser Erde würde nie durch die Aktivitäten der Ameisen oder anderer wild lebender Tiere bedroht werden, egal, wie vorherrschend sie würden. Die Menschheit dagegen ist dabei, einen Großteil der Biomasse und Artenvielfalt zu zerstören; ausgerechnet an dieser „Erfolgsrate" mißt sich unsere eigene biologische Vorrangstellung.

Wenn die ganze Menschheit von der Bildfläche verschwände, würde sich der Rest, der überlebt hat, erholen und aufblühen. Das massenhafte Aussterben, wie es im Moment stattfindet, würde aufhören, und die geschädigten Ökosysteme würden sich erholen und wieder ausdehnen. Wenn alle Ameisen verschwinden würden, wäre der Effekt genau umgekehrt, und es gäbe eine Katastrophe. Der Artenschwund würde sich noch mehr beschleunigen, und die Landökosysteme würden noch schneller zusammenschrumpfen, wenn die beträchtlichen ökologischen Funktionen, die diese Insekten erfüllen, wegfielen.

Die Menschheit wird ohne Frage weiterleben, genauso wie die Ameisen. Aber das Verhalten des modernen Menschen führt zu einer Verarmung der Welt; wir sind dabei, unglaublich viele Tierarten auszulöschen, und zerstören damit nachhaltig die Lebensqualität auf unserer Erde. Dieser Schaden läßt sich im Laufe der Evolution nur in Zeiträumen von mehreren Millionen Jahren wieder ganz beheben, und auch nur dann, wenn sich die Ökosysteme regenerieren können. In der Zwischenzeit sollten wir die niederen Ameisen nicht verachten, sondern uns ein Beispiel an ihnen nehmen. Zumindest noch für einige Zeit werden sie uns helfen, die Welt nach unseren Bedürfnissen im Gleichgewicht zu halten, und sie werden uns stets daran erinnern, wie schön diese Welt war, als die ersten Menschen auftauchten.

Wir werden nun eine Anleitung mit einfachen Methoden zur Untersuchung von Ameisen geben, die für Studenten und all diejenigen Freilandforscher gedacht ist, die ihr Sammelmaterial schnell und ohne großen Aufwand verarbeiten müssen. Unsere Ausführungen werden sicher nicht vollständig sein. Besonders bei der Haltung lebender Kolonien müssen oft spezielle Methoden im Rahmen eines Forschungsprogramms entwickelt werden, die an die Bedürfnisse der entsprechenden Art angepaßt sind; sie können im „Material und Methoden"-Teil der entsprechenden Fachartikel nachgelesen werden. Wir besprechen hier eine Reihe allgemeiner Methoden, die sich in unserer langjährigen Praxis bei fast allen größeren Ameisengruppen bewährt haben.

Das Sammeln von Ameisen

Ameisen sammeln kann jeder; es ist ganz einfach. Gewöhnlich heben wir Ameisen in 80prozentigem Äthanol oder Isopropylalkohol auf; letzterer eignet sich besonders gut, weil er als vergällter Alkohol in vielen Teilen der Welt ohne Rezept erhältlich ist. (Einer etwas ungewöhnlichen, aber durchaus funktionierenden Methode bediente sich der frühere Astronom und Amateurinsektenforscher Harlow Shapley, als er Ameisen in den stärksten Alkoholika des Landes, das er besuchte, konservierte: Während er mit Stalin zu Abend aß, fixierte er eine *Lasius niger*-Arbeiterin in Wodka; dieses Exemplar befindet sich heute im Museum für vergleichende Zoologie an der Harvard Universität.) Wir benutzen am liebsten kleine, schmale Gefäße, die 55 mm lang und 8 mm breit sind. In dieser Größe lassen sich viele Gläschen auf kleinsten Raum aufbewahren und in der Hosentasche oder im Rucksack transportieren. Die Gefäße werden mit Neoprenstopfen verschlossen; damit kann das Material jahrelang aufgehoben werden, ohne auszutrocknen. Für die Aufbewahrung sehr großer Ameisen nimmt man ein paar breitere Fläschchen von 55 mm Länge und 24 mm Durchmesser mit.

Arbeiterinnen sollte man bei jeder Gelegenheit sammeln. Wenn man einzelne Ameisen bei der Futtersuche findet, kann man sie gemeinsam, nach Kolonie- oder Artzugehörigkeit aufbewahren (das sollte auf der

Beschriftung vermerkt werden). Falls Sie jedoch die Kolonie entdecken, sollten Sie mindestens 20 Arbeiterinnen zusammen mit 20 Königinnen, 20 Männchen und 20 Larven in ein Gefäß tun, falls es Ihnen gelingt, so viele Exemplare zu fangen. In Notfällen, wenn die Gefäße knapp werden, können Sie auch mehrere Nestserien (d.h. Mitglieder verschiedener Kolonien) in dem gleichen Gefäß aufbewahren und sie durch dichte Wattestopfen voneinander trennen. Bis zu vier Nestserien kann man auf diese Weise in einem normalen, 55 × 8 mm großen Gefäß unterbringen. Beschriften Sie dann mit kleinen, aber deutlichen Buchstaben ein Etikett entweder mit einem spitzen Bleistift oder mit wasserfester Tinte wie folgt:

FLORIDA: Andytown, Broward Co.
16-VII-87. E. O. Wilson. Unterwuchs im Laubwald,
Nest in vermoderndem Palmenstamm.

Benutzen Sie zum Greifen der Ameisen ein Paar feste, spitze (aber nicht nadelspitze) Pinzetten. Sie können ein Paar sehr spitze Uhrmacherpinzetten, z.B. Dumont No.5, für außergewöhnlich kleine Ameisen mitnehmen. Für einen schnellen und reibungslosen Transfer befeuchten Sie die Spitze der Pinzette mit dem Alkohol aus dem Gefäß und berühren damit die Ameise; dadurch bleibt die Ameise lange genug an der Pinzette kleben, daß sie in die Flüssigkeit in dem Sammelgefäß überführt werden kann. Man kann auch ein Paar feine, biegsame Pinzetten mitnehmen, um lebende Exemplare zu fangen, falls man welche für Verhaltensbeobachtungen benötigt.

Um einen allgemeinen Überblick über eine bestimmte Gegend zu bekommen, sollten Sie so lange mit Ihrer Sammeltätigkeit fortfahren, bis Sie über eine Zeitspanne von mehreren Tagen keine neue Art mehr gefunden haben. Sie sollten hauptsächlich tagsüber arbeiten, aber suchen Sie dieselbe Gegend auch nachts mit einer Taschen- oder Kopflampe nach rein nachtaktiven, futtersuchenden Ameisen ab. Ein guter Sammler kann innerhalb von ein bis drei Tagen praktisch eine vollständige Artenliste auf einer ein Hektar großen Fläche erstellen. In Lebensräumen mit dichter und komplexer Vegetation, wie in den tropischen

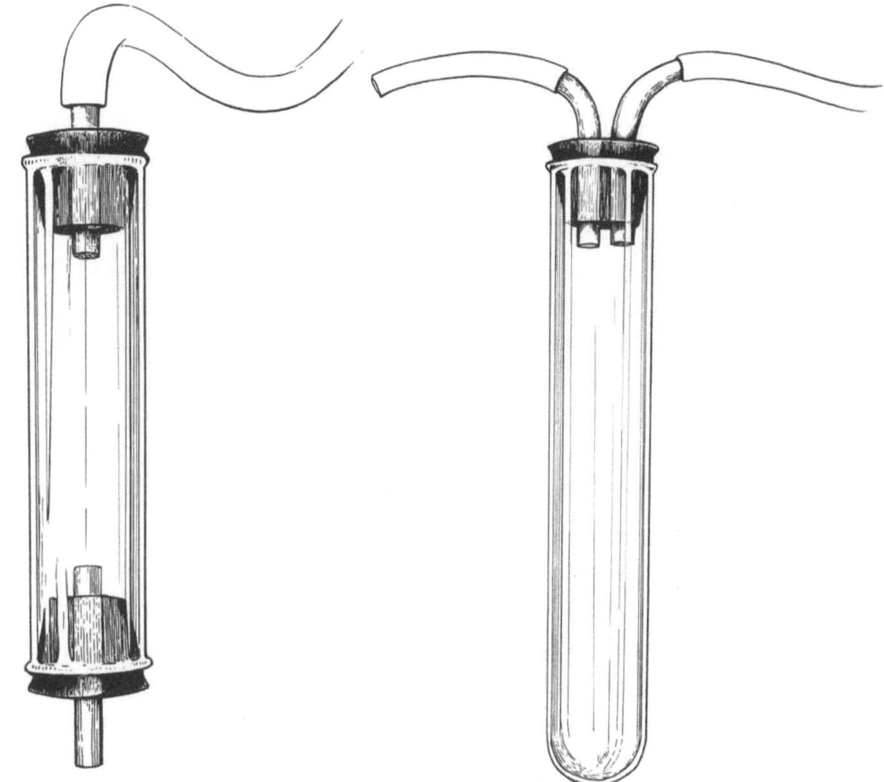

Zwei Exhaustortypen, die zum schnellen Aufsammeln von Ameisen dienen. Die Ansaugschläuche sind mit einem Gitter- oder Nylonnetz abgedeckt.

Regenwäldern, braucht man jedoch viel länger und bedarf spezieller Techniken, wie beispielsweise das Benebeln von Bäumen mit Insektiziden.

Wenn Sie Ameisen auf Bäumen fangen wollen, streifen Sie mehrfach mit einem kräftigen Kescher durch die Zweige und Blätter. Zerbrechen Sie anschließend hohle, tote Äste an den Büschen und Bäumen. Damit findet man Kolonien, besonders von nachtaktiven Arten, die man sonst nicht so leicht entdeckt. Oft lassen sich schnelle, einfache Fänge machen, indem man die bewohnten Zweige in kleine (3 bis 6 mm lange) Stücke zerschneidet und ihren Inhalt in ein Gefäß bläst. Man kann auch einen Exhaustor benutzen, um Ameisen schnell aufzusaugen, besonders wenn man gerade ein Nest aufgebrochen hat und die Bewohner in alle Richtungen davonrennen. Seien Sie vorsichtig bei der Anwendung dieser Methode, denn viele Ameisen produzieren große Mengen Ameisensäure, Terpenoide und andere giftige Substanzen. Sie können sonst eine Formicosis bekommen, eine schmerzhafte, wenn auch nicht tödlich verlaufende Entzündung des Rachens, der Bronchien und Lungen.

Arbeiterinnen bodenlebender Arten sollten Sie sowohl tags- als auch nachtsüber sammeln. Bei manchen Arten, die klein sind, sich nur langsam bewegen und deshalb nur schwer zu sehen sind, muß man ganz genau hinschauen. Deshalb legen wir uns, wenn wir im Wald Ameisen sammeln, meist auf den Bauch, entfernen die losen Blätter auf einem Quadratmeter Erde und halten dann einfach für ungefähr eine halbe Stunde Ausschau nach den unauffälligsten Ameisen. Bei einer anderen Methode verwendet man etwas Thunfisch oder Kuchenkrümel als Köder und verfolgt die beladenen Arbeiterinnen auf ihrem Weg zurück bis ins Nest.

Im offenen Gelände müssen Sie nach Kraternestern und anderen möglichen Nestöffnungen Ausschau halten und dort mit einer Gartenschaufel hineinstechen, um Kolonien zu finden. Drehen Sie auf dem Boden liegende Steine und vermoderte Holzstücke um, wenn Sie nach Arten suchen, die sich auf solch geschützte Neststellen spezialisiert haben. Reißen Sie verfaulte Baumstämme und -stümpfe auseinander und schauen Sie besonders sorgfältig unter der Rinde nach, wo die kleinen, unauffälligen Arten leben. Breiten Sie ein Bodentuch aus (ein weißes Stück Stoff oder Plastikfolie von 1 bis 2 m Länge) und verteilen Sie Bodenstreu, Humus und Erde darauf. Zerbrechen Sie die verrottenden Zweige, die sich darin befinden. An den Stellen, wo die Humusschicht und die Bodenstreu ziemlich dick und gut durchfeuchtet sind, lebt ein Großteil der Ameisenfauna, die viele unauffällige und noch kaum untersuchte Arten umfaßt.

Folgende Methode hat sich beim Sammeln ganzer Kolonien bewährt, die ihre Nester in kleinen, verrottenden Holzstücken und Zweigen bauen, die auf dem Boden liegen. Heben Sie ein (sagen wir 50 cm langes) Holzstück auf, halten Sie es über eine Photolaborwanne oder einen Behälter mit vergleichbar niedrigen Seitenwänden und klopfen Sie mit einer Gartenschaufel mehrere Male dagegen, so daß ein Teil der

Kolonie herausgeschüttelt wird. Kleine Holzstückchen werden auch mit in die Wanne fallen, aber auf diese Weise ist es trotzdem viel einfacher, Ameisen zu finden und samt ihrer ganzen Kolonie zu fangen, als sie aus dem Holz herauszuholen.

Eine zeitaufwendigere, aber dafür gründlichere Bestandaufnahme der auf dem Erdboden lebenden Ameisen läßt sich mit Hilfe der Berlese-Tullgren-Trichter erreichen, die nach dem italienischen Insektenforscher A. Berlese, ihrem Erfinder, und dem Schweden A. Tullgren, der sie modifizierte und verbesserte, benannt wurden. Die einfachste Ausführung dieses Apparates besteht aus einem Trichter, der mit einem Maschendrahtgitter abgedeckt ist, auf das Erde und Laubstreu gegeben werden. Während der Trocknung des Materials, die sich durch die Wärme einer Glühbirne oder einer anderen darüberhängenden Wärmequelle beschleunigen läßt, fallen oder rutschen die Ameisen und andere Gliedertiere an den glatten Trichterwänden herunter in eine teilweise mit Alkohol gefüllte Sammelflasche, die an der Trichteröffnung befestigt ist.

Die Herstellung von Ameisenpräparaten für die Museumsarbeit

Man kann Ameisen zeitlich unbegrenzt in Alkohol aufbewahren, aber für die Museumsarbeit ist es am praktischsten, wenn man von den Nestserien zum Teil genadelte Exemplare herstellt. Das ist besonders wichtig, wenn die Ameisen einem Taxonomen zur Bestimmung gegeben werden sollen. Es ist auch die beste Aufbewahrungsweise für Belegexemplare, die in Museen hinterlegt werden, um als Vergleich für Freiland- oder Laborarbeiten zu dienen (jede solche Untersuchung sollte durch Belegexemplare taxonomisch überprüfbar sein). Die Standardmethode, mit der man getrocknete Exemplare präpariert, besteht darin, jede Ameise auf der Spitze eines dünnen Dreiecks Kartonpapier aufzukleben. Die Spitze des Papiers sollte mit der rechten Seite der Ameise abschließen und ihre Körperunterseite zwischen den Hüften der Mittel- und Hinterbeine berühren. Der Klebstofftropfen sollte so klein und so angebracht sein, daß er keine anderen Körperteile außer einem Teil der Hüften und der Körperunterseite verdeckt – dort befinden sich relativ wenige Merkmale, die von taxonomischer Bedeutung sind. Vorher sollte man mit einer Insektennadel die Breitseiten von zwei oder drei Papierdreiecken durchstechen, so daß man zwei bis drei Ameisen von einer Kolonie auf eine Nadel stecken kann. Ein rechteckiges Schildchen mit der Fundortbeschreibung wird unterhalb der Präparate angebracht, so daß die Dreiecke, wenn man das Etikett liest, nach links und die Ameisen nach hinten zeigen. Man sollte versuchen, möglichst viele verschiedene Kasten auf einer Nadel zu vereinigen: zum Beispiel eine Königin, eine Arbeiterin und ein Männchen oder eine große, mittlere und kleine Arbeiterin. Bei großen Ameisen ist es möglich, daß nur ein oder zwei Ameisen auf eine Nadel passen; und bei *sehr* großen Ameisen ist es manchmal am besten, wenn man mit der Insektennadel einfach mitten durch den Vorderkörper der Ameise sticht.

Die Haltung von Ameisen

Die Haltung und Beobachtung von Ameisen im Labor ist eine relativ einfache Sache. Seit vielen Jahren benutzen wir eine billige Einrichtung, die sowohl der Massenhaltung als auch Verhaltensbeobachtungen der meisten Arten dient. Die frisch gefangene Kolonie wird ins Labor gebracht (wenn möglich mit Königin und einem Teil des natürlichen Nestmaterials) und in Plastikwannen gesetzt, die in ihren Ausmaßen an die Größe der Ameisen und die Anzahl der Arbeiterinnen in der Kolonie angepaßt sind. Feuerameisenkolonien (*Solenopsis*-Arten) mit Populationen von bis zu 20000 Tieren lassen sich z.B. leicht in Wannen von 50 cm Länge, 25 cm Breite und 15 cm Höhe halten. Um die Ameisen an der Flucht zu hindern, benutzen wir verschiedenste Methoden, die von der Luftfeuchtigkeit des Raumes abhängen, in dem die Ameisen aufbewahrt werden sollen. Die Seiten der Wanne werden mit Petroleumgelee, Diesel, Talkumpuder oder vor allem mit Fluon (Northern Products, Inc., Woonsocket, Rhode Island), einem wasserlöslichen Stoff, eingeschmiert, der einerseits sehr sparsam im Verbrauch (man erhält eine seidenglatte Oberfläche) und andererseits sehr langlebig ist (allerdings nicht bei hoher Luftfeuchte). Man läßt die Kolonie in Reagenzgläsern (von 15 cm

Länge und mit einem inneren Durchmesser von 2,2 cm) einnisten, in die man vorher etwas Wasser gefüllt hat, das dann von festen Wattestopfen auf dem Boden der Glasröhrchen aufgenommen wurde; zwischen den Stopfen und der Öffnung des Reagenzglases bleiben ungefähr 10 cm Freiraum. Dieser 10 cm lange Abschnitt wird mit Aluminiumfolie umwickelt, um ihn abzudunkeln und die Ameisen zu animieren, dort einzuziehen (was die meisten auch prompt tun). Später kann man die Folie bei Verhaltensbeobachtungen entfernen; die meisten Ameisenarten gewöhnen sich gut an normale Raumbeleuchtung und führen scheinbar weiterhin ganz normal Brutpflege, Futteraustausch und andere soziale Verhaltensweisen aus. Bevor man die Kolonie einsetzt, werden die Reagenzgläser an dem einen Ende der Wanne gestapelt, so daß der Großteil der Wanne als Futterarena zur Verfügung steht.

Die Neströhrchen kann man auch in geschlossenen Plastikbehältern aufbewahren, die für waldbewohnende Arten besser geeignet sind, da sich die Luft in der Futterarena einfacher feucht halten läßt. Die folgenden Größenangaben stimmen ungefähr für Ameisenarten, die unterschiedlich große Arbeiterinnen besitzen:

Kleine Arten: Behälter von 11 × 8,5 cm Größe und 6,2 cm Höhe, die sich für sehr kleine Arten wie *Adelomyrmex, Cardiocondyla, Leptothorax,* kleine *Pheidole*-Arten und *Strumigenys* eignen. Diese Arten lassen sich auch in kleinen, runden Petrischalen halten (10 cm Durchmesser, 1,5 cm Höhe).

Arten mittlerer Größe: 17 × 12 × 6,2 cm große Behälter, z.B. für *Aphaenogaster, Dorymyrmex* und *Formica* und für kleinere Kolonien von *Camponotus, Messor* und *Pogonomyrmex*.

Große Arten: 45 × 22 × 10 cm große Behälter, z.B. für größere Kolonien von *Pheidole, Pogonomyrmex* und *Solenopsis*.

Die Grundausstattung mit den Reagenzgläsern läßt sich für Ameisenarten mit besonderen Nestgewohnheiten entsprechend abändern. Kolonien auf Bäumen lebender Ameisen, wie *Pseudomyrmex* oder *Zacryptocerus*, kann man dazu bringen, sich in 10 cm langen Glasröhrchen mit einem Durchmesser von 2–4 mm einzunisten; der Durchmesser hängt von der

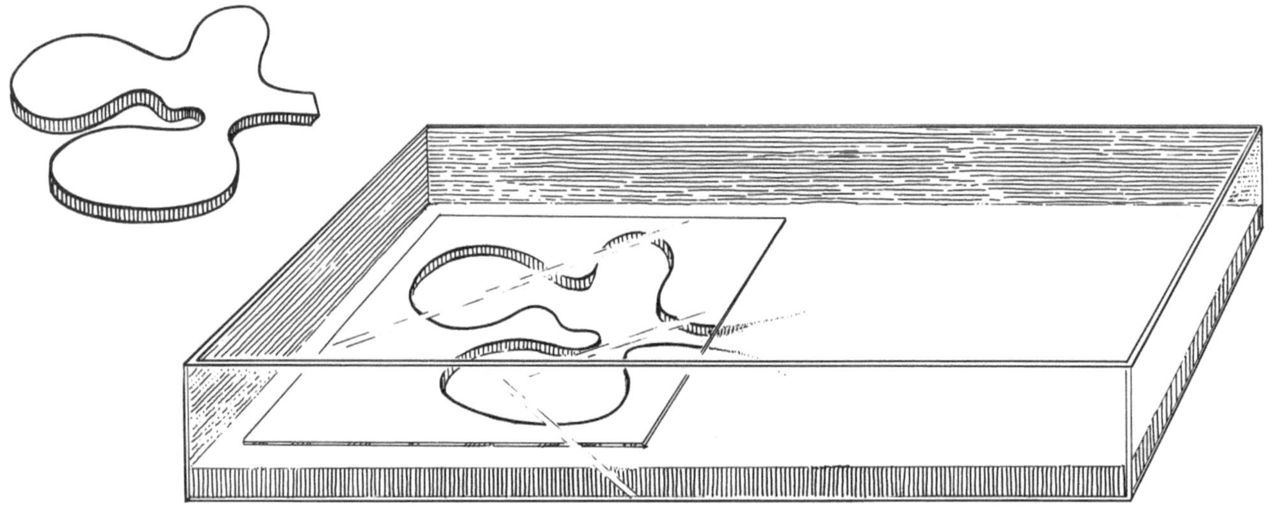

Eine Methode zur Herstellung künstlicher Nester. Man stellt eine Plastilin- oder Kunststofform (*links*) her, die dem natürlichen Ameisennest ähnelt. Anschließend wird die Form auf den Boden der Arena gelegt, in Gips eingegossen und vorsichtig mit einer Glasplatte abgedeckt. Wenn der Gips hart wird, entfernt man die Glasplatte und Kunststofform. Danach wird die Glasplatte wieder aufgelegt. Die Ameisen haben durch einen schmalen Tunnel, der rechts von der Vertiefung liegt, Zugang zur Arena.

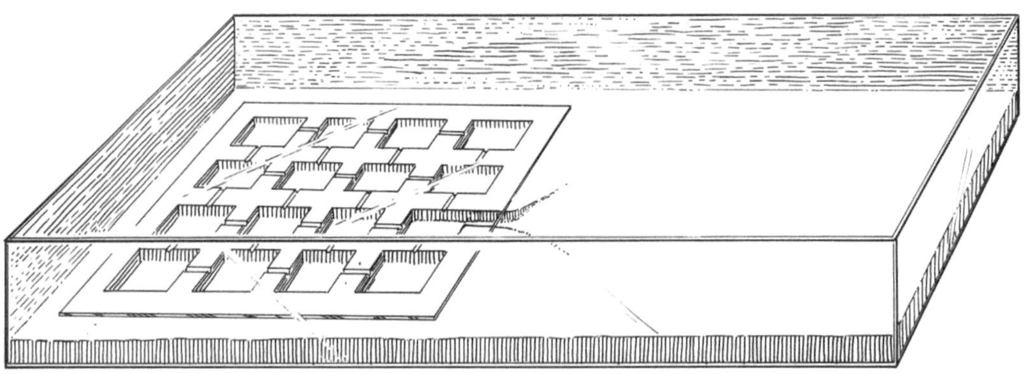

Ein ebenes Gipsnest mit einer Vielzahl von Kammern. Das Nest befindet sich im Gipsboden der Futterarena. Die einzelnen Kammern sind untereinander verbunden und mit einer Glasplatte abgedeckt. Man hält die Nestkammern feucht, indem man regelmäßig Wasser um die Glasplatte gießt.

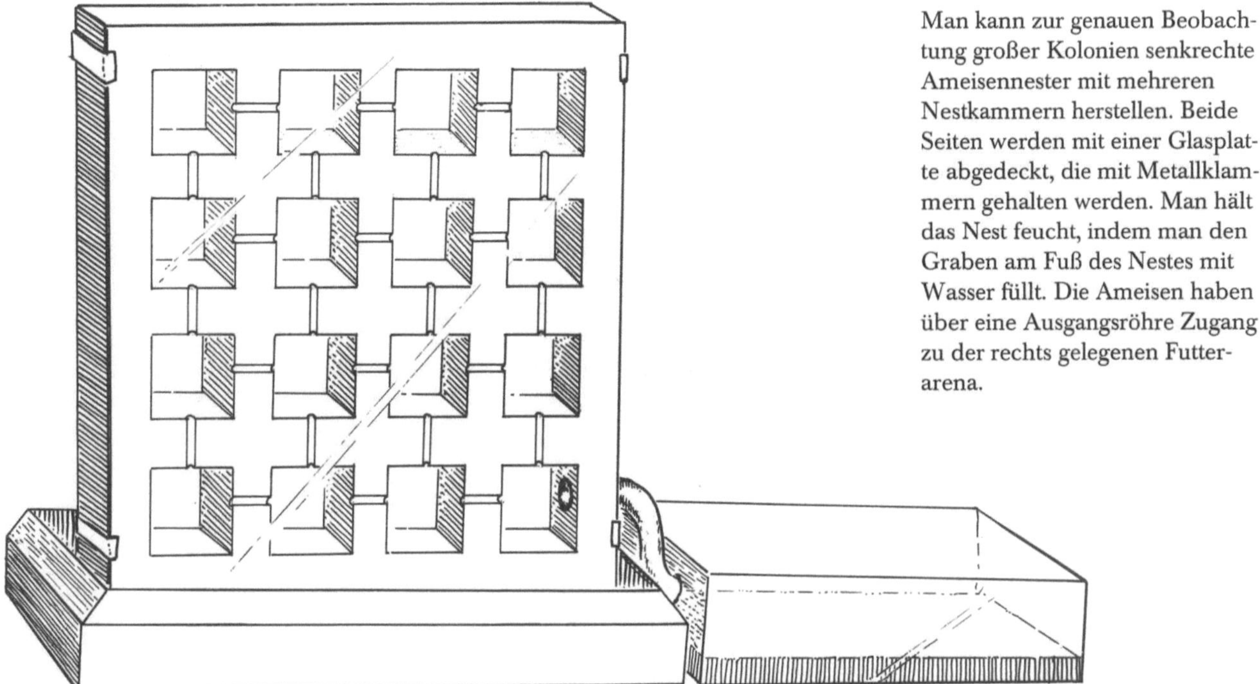

Man kann zur genauen Beobachtung großer Kolonien senkrechte Ameisennester mit mehreren Nestkammern herstellen. Beide Seiten werden mit einer Glasplatte abgedeckt, die mit Metallklammern gehalten werden. Man hält das Nest feucht, indem man den Graben am Fuß des Nestes mit Wasser füllt. Die Ameisen haben über eine Ausgangsröhre Zugang zu der rechts gelegenen Futterarena.

Größe der Arbeiterinnen ab. Die Reagenzgläser werden an einem Ende mit Wattestopfen verschlossen. Die Stopfen kann man feucht halten, aber in den meisten Fällen ist das nicht nötig, weil baumbewohnende Ameisen häufig an trockene Nestbedingungen angepaßt sind; ein kleines Gefäß mit Wasser in der Nähe reicht völlig aus. Eine Serie dieser Glasröhrchen, die jeweils eine Kolonie enthalten, wird dann auf die vorher beschriebene Weise in eine Wanne gelegt. Man kann die Reagenzgläser aber auch waagerecht in Reihen an einem Gestell oder einer Topfpflanze befestigen, um eine natürlichere Umgebung zu simulieren.

Kolonien kleiner pilzzüchtender Ameisen lassen sich leicht in feucht gehaltenen Reagenzgläsern in Wannen halten. Große Pilzzüchter, wie die Blattschneiderameisen der Gattungen *Acromyrmex* und *Atta*, hält man dagegen besser nach einer Methode, die von dem amerikanischen Insektenforscher Neal Weber entwickelt worden ist. Man fängt frischbegattete Königinnen oder neugegründete Kolonien im Freiland und überführt sie in eine Reihe geschlossener, durchsichtiger Plastikgefäße mit den Ausmaßen 20 × 15 × 10 cm (ganz normale Kühlschrankdosen mit durchsichtigen Seitenwänden eignen sich hervorragend). Die Gefäße werden durch Glas- oder Plastikröhren mit einem Durchmesser von 2,5 cm verbunden, so daß sich die Ameisen jederzeit von einer Kammer in die nächste begeben können. Den futtersuchenden Arbeiterinnen gibt man die Möglichkeit, frisches Pflanzenmaterial (das unter Umständen durch trockenes Getreide ergänzt wird) aus den leeren Kammern oder einer offenen Wanne einzutragen, deren Wände mit Fluon bestrichen sind oder die von einem Graben umgeben ist, der mit Wasser oder Mineralöl gefüllt ist. Während die Kolonie an Größe zunimmt, füllen die Ameisen eine Kammer nach der anderen mit der charakteristischen, schwammähnlichen Masse aus verarbeitetem Pflanzensubstrat, auf der der symbiotische Pilz üppig wächst. Außer in sehr trockenen Labors muß keine Wasserquelle zur Verfügung gestellt werden, da die Ameisen die gesamte Feuchtigkeit, die sie benötigen, aus dem Pflanzenmaterial entnehmen. Von den Ameisen werden die Blätter einer Vielzahl von Pflanzenarten angenommen. Im Nordosten der Vereinigten Staaten haben wir meistens Linden-, Eichen-, Ahorn- und Lilienblätter verwendet; die beiden letztgenannten wirken besonders anziehend auf die futtersuchenden Arbeiterinnen. Die Kolonien lagern das abgeerntete Substrat in bestimmten Kammern, die man von Zeit zu Zeit entfernen und säubern kann.

Für detaillierte Verhaltensstudien benötigt man oft komplizierter aufgebaute künstliche Nester. Einen Nesttyp, der sich für die meisten Ameisenarten eignet, kann man wie folgt herstellen: Man gießt den Boden einer Wanne, deren Ausmaße auf die Größe der Arbeiterinnen und der Population der Kolonie, die untersucht werden soll, abgestimmt ist, mit einer 2 cm dicken Gipsschicht aus (der Behälter braucht für so winzige Ameisen wie die Diebsameisen nur 10 × 15 cm groß und 10 cm hoch zu sein). Sobald der Gips anfängt abzubinden, schneiden Sie in die Oberfläche 10 bis 20 Kammern, die ungefähr die gleiche Größe und ähnliche Proportionen wie die natürlichen Nestkammern der Kolonie besitzen, die Sie halten wollen. Bei einigen mittelgroßen Ameisenarten,

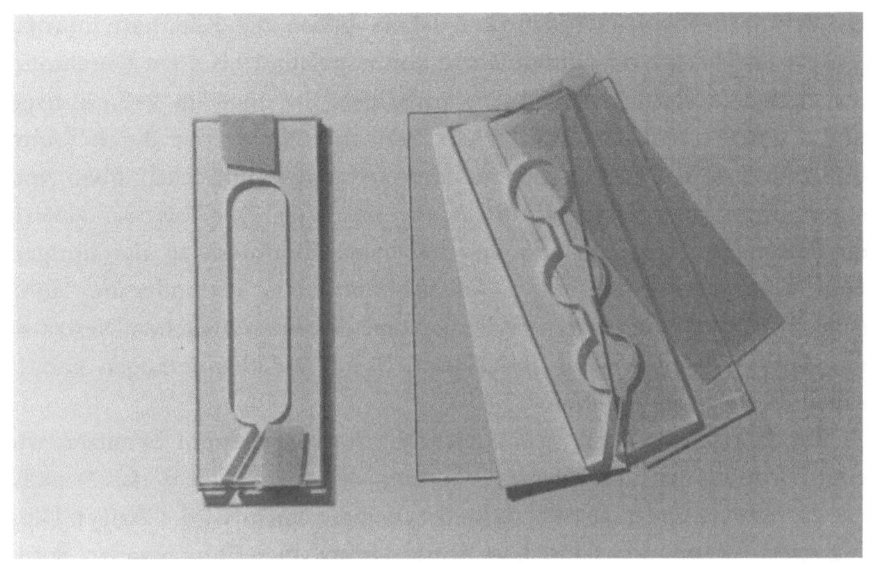

Ganze Staaten von *Leptothorax*
und anderen kleinen Ameisen
passen in die Nestkammer
zwischen zwei Objektträgern
(76 × 26 mm). Die Hohlräume
werden aus Pappe oder Plexiglas
ausgeschnitten und so geformt,
daß sie natürlichen Kammern
ähneln. Die Nester werden mit
einer roten Folie abgedeckt,
damit sie für die Ameisen dunkel
erscheinen, während sie für den
Beobachter sichtbar sind. Der
Boden aus Filterpapier kann,
wenn nötig, mit Wasser befeuch-
tet werden.

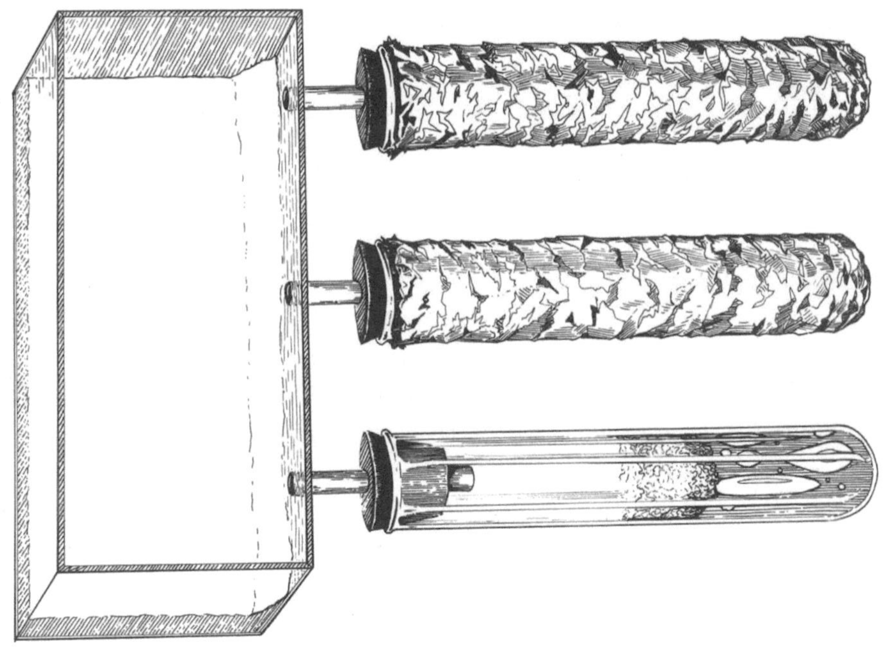

Reagenzgläser, die man zur Ab-
dunklung mit Alufolie umwickeln
kann, eignen sich für viele Ameisenarten als fertige Nester und
lassen sich einfach auf Freilandex-
kursionen mitnehmen. Die Kammern hält man mit Wasser feucht,
das sich hinter einem festsitzen-
den, wasseraufnahmefähigen
Wattestopfen befindet, wie man
im untersten Reagenzglas erkennen kann. Die einzelnen Kammern sind über dünne Glasröhrchen, die durch Neoprenstopfen
gesteckt werden, mit einer Futterarena verbunden.

die in vermodernden Holzstücken leben, haben die Kammern normalerweise eine ovale oder runde Form von ungefähr 1 bis 4 cm Durchmesser; deshalb sollte man Kammern aushöhlen, die ungefähr 2–3 cm breit und 1 cm tief sind. Die künstlichen Nestkammern werden durch 5 mm breite und tiefe Galerien miteinander verbunden und nach oben von einer rechteckigen Glasplatte dicht abgeschlossen. Zwei bis vier Galerien führen als Ausgänge von den äußersten Kammern zu der übrigen Gipsfläche, die als Futterarena dient. Man kann vermodernde Holzstückchen und Blätter aus der Umgebung des ursprünglichen Nestes in der Arena verstreuen, um die „Natürlichkeit" der kleinräumigen Laborsituation etwas zu erhöhen.

Zur Herstellung einer großen Anzahl von Gipsnestern benutzen wir eine Form aus Plastilin oder aus Gummi, deren Oberfläche das Negativ der Kammern und Galerien darstellt. In diese Form wird flüssiger Gips gegossen. Wenn der Gips hart wird, nimmt man ihn aus der Form heraus. Er bildet den oberen Nestteil beziehungsweise das ganze künstliche Nest.

Wir verwenden die Bhatkar-Diät (benannt nach ihrem Erfinder Awinash Bhatkar), um unsere Ameisen im Labor zu füttern. Sie wird nach folgendem Rezept hergestellt:

1 Ei
62 ml Honig
1 g Vitamine
1 g Mineralien und Salze
5 g Agar
500 ml Wasser

Lösen Sie den Agar in 250 ml kochendem Wasser. Lassen Sie ihn abkühlen. Verrühren Sie mit einem Mixer die restlichen 250 ml Wasser, den Honig, die Vitamine, Mineralien und das Ei, bis alles eine glatte Masse ergibt. Fügen Sie zu dieser Mischung unter ständigem Rühren die Agarlösung hinzu. Gießen Sie die Masse in (0,5 bis 1 cm tiefe) Petrischalen zum Abkühlen. Bewahren Sie die Schalen im Kühlschrank auf. Das Rezept reicht für vier Petrischalen mit einem Durchmesser von 15 cm und ergibt eine geleeartige Masse.

Die meisten insektenfressenden Ameisenarten gedeihen prächtig mit dieser Diät, wenn man sie dreimal wöchentlich damit füttert und ihnen zusätzlich kleine Stücke frisch getöteter Insekten, wie Mehlwürmer (*Tenebrio*), Schaben (*Nauphoeta*) und Grillen in geringen Mengen anbietet. Wenn es sich bei den Ameisen um jagende Arten handelt, gedeihen sie besonders gut, wenn sie Zugang zu Fläschchen mit Fruchtfliegen, insbesondere flugunfähigen Mutanten, haben. Alternativ kann man Fruchtfliegen einfrieren und dann in der Futterarena für die Ameisen verstreuen.

Der Transport von Kolonien

Kolonien kann man tage- oder wochenlang in Flaschen oder anderen dichtverschlossenen Behältnissen aufbewahren, vorausgesetzt, man beachtet ein paar allgemeine Regeln: Die absolut wichtigste Regel ist, daß Ameisen einen feuchten Bereich haben müssen, in den sie sich zurückziehen können – er darf aber nicht klatschnaß sein, so daß Ameisen von einem Wasserfilm oder Wassertropfen eingeschlossen werden können, sondern sollte eine feuchte Oberfläche haben und mit Luftfeuchte gesättigt sein. Der ideale Rückzugsort ist Teil des Nestmaterials selbst, das man direkt in den Behälter, am besten mit einem Teil der Kolonie, gibt. Ersatzweise sollte ein großes Stück feuchter (aber nicht zu nasser) Baumwolle oder ein Stück eines Papierhandtuchs verwendet werden. Den Rest des Behälters kann man mit Nestmaterial, locker gepackten Papierhandtüchern oder anderem neutralem Material füllen, um zu verhindern, daß die Kolonie während des Transports zu stark herumgeschleudert wird.

Die Kolonie sollte möglichst viel Platz haben und in keinem Fall mehr als ein Prozent des Behältervolumens einnehmen. Der Deckel des Behälters sollte dicht verschlossen sein. Man braucht keine Löcher in den Deckel zu bohren, um das Innere zu belüften, es sei denn, die Kolonie ist außergewöhnlich aktiv oder aggressiv; tatsächlich riskiert man sonst nur eine schnellere Austrocknung. Ein- oder zweimal am Tag kann man den Deckel entfernen und den Behälter zur Belüftung vorsichtig hin- und herbewegen. Die Kolonie kann mit Zuckerwassertropfen und Stücken

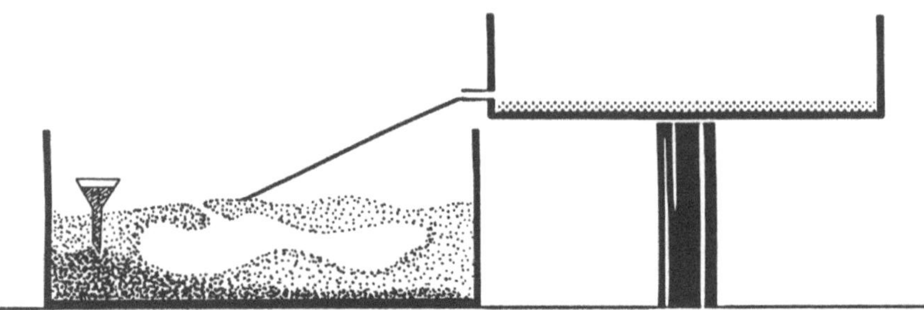

Eine größere Ernteameisenkolonie läßt sich einfach in einem Glasterrarium halten, das teilweise mit Sand gefüllt ist. Der Sand wird, zumindest in Bodennähe des Terrariums, über einen Trichter durch regelmäßiges Wässern feucht gehalten. Die Ameisen bauen ihre eigenen Nestkammern im Sand und erreichen über eine dünne, hölzerne Verbindung eine Futterarena, die rechts dargestellt ist.

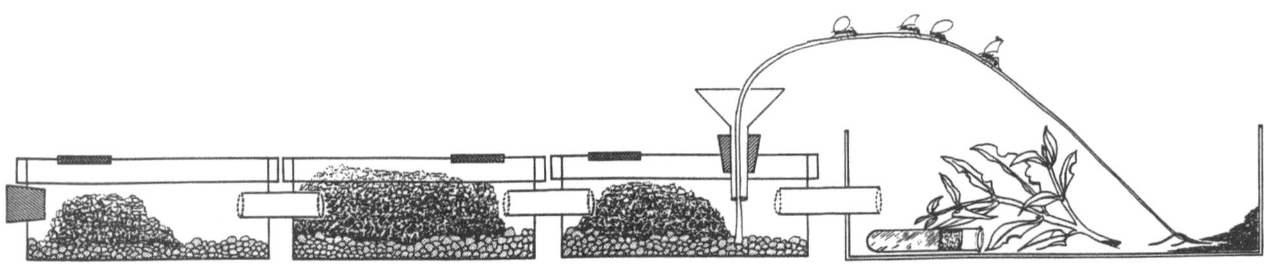

Trotz ihrer großen und sehr komplexen Staaten lassen sich Blattschneiderameisen (*Atta*) sehr einfach in solch miteinander verbundenen Kammern züchten, wie sie auf dieser Abbildung dargestellt sind. Die Kolonie wird mit ihrer Königin in ungefähr 15 × 20 × 10 cm großen Plastikgefäßen gehalten. Man kann den unteren Teil der Gefäße mit Tonkugeln füllen, um die Luftfeuchteregulation zu erleichtern. Die Deckel der Behälter sind mit schmalen Öffnungen versehen, die mit feinem Maschendraht abgedeckt sind, um die Luftzufuhr zu verbessern. Zu Anfang, wenn eine kleine Kolonie eingesetzt wird, kann man erst ein paar Behälter über Glasröhrchen miteinander verbinden und später weitere Gefäße anfügen, wenn die Kolonie wächst. Ein Behälter hat eine Trichteröffnung, die innen mit Talkumpuder bedeckt ist, damit die Ameisen nicht herauskrabbeln können. Eine biegsame Weiderute verbindet den Trichter mit der Futterarena, deren Wände mit Talkumpuder oder Fluon beschichtet sind, um Ausbruchversuche zu verhindern. In der Arena werden den Ameisen Blätter und ein Wasserröhrchen geboten, das bei Bedarf als Feuchtigkeitsquelle dient.

Wie man Ameisen untersucht

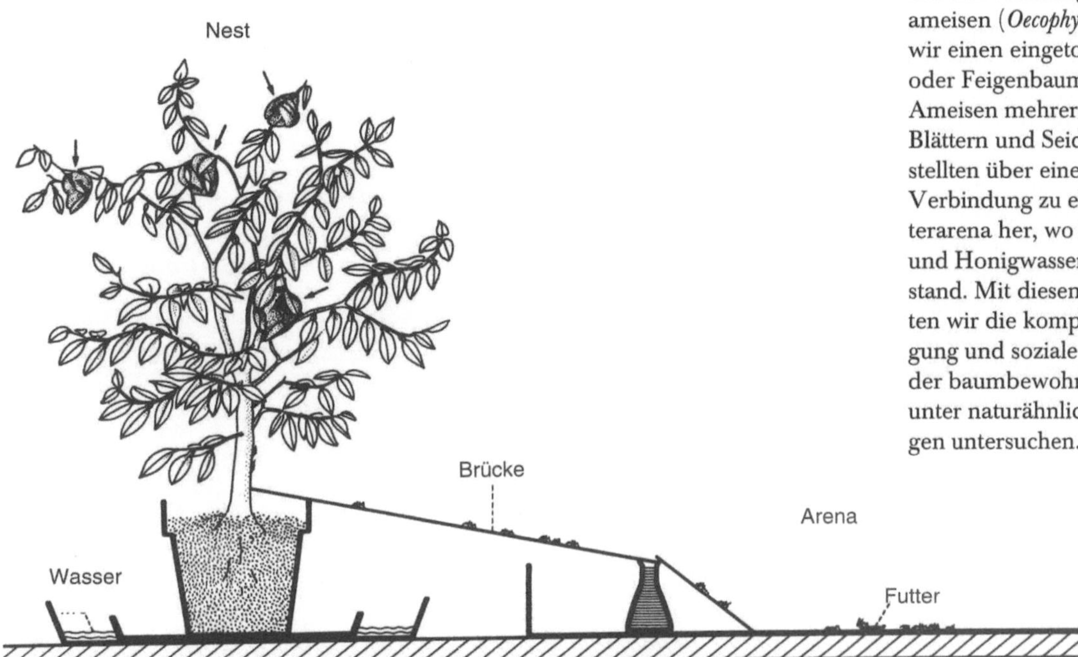

Zur Laborhaltung von Weberameisen (*Oecophylla*) benutzten wir einen eingetopften Zitronen- oder Feigenbaum, auf dem die Ameisen mehrere Pavillons aus Blättern und Seide bauten. Wir stellten über eine Brücke eine Verbindung zu einer großen Futterarena her, wo Futter (Insekten und Honigwasser) zur Verfügung stand. Mit diesem Aufbau konnten wir die komplexe Verständigung und soziale Organisation der baumbewohnenden Ameisen unter naturähnlichen Bedingungen untersuchen.

von Insekten oder anderem Futter versorgt werden, wenn die Reise länger als ein paar Tage dauert. Wenn Ameisen zu lange in einem geschlossenen Behälter waren und wie tot aussehen, sind sie vielleicht nur durch das angesammelte CO_2 narkotisiert. Setzen Sie sie für ein paar Stunden frischer Luft aus und schauen Sie, ob sie sich erholen.

Es ist empfehlenswert, sich an die geeigneten Regierungsämter zu wenden, bevor man im Ausland lebende Ameisenkolonien sammelt, da es in vielen Ländern Einfuhrbeschränkungen für lebende Insekten gibt. In den Vereinigten Staaten beispielsweise muß das Landwirtschaftsministerium eine Erlaubnis ausstellen, die von entsprechenden Stellen beglaubigt werden muß. Das ganze Verfahren dauert normalerweise sechs bis acht Wochen. Diese Erlaubnis muß den entsprechenden Zollbeamten bei Rückkehr in die Vereinigten Staaten vorgelegt werden.

Weberameisenkolonien und auch
Kolonien anderer Arten kann
man in „Bäumen aus Reagenzgläsern" halten, d.h. lauter Glasröhrchen, die mit Klammern an
Laborständern angebracht sind
(*rechts*). Das untere Viertel der
Reagenzgläser ist mit Wasser
gefüllt, das von dichten Wattestopfen am Auslaufen gehindert
wird. In unseren Kolonien verschlossen die Ameisen die Eingänge der Glasröhrchen und un-
terteilten ihre Lebensräume mit
seidengesponnenen Wänden, wie
man auf den beiden Abbildungen
auf der rechten Seite erkennen
kann; die obere Aufnahme zeigt
eine dieser Wände von vorne,
während man auf der unteren
Abbildung mehrere Wände von
der Seite sehen kann.

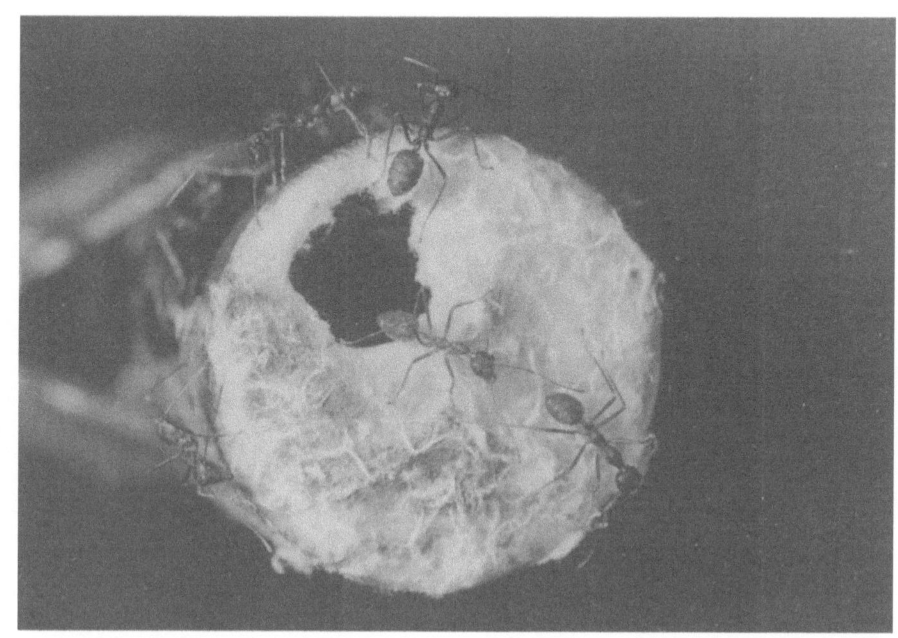

Eine wachsende Anzahl von Staaten beschränkt die Ausfuhr von lebendem und totem Tiermaterial, darunter auch Insekten, so daß man möglicherweise eine spezielle Ausfuhrgenehmigung braucht. Die vor Ort geltenden Vorschriften sollten immer zu Rate gezogen und beachtet werden.

S ämtliche Abbildungen ohne Autorenangabe sind von uns. Die Ameisen (*Tetramorium caespitum*) an den Seitenrändern zu Beginn jedes neuen Kapitels stammen von Amy Bartlett Wright. Die Namen der anderen Künstler und Photographen werden in den jeweiligen Bildunterschriften genannt. Wir möchten besonders der National Geographic Society für die Erlaubnis danken, einige der phantastischen Zeichnungen und Bilder von John D. Dawson abdrucken zu dürfen, die im Juni 1984 in dem Artikel „The Wonderfully Diverse Ways of the Ant" („Die wunderbar vielfältigen Lebensweisen der Ameisen", Anm.d.Ü.) von Bert Hölldobler in dem Magazin *National Geographic* auf den Seiten 778–813 erschienen sind.

Kathleen M. Horton (Manuskriptvorbereitung und Literatursuche), Helga Heilmann (Photolaborarbeiten) und Malu Obermayer (technische Assistenz) sind wir für ihre unbezahlbare, sachkundige Unterstützung zu großem Dank verpflichtet.

Dank

Dolichoderus 4, 161–162, 174, 176–178
Dominanzrituale 103–109
Dominanzverhalten 99–109
Dorylus (Treiberameisen) 196–197
Drohne, s. männliche Ameisen
Duell 107–108
Dufoursche Drüse 155–156
Dulosis 151

E
Eciton (Heeresameisen) 3, 158–159,
 185–197
Eikannibalismus 103
erdgeschichtliches Alter 13, 54,
 58–59, 87–92, 232–233
Ernteameisen, s. *Messor, Pogonomyrmex*
Escherich, Karl 21
Ethologie 15–18
Eusozialität 9–14
Evolution, s. erdgeschichtliches Alter,
 Stammesgeschichte
explosive Ameisen 77

F
Fiedler, Konrad 181–182
Finnland 6–7
Feuerameisen, s. *Solenopsis*
Fittkau, E. J. 7
Forel, Auguste 151
Forelius 75–76
Formica 6, 12, 20–21, 46, 74–75,
 155–157, 162–168, 170, 180, 225
Fossilien 58–59, 87–92
Franks, Nigel 188
Frisch, Karl von 22–24
Fruchtbarkeit 33
funktionale Monogynie 103
Fungizide 228

G
Gamergaten 106
Gemmae 105–106

geographische Verbreitung 74–75,
 196, 223
Geschlechtsbestimmung 41–42,
 115–116
Gigantops 5
Glaucopsyche 181
Gnamptogenys 7
Gösswald, Karl 20–22
Gotwald, William 197
Gronenberg, Wulfila 205–208

H
Haltungsmethoden 246–253
Hamilton, William, D. 114–117
Hänel, H. 177–178
Haplodiploidie, s. Geschlechtsbestim-
 mung
Harpegnathos 106–109
Haskins, Caryl P. 93
Heeresameisen, s. *Eciton*
Heinze, Jürgen 102–103
Higashi, Seigo 46, 105
Hippeococcus (Wolläuse) 174
Hochzeitsflüge 36–38, 133, 195
Hölldobler, Karl 19, 21
Honigtau 169–183
Honigtopfameisen, s. *Myrmecocystus*
Huber, Pierre 151
Hügelnest 224–227

J
Jagdameisen, s. *Diacamma*
Jalmenus (Bläuling, Schmetterling)
 179–181
Janzen, Daniel 234–235

K
Käfer 163–168
Kampf, s. Auseinandersetzungen
 zwischen Kolonien
Kasernennester 49
Kaste 132–145, 187–189

If you have any concerns about our products,
you can contact us on
ProductSafety@springernature.com

In case Publisher is established outside the EU,
the EU authorized representative is:
Springer Nature Customer Service Center GmbH
Europaplatz 3, 69115 Heidelberg, Germany

Printed by Libri Plureos GmbH
in Hamburg, Germany